高等医学院校基础医学实验教学改革系列教材

化学实验教程

主　编　曾　明　周建波　胡小建
副主编　陈　文　郭丽娟　郭保收
　　　　崔小莹　蒋银燕　付薪菱
编　者（以姓名汉语拼音为序）
　　　　陈　杰　陈　文　崔小莹　付薪菱
　　　　郭保收　郭丽娟　胡小建　蒋银燕
　　　　彭学东　陶　璐　王翠琼　肖　荣
　　　　徐　超　阳　科　曾　明　张青芳
　　　　周建波
秘　书　徐　超

北京大学医学出版社

HUAXUE SHIYAN JIAOCHENG

图书在版编目（CIP）数据

化学实验教程/曾明，周建波，胡小建主编．—北京：北京大学医学出版社，2014.8（2016.8重印）
高等医学院校基础医学实验教学改革系列教材
ISBN 978-7-5659-0914-6

Ⅰ．①化… Ⅱ．①曾… ②周… ③胡… Ⅲ．①化学实验—医学院校—教材 Ⅳ．①O6-3

中国版本图书馆CIP数据核字（2014）第171557号

化学实验教程

主　　编：曾　明　周建波　胡小建
出版发行：北京大学医学出版社
地　　址：（100191）北京市海淀区学院路 38 号 北京大学医学部院内
电　　话：发行部：010-82802230；图书邮购：010-82802495
网　　址：http：//www.pumpress.com.cn
E - mail：booksale@bjmu.edu.cn
印　　刷：北京画中画印刷有限公司
经　　销：新华书店
责任编辑：张彩虹　　责任校对：张　雨　　责任印制：李　啸
开　　本：787mm×1092 mm　1/16　印张：16.5　字数：422 千字
版　　次：2014 年 8 月第 1 版　2016 年 8 月第 2 次印刷
书　　号：ISBN 978-7-5659-0914-6
定　　价：35.00 元

版权所有，违者必究
（凡属质量问题请与本社发行部联系退换）

高等医学院校基础医学实验教学改革系列教材编审委员会

主　任　何彬生

副主任　卢捷湘　何建军　罗怀青　周启良

委　员（以姓名汉语拼音为序）

　　　　　何彬生　何建军　何月光　黄春霞　刘　佳

　　　　　刘万胜　卢捷湘　罗怀青　罗桐秀　秦晓群

　　　　　孙继虎　吴长初　谢应桂　袁爱华　曾　明

　　　　　张子敬　周启良　朱传炳　祝继明

总策划　罗怀青

序

随着我国医学教育改革的不断深入，医学教育的目标已向培养高素质、强能力、具有创新精神的综合型人才的目标转变。医学实验教学是医学人才培养的重要环节，国内各高校对实验教学内容、教学方法和手段、管理体制等进行了大量的改革和探索。教育部在全国开展医学院校专业认证评估，把实验教学改革再次推向新的高度。

在医学教育认证标准中（WFME 和 IIME），课程整合是其中一项重要的观察指标，实验课程融合和教学改革是其中的重要部分。为加强学生动手能力培养，强化学生创新思维训练，有效开展实验课程的融合，促进医学人才质量的提高，适应医学专业认证评估的需要，长沙医学院开展了基础医学实验教学改革的探索，并组织编写了本系列教材。

本系列教材的编写，综合了"本科医学教育国际标准"和"全球医学教育最低基本要求"两个国际医学教育标准，更加注重学生能力培养的个性化教学需求，注重创新思维和创新精神的培养，注重基础与基础、基础与临床的知识融合及知识运用能力的培养。

首先，对基础医学课程实验教学内容进行优化整合，形成形态学实验、机能学实验、生物化学与分子生物学实验、病原生物免疫学实验、化学实验等实验教学。

其次，实验项目按照"基础性实验""综合性实验""设计创新性实验"三大模块编写，精简了基础性实验和重复的实验项目，增加了"三性"实验项目，联系后续课程内容及临床，重点突出知识点的横向与纵向联系。

同时，融合最新的科研成果，将其转化为不同课程之间的综合性、创新性实验项目，有助于全面提升医学专业人才培养质量。

本次出版的基础医学实验教学改革系列教材是长沙医学院教育教学改革成果的重要组成部分，我们期盼着这些成果能够成为医学人才培养质量迈上新台阶的标志。

欢迎兄弟院校专家学者雅正指导！

前 言

化学是医学和药学重要的基础性课程，又是一门实践性很强的学科，对培养医学生动手、观察、记忆、想象、表达能力等综合素质具有十分重要的意义。化学教育要全面适应医学教育的需要，特别是全科医学的需要，必须加大对实验内容、实验方法和手段的教学改革力度。根据应用型人才培养的基本要求，我们在化学实验教学内容和实验项目设置方面进行了积极的探索与实践，使化学实验课程既体现出"医学"特性，又以"实用实效，够用好用"为原则，达到满足应用型人才培养目标和全科医学实践教学的需要，培养学生的创新性思维和实事求是的科学态度。

本实验教材主要按照基础性实验、综合性实验、设计创新性实验三大模块编排，将实验基础知识、无机化学实验、有机化学实验、分析化学实验、物理化学实验有机整合成为一门新的化学实验教材，实验内容与医学、药学紧密相连，旨在为医学院校临床、药学、药剂、检验、口腔、预防、影像、护理等专业提供一本既方便使用又衔接各专业实验的综合实用型化学实验教材。选用本教材的院校可根据各自的教学计划和要求对实验项目进行筛选。

全书共分四篇：第一篇基础知识，较系统和详细地介绍了进行化学实验所必备的安全知识、意外事故处理、环保知识、试剂和用水、玻璃仪器、基本操作等；第二篇基础性实验，涵盖化学实验技能中必须掌握的称量、蒸馏、萃取、结晶、过滤、干燥、恒温、试剂配制等基本操作和各类物质性质实验等；第三篇综合性实验，紧密联系医学、药学实际，突出医学、药学特点，涵盖无机物与有机物的制备、药物的提取与成分分析、相图绘制、活化能测定等；第四篇设计创新性实验，旨在尝试开放性实验，培养学生的科研兴趣和创新能力。在教师指导下，由学生查阅文献、制订实验方案、配制化学试剂、分析和处理实验数据，并写出符合论文格式的实验报告。

本实验教材的编写与出版得到了长沙医学院领导和同行专家的大力支持，在此表示衷心感谢！对所参阅文献的作者一并致谢！由于编者水平所限，书中难免存在诸多不足甚至错误，希望广大师生提出宝贵意见，以便再版时修正。

曾 明
2014 年 6 月 20 日

目 录

第一篇 基础知识

一、学生实验总则 2

二、化学实验的目的与任务 2

三、化学实验室安全守则和意外事故的处理 3

四、化学实验中常用的普通玻璃仪器 4

五、有机化学实验使用的标准磨口玻璃仪器 8

六、化学试剂的分类 9

七、化学实验用水 10

八、化学实验基本操作 11

九、化学实验室"三废"治理 20

十、化学实验的基本学习方法 21

第二篇 基础性实验

第一章 无机化学实验 25

实验一 溶液的配制 25

实验二 等渗、高渗、低渗溶液 28

实验三 醋酸电离常数的测定 30

实验四 配位化合物的生成与性质 32

实验五 胶体分散系及其性质 34

实验六 缓冲溶液的配制、性质及 pH 测定 38

实验七 电离平衡及平衡移动 42

实验八 化学反应速率及其影响因素 44

实验九 氧化还原反应与电极电位 47

实验十 碱金属、碱土金属 49

  实验十一 硝酸钾的溶解度与温度的关系 52

第二章 有机化学实验 55
  实验一 萃取 55
  实验二 重结晶 57
  实验三 旋光度的测定 60
  实验四 熔点的测定 64
  实验五 常压蒸馏及沸点的测定 66
  实验六 水蒸气蒸馏 69
  实验七 有机物分子模型的建造 71
  实验八 醇、酚、醛、酮的化学性质 72
  实验九 羧酸及其衍生物的化学性质 75
  实验十 含氮化合物的化学性质 77
  实验十一 糖类化合物的化学性质 78

第三章 分析化学实验 81
  实验一 分析天平及称量练习 81
  实验二 滴定分析基本操作 87
  实验三 容量仪器的校正 94
  实验四 HCl 标准溶液的配制与标定 97
  实验五 NaOH 标准溶液的配制与标定 98
  实验六 EDTA 标准溶液的配制与标定 101
  实验七 $KMnO_4$ 标准溶液的配制与标定 102
  实验八 硫代硫酸钠标准溶液的配制与标定 105
  实验九 I_2 标准溶液的配制与标定 107
  实验十 高效液相色谱仪的性能检查与色谱参数的测定 109
  实验十一 有机化合物红外光谱的测绘及结构分析 112
  实验十二 电泳和电渗 115

第四章 物理化学实验 121
  实验一 恒温槽的装配和性能测试 121
  实验二 折光率的测定 125
  实验三 液体饱和蒸气压的测定 128
  实验四 液体表面张力的测定 132
  实验五 化学反应焓变的测定 135

第三篇　综合性实验

第一章　无机化学实验 141
实验一　冰点降低法测定葡萄糖的相对分子质量 141
实验二　去离子水的制备及检验 143
实验三　从海带中提取单质碘 149
实验四　硫酸铜的制备和结晶水的测定 150
实验五　药用氯化钠的制备 152
实验六　硫酸铝的制备 154

第二章　有机化学实验 157
实验一　乙酰乙酸乙酯的制备 157
实验二　葡萄糖酸锌的制备 159
实验三　1-溴丁烷的制备 161
实验四　正丁醛的制备 162
实验五　乙酸乙酯的制备 164
实验六　无水乙醇的制备 165
实验七　阿司匹林的制备 167
实验八　苯甲醇和苯甲酸的制备 168
实验九　甲基橙的制备 170
实验十　从茶叶中提取咖啡因 172
实验十一　银杏叶中黄酮类有效成分的提取 174
实验十二　环己烯的制备 176
实验十三　硝基苯的制备 178
实验十四　富马酸二甲酯的合成 179
实验十五　大黄中蒽醌类化合物的提取及鉴定 181
实验十六　药物中常见有机官能团的性质与鉴定 183

第三章　分析化学实验 187
实验一　混合碱的测定 187
实验二　食醋中总酸度的测定 189
实验三　水的硬度测定 190
实验四　H_2O_2 含量的测定 192
实验五　漂白粉中有效氯含量的测定 194

实验六　维生素 C 的含量测定 196
　　实验七　水体化学耗氧量的测定 198
　　实验八　分光光度法测定微量铁 200
　　实验九　直接电位法测定溶液的 pH 202
　　实验十　氟离子选择性电极测定水中微量氟 204
　　实验十一　原子吸收分光光度法测定食物中锌含量 206
　　实验十二　薄层色谱法分离染料混合物 208
　　实验十三　气相色谱法测定混合样中乙酸乙酯的含量 210
　　实验十四　用内标对比法测定对乙酰氨基酚的含量 212
　　实验十五　荧光光度法测定维生素 B_2 的含量 214

第四章　物理化学实验 217

　　实验一　三组分系统液 – 液平衡相图 217
　　实验二　反应速率常数及活化能的测定 220
　　实验三　电导法测定弱电解质的电离常数 223
　　实验四　旋光法测定蔗糖转化的速率常数 225
　　实验五　二组分溶液沸点 – 组成图的绘制 228
　　实验六　分配系数的测定和应用 231
　　实验七　电解质溶液活度系数的测定 233

第四篇　设计创新性实验

　　实验一　碱式碳酸铜的制备 239
　　实验二　未知有机物的鉴别 241
　　实验三　复方阿司匹林中有效成分的高效液相色谱分析 242
　　实验四　由鸡蛋壳制备丙酸钙及其组成测定 244
　　实验五　茶多酚的提取及抗氧化作用研究 245
　　实验六　己二酸的绿色催化合成和表征 246

主要参考文献 249

第一篇

基础知识

一、学生实验总则

1. 学生进入实验室工作与学习之前，须认真阅读本总则及实验室其他规章制度，并严格遵守。

2. 实验前应认真进行预习，明确实验目的和要求，了解所做实验的原理、所用仪器和注意事项，掌握实验内容、方法和步骤，以便正确地进行实验操作。

3. 任何人不得私自挪用实验室的仪器设备、标本等。实验时除指定使用的仪器外，不得随意动用其他仪器。

4. 学生在实验时必须按编定的组别和指定的席位就座，不得任意调动。应遵守上课时间，不得无故迟到、早退、缺席。因故不能上实验课者，应向指导教师请假，所缺实验课应及时补上。无故不参加实验者作旷课处理。

5. 进入实验室或其他实验场地，必须着实验服，保持安静，严禁喧哗、吸烟、吃零食、随地吐痰和乱扔纸屑，不准做与实验无关的事。

6. 实验前检查、清理好所需的仪器、用具等。如有缺损，应及时向指导教师报告，不得自己任意挪用，不准擅自将任何实验器材、试剂、药品等带出实验室。

7. 实验时，服从教师指导，按规定和步骤进行实验，认真操作、细心观察，真实地记录各种实验数据，不允许抄袭他人数据，不得擅自离开操作岗位。

8. 注意安全与防护，严格遵守操作规程。爱护仪器设备，节约水、电、试剂和药品等。实验结束后，废液、废渣、废气、标本及含病菌的其他材料要按指定要求处置，不得随意丢弃。

9. 在实验过程中如仪器设备发生故障，应立即报告指导教师及时处理。凡违反操作规程或不听从指导而造成仪器设备损坏等事故者，必须写出书面检查，并按学校有关规定处理。

10. 实验结束后，学生应负责将仪器整理还原，桌面、凳子收拾整齐。由值日学生打扫卫生并协助教师收拾整理试剂及仪器，经指导教师审核测量数据和仪器还原情况并同意后方可离开实验室。

11. 应在指导教师规定时间内上交实验报告。

12. 开放性实验一般安排在非实验课时间，学生可以结合自己的兴趣爱好，选择合适的时间段进行开放性实验操作。

13. 对课外开放实验所需的仪器设备，须经指导教师签字同意后办理借用手续，实验结束后及时归还。归还时，经实验室人员认真检查后，方可离开。如发现损坏、遗失，按学校有关规定处理。消耗材料的领用按实验室规定办理手续。

二、化学实验的目的与任务

化学是一门以实验为基础的科学。因此，实验教学是学习化学的一个不可缺少的环节。

化学实验教学的目的与任务是：

1. 培养学生的动手能力，观察现象和归纳、综合、正确处理数据的能力，分析问题和解决问题的能力，从而提高学生对科学的认知能力和研究能力。

2. 培养学生实事求是、严肃认真、一丝不苟的科学态度和细心整洁的实验习惯以及正确的思维方式，逐步掌握科学研究的方法。

3. 培养学生理论联系实际的能力，做到自己设计、准备和进行实验，并能得出正确的结论，从而提高独立思考和独立工作的能力。

4. 培养学生对化学基本原理的理解和应用能力，从而提高学习的兴趣和实效。

三、化学实验室安全守则和意外事故的处理

（一）安全守则

1. 实验室内严禁饮食、吸烟。实验完毕，必须洗净双手。
2. 有毒和有腐蚀性的药品要高度注意使用安全，不可乱弃乱放，取用后盖好瓶塞放回原处。试管加热时，切忌将试管口对着自己或别人。
3. 产生有刺激性或有毒气体的实验，必须在通风橱内进行。需闻气体气味时，试管口应离面部 20cm 左右，用手轻轻扇向自己，不能对着管口闻。
4. 浓酸、浓碱具有强腐蚀性，切勿使其溅在皮肤或衣服上，更不能溅入眼内。稀释浓酸、浓碱时，应将其慢慢加入水中，绝不能相反操作，以避免迸溅。
5. 重铬酸钾，钡酸，铅酸，砷、汞的化合物等有毒物品不得进入口内或接触伤口，剩余的废液必须倒入废液缸集中处理，严禁倒入下水道。
6. 使用易燃试剂（如乙醇、丙酮、乙醚等）时要远离火源，用后立即塞紧内塞，盖好瓶盖。
7. 注意安全用电和煤气，用时才开，用完立即关闭。点燃的火柴用后立即熄灭，不得乱扔。
8. 未经指导教师许可，不得随意做规定之外的实验。实验室所有仪器和试剂，不得带出室外，用后剩余或制得的有毒药品，交指导教师处理。
9. 熟悉灭火器、沙袋以及急救药箱的放置地点和使用方法，并爱护这些用具，不得挪作他用。

（二）意外事故的处理

1. **玻璃割伤** 先挑出玻璃碎片，轻伤可涂抹甲紫药水或红药水并用绷带包扎。大伤口则应先按紧主血管以防大量出血，并急送医院治疗。
2. **烫伤** 被火、高温物体、开水烫伤后，可用苦味酸溶液或稀高锰酸钾溶液擦洗烫伤处，再涂擦凡士林、烫伤膏或万花油，切勿用水冲洗。
3. **试剂灼伤**

（1）浓酸 应立即用大量水洗，再用饱和碳酸氢钠溶液或稀氨水清洗，最后用水洗。严重时要消毒，拭干后涂烫伤油膏。

（2）浓碱 应立即用大量水洗，再以 1%～5% 硼酸液清洗，最后用水洗。严重时要消毒，拭干后涂烫伤油膏。

（3）溴 应立即用大量水洗，再以酒精擦至无溴液存在为止，然后涂抹甘油或烫伤油。

4. **酸（或碱）溅入眼内** 应立刻用大量水冲洗，再用饱和碳酸氢钠（或硼酸）溶液冲洗，最后用水冲洗，并立即就医。
5. **吸入刺激性或有毒气体** 在吸入氯气、氯化氢气体时，可吸入少量乙醇和乙醚的混合蒸气解毒。在吸入硫化氢气体而感到不适时，应立即到室外呼吸新鲜空气。
6. **毒物进入口内** 应根据毒物的性质给予解毒剂，可内服一杯含有 5～10ml 稀硫酸铜溶液的温开水后，再用手指伸入咽喉部，促使呕吐，之后立即送往医院。
7. **触电** 不慎触电时，应立即切断电源，在必要时进行人工呼吸或送医院。

8. 起火 一边立即灭火，一边防止火势扩展（如切断电源、移走易燃物品等）。灭火方法应根据起因选择。一般的小火用湿布、石棉布或沙子覆盖燃烧物即可。火势大时，可用灭火器。电器设备引起的火灾，应立即切断电源，并用二氧化碳或四氯化碳灭火器，不能使用泡沫灭火器，以免触电。实验人员的衣服着火时，切勿惊慌乱跑，应立即脱下衣服或就地打滚，也可用石棉布覆盖着火处使火熄灭。实验室内一般不能用水灭火，因水能与某些化学药品发生剧烈反应或将可燃物表面扩大而引起更大的火灾。

四、化学实验中常用的普通玻璃仪器

化学实验中常用的普通玻璃仪器的规格、用途及注意事项见表 1-1。

表 1-1 化学实验中常用的普通玻璃仪器

仪器名称	规格	用途	注意事项
烧杯	以容积表示，常用的有 50ml、100ml、200ml、500ml、1000ml 等	用做反应物量较多时的反应容器，反应物易混合均匀	加热时应放置在石棉网上，使受热均匀
试管、离心试管、试管架	分普通试管和离心试管。普通试管以管外径(mm)×长度(mm)表示，一般有 12×150、15×100、30×200 等。离心试管以容积(ml)表示，一般有 5、10、15 等。试管架多为木质的，也有铝质的和塑料材质的	普通试管用做少量试剂的反应容器，便于操作和观察；离心试管用于定性分析中的沉淀分离；试管架用于放置试管	可直接用火加热，硬质试管可以加热至高温；加热后不能骤冷，特别是软质试管更易破裂
锥形瓶	以容积表示，常用的有 50ml、100ml、250ml、300ml、500ml、1000ml 等	用做反应容器，便于振荡、滴定操作时用	加热时应放置在石棉网上，使受热均匀

续表

仪器名称	规 格	用 途	注意事项
平底烧瓶 圆底烧瓶	以容积表示，如50ml，100ml，500ml，1000ml等	当反应物较多且反应时间较长时用做反应容器	加热时应放置在石棉网上，使受热均匀
蒸馏烧瓶	以容积表示，如60ml，100ml，500ml，1000ml等	用于液体蒸馏和气体制备	加热时应放置在石棉网上，使受热均匀
量筒　量杯	以容积表示，如10ml，50ml，100ml，1000ml等	用于量取一定体积的液体用	不能用做反应容器，不能直接加热
称量瓶	以外径(mm)×高(mm)表示，分"扁形"和"高形"两种	要求准确称取一定固体时用	不能直接用火加热，盖子和瓶子是配套的，不能互换
长颈漏斗　漏斗　漏斗架	漏斗以口径(mm)大小表示，如30mm，60mm等，分长颈漏斗和一般漏斗；漏斗架多为木质制品	用于过滤操作	不能用火加热，过滤时液体不能超过其容积的2/3

续表

仪器名称	规 格	用 途	注意事项
容量瓶	以容积表示，如50ml，100ml，1 000ml，5 000ml等	配制一定体积的溶液时用。注意配制时，液面的弯月面下线与刻度线相切	不能加热，瓶塞是配套的，不能互换
分液漏斗	以容积大小和形状表示，如100ml球形漏斗，250ml梨形漏斗，100ml滴液漏斗等	用于互不相溶的两种液体的分离和制备实验中加入反应液	不能直接用火加热；漏斗塞子不能互换；活塞处不能漏液
布氏漏斗 吸滤瓶	布氏漏斗为瓷质，以容量表示(ml)或口径(mm)大小表示；吸滤瓶以容积(ml)大小表示	两者配套用于无机制备中晶体或沉淀的减压过滤；利用水泵或真空泵降低吸滤瓶中压力时可加速过滤	滤纸要略小于漏斗的内径才能贴紧；先开水泵，后过滤；过滤完毕后，分开水泵与吸滤瓶的连接处后再关水泵
蒸发皿	以口径(mm)或容积(ml)大小表示。常用的为瓷质，也有用石英或铂制成的	蒸发液体用，随液体性质的不同可选用不同材质的蒸发皿	耐高温，但不宜骤冷；蒸发溶液时，一般放在石棉网上加热
坩埚 泥三角	坩埚以容积(mm)大小表示。有瓷、石英、铁、镍或铂等材料制成的；泥三角用铁丝套上瓷管连接而成	灼烧固体用。随固体性质的不同可选用不同材质的坩埚	将坩埚放在泥三角上，直接用火灼烧至高温；热的坩埚不要放在桌上，稍冷后，移入干燥器中存放
研钵	以口径(mm)大小表示，由瓷、玻璃、铁等材料制成	用于研磨固体物质，按固体性质和硬度选用不同的研钵	大块物质不能敲，只能压碎；不能用于加热；放入量不宜超过研钵容积的1/3
表面皿	以口径(mm)大小表示	盖在烧杯上，防止液体溅出或其他用途	不能用火直接加热

续表

仪器名称	规 格	用 途	注意事项
干燥器	以口径(mm)大小表示	用于吸水干燥	不能加热
移液管　吸量管	以容积表示，如2ml，5ml，10ml，25ml，50ml等	需精确量取一定体积的液体时用	管口上无"吹"字样者，使用时末端的溶液不允许吹出；不能加热
酸式　碱式	以容积(ml)表示，分酸式和碱两种，通常用无色的，有时也用棕色的	用于滴定或准确量取溶液	酸式滴定管盛酸性溶液或氧化性溶液；碱式滴定管盛碱性溶液或还原性溶液；碱式滴定管不能盛放氧化剂，见光易分解的滴定液宜用棕色滴定管；不能加热和量取热的液体

续表

仪器名称	规 格	用 途	注意事项
启普发生器	以容积(ml)大小表示	用于制备气体	不能加热，装入的固体反应物必须是较大的块状物，不适于颗粒细小的固体反应物
提勒熔点管(b形管)	以口径(mm)大小表示	用于测定固态有机物的熔点	加热时火焰对准曲形支管部位，不要加热直形管底部
滴瓶 细口瓶 广口瓶	以容积(ml)大小表示	广口瓶用于盛放固体药品，不带磨口塞子的广口瓶可用做集气瓶；滴瓶、细口瓶用于盛放液体药品	不能直接用火加热；瓶塞不要互换；不能盛放碱液，以免腐蚀塞子
干燥器	以外径(mm)大小表示，分普通干燥器和真空干燥器	下部放有干燥剂，用于保持样品或产物干燥	防止盖子滑动而被打碎；盖子和瓶子结合处涂抹凡士林；盖子和瓶子是配套的，不能互换

五、有机化学实验使用的标准磨口玻璃仪器

在有机化学实验和科研工作中，常用标准磨口玻璃仪器。图1-1是常用的标准磨口玻璃仪器。

标准磨口玻璃仪器具有标准化、通用化、系列化、磨口结合处不漏水、不透气等特点。仪器进行组合时，相同编号的标准磨口可以相互连接。对于磨口编号不同的仪器可借助于不同编号的磨口接头使其相互连接。这样，既可免去配塞子和钻孔等程序，还能避免反应物或

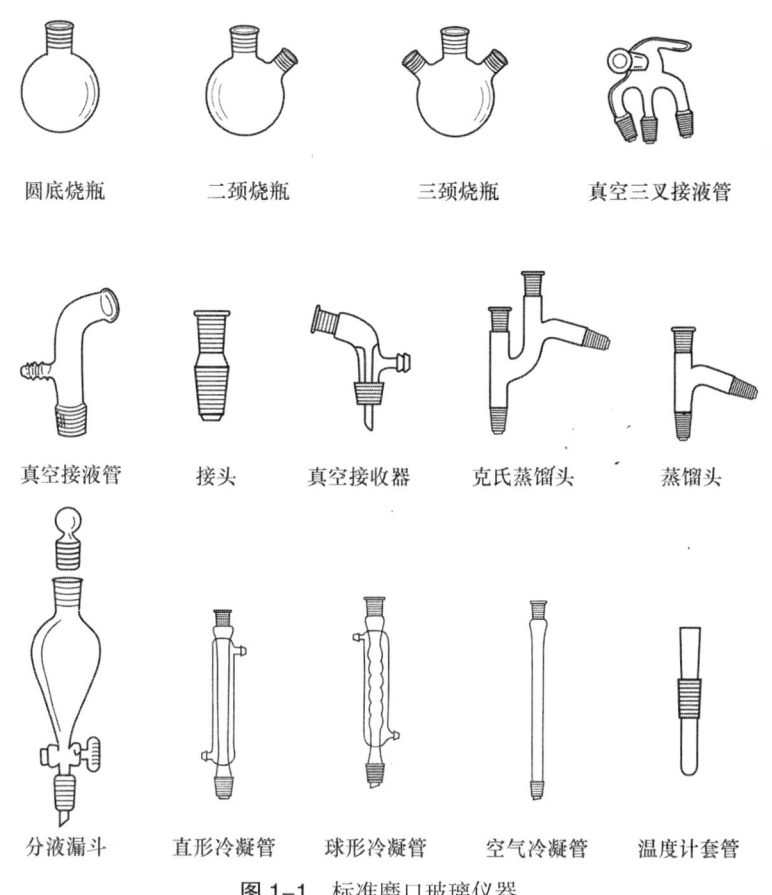

图1-1 标准磨口玻璃仪器

产物被塞子所污染。

标准磨口玻璃仪器全部为硬质材料制造，配件较多。标准口编号有10、14、19、24、29、34等多种，数字是指磨口最大外径（mm）。有的磨口玻璃仪器用两个数字表示，例如10/30分别表示磨口最大外径为10 mm，磨口长度为30 mm。

使用标准磨口玻璃仪器时必须注意以下事项：

1. 磨口处必须清洁，无杂物。否则，使磨口连接不紧密，以致漏气或破损。
2. 使用后应及时拆卸，并清洗干净。否则，磨口连接处会粘牢，难以拆卸。
3. 一般使用时，磨口无需涂润滑剂，以免沾污反应物或产物。若反应中有强碱，则应涂润滑剂，以免磨口连接处因碱腐蚀而粘牢，导致拆卸困难。
4. 装配和拆卸标准磨口玻璃仪器时，应注意相对的角度，使磨口连接处不受歪斜的应力，否则极易将仪器折断而造成破损。

六、化学试剂的分类

化学试剂种类繁多，世界各国对化学试剂的分类各不相同。目前，我国将化学试剂分为一般试剂、高纯试剂、标准试剂、专用试剂四大类。

（一）一般试剂

实验室普遍使用的试剂属于一般试剂。按试剂纯度和适用范围，一般试剂分为四个等级及生化试剂。一般试剂的规格和适用范围见表1-2。

表1-2　一般试剂的规格和适用范围

级别	中文名称	英文符号	适用范围	标签颜色
一级	优级纯（保证试剂）	GR	精密分析实验及研究工作	绿色
二级	分析纯（分析试剂）	AR	一般分析研究及教学实验	红色
三级	化学纯	CP	一般化学实验	蓝色
四级	实验试剂	LR	一般化学实验辅助试剂	棕色或其他颜色
生化试剂	生化试剂及生物染色剂	BR	生物化学及医用化学实验	黄色或其他颜色

（二）高纯试剂

高纯试剂主体含量与优级纯试剂相当，但杂质含量比优级纯试剂低。高纯试剂主要用于微量分析中标准溶液的配制。

（三）标准试剂

标准试剂的主体含量高，准确可靠。标准试剂是用于测定其他（待测）物质化学量的标准物质，也称之为基准试剂，在分析化学实验中常用。

（四）专用试剂

具有特殊用途的试剂称为专用试剂。专用试剂的主体含量较高，杂质含量很低，这与高纯试剂相似，不同之处是在特定的用途中有干扰性的杂质成分需控制在不致产生明显干扰的限度。

七、化学实验用水

几乎整个无机化学体系都是建立在水溶液体系之上的，水是最常用的溶剂。依据任务和要求的不同，化学及相关学科对水的纯度要求也不同。

天然水含较多杂质，在科学实验和工业生产中很少应用。经处理后的自来水杂质含量减少很多，尽管仍含有较多可溶性杂质，但可用其来粗洗仪器、做实验冷却水和无机制备前期用水等。

自来水经过不同方法处理后可得到不同规格的纯水。表1-3列出了实验室用水的级别及主要指标。

表1-3中列出的指标是依据我国实验室用水规格的国家标准（GB/T 6682-92）确定的。在具体的科研、生产过程中，有时对水有特殊要求，还要检查其他项目，如Cl^-、Fe^{3+}、Cu^{2+}、Zn^{2+}、Pb^{2+}、Ca^{2+}、Mg^{2+}等。

表1-3 实验室用水的级别及主要指标

指标名称	一级	二级	三级
pH 范围（25℃）	—	—	5.0~7.5
电导率(k)($\mu S\cdot cm^{-1}$)(25℃)	≤0.1	≤1.0	≤5.0
吸光度(A)(254nm,1cm 光程)	≤0.001	≤0.01	—
$\rho(SiO_2)$（$mg\cdot L^{-1}$）	≤0.02	≤0.05	—
可氧化物质的限度实验	—	符合	符合

应根据不同的任务和要求，选用不同级别的水，普通仪器清洗用水、普通溶剂用水等仅需使用三级水；在仪器分析实验中常使用二级水；在定量分析化学实验及有些精密仪器（如各种色谱仪）的实验中则需要使用一级水。

三级水可用蒸馏、去离子等方法制备，二级水可在三级水的基础上再经蒸馏制备，一级水可用二级水经蒸馏、离子交换混合床和粒径为 0.2 μm 的过滤膜的方法或者用石英制的亚沸蒸馏器进一步蒸馏而制得。

一级、二级水不能用玻璃瓶保存，因为玻璃中的杂质及钠盐会慢慢溶入水中，所以应使用特殊的塑料瓶保存一级、二级水。

八、化学实验基本操作

（一）化学试剂的取用规则

化学试剂取用时要看清试剂瓶上的标签，使用过程中应注意切勿腐蚀、污染瓶签。

1. 固体试剂 存放于广口瓶中，需用清洁、干燥的药匙取用。使用过的药匙必须清洗干净、擦干后方能再用。称量固体试剂时尽量不要多取，多取的试剂不能放回原瓶，应放在指定容器中。广口瓶瓶盖打开后应倒过来放在实验台上，取用完试剂应立即盖紧瓶盖。一般的固体试剂可在干净的称量纸上称量，有腐蚀性的、强氧化性的和易挥发、易潮解的试剂，应使用洁净、干燥的表面皿或称量瓶称量。

2. 液体试剂 存放在滴瓶（图1-2）或细口试剂瓶中。

（1）从滴瓶中取用试剂 取用量不能过多，取用时用力不能过猛，滴管不能平置、倒置，以免损害胶头和污染试剂。若从滴瓶取液加入试管，应左手垂直持拿试管，右手轻持滴管胶头，将滴管垂直持于试管口上方，并使滴管尖高出试管口 0.5~1cm 再轻挤滴入（图1-3），切勿将滴管伸入试管口，否则易碰到试管内壁而污染试剂。滴管不能放在台面上，应在取用完试剂后立即插入原滴瓶。禁止用其他滴管从滴瓶吸取试剂。

（2）取用存放在细口试剂瓶中的液体 先揭开瓶塞，将瓶塞倒过来放在实验台上，再将瓶签用右手心护住并拿稳试剂瓶，左手垂直持拿量筒（杯），并将拇指指向所需体积的刻度处，举起量筒使视线与所指刻度水平，将试剂瓶口紧靠量筒边，缓缓倾斜试剂瓶，使液体沿量筒壁慢慢流入（图1-4）至液体弯月面的最低点与所指刻度相切为止。不慎多取的试剂严禁倒回试剂瓶，应倒入指定容器内。若仅需少量试剂，则可用一洁净的用蒸馏水及所要取用的试剂润洗过的滴管吸取。润洗方法是将少量蒸馏水和试剂分别装在两个洁净的小烧杯中，先将用自来水冲洗过的滴管伸入烧杯中的蒸馏水中吸满一管后挤入水槽弃去，反复多次后再吸取试

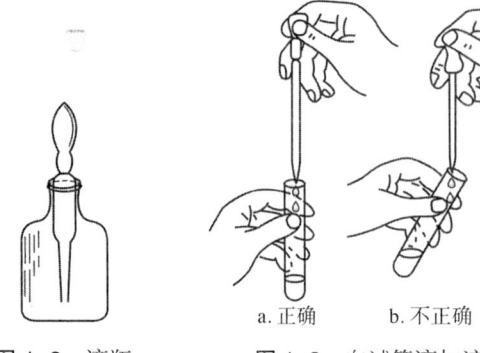

图1-2　滴瓶　　　　图1-3　向试管滴加液体　　　　图1-4　从细口试剂瓶倒液体入量筒

剂并挤入废液缸弃去，又反复多次即可用于吸取试剂。取用方法同从滴瓶中取用试剂的方法。使用过的吸管若需反复吸取相同试剂，应将管尖朝下放入一干净、干燥的试管中，若需吸取不同试剂，应换用另一支或按上法清洗干净后再用。

应注意取用完试剂后，在盖瓶盖或放回滴管时仔细核对瓶签，谨防使瓶和盖错乱。

（二）玻璃仪器的洗涤和干燥

1. 玻璃仪器的洗涤　　仪器的洁净与否，直接关系到实验结果的可靠性和准确性。这里的"洁净"具有纯净的意思。玻璃仪器的洗涤方法主要有下列几种：

（1）用水刷洗　　可洗去一般的尘土和易溶于水的污物，但洗不去油污和有机物质。用自来水刷洗后再用水冲洗至少三遍。

（2）用合成洗涤剂刷洗　　可去掉一般的油污，方法是洒入少许洗衣粉或用刷子蘸取少量浓肥皂水，将玻璃仪器内、外均刷洗一遍，再用自来水至少冲洗三遍，至仪器内、外均无肥皂泡，且触摸时没有滑溜感为止。倒转仪器让水全部流出，若无水珠挂于容器内壁则说明已清洗干净，否则需再洗一遍。

（3）用洗液洗涤　　可除去顽固污渍和洗净无法刷洗的仪器及不能刷洗的精密容量玻璃仪器（如容量瓶、吸量管等）。实验室常用的洗液有铬酸洗液、高锰酸钾碱性洗液和酒精 – 浓硝酸洗液。最常用的是铬酸洗液，它由等体积的浓硫酸和饱和重铬酸钾溶液混合而成，具有极强的氧化性，去污能力极强。

洗涤方法是向仪器内注入少量洗液，使仪器倾斜并缓缓转动，使内壁各处均被润洗到，转几圈后，将洗液倒回原瓶，用自来水冲洗掉残留的洗液即可。

若使用热的洗液或用洗液浸泡仪器若干小时，则洗涤效果更好。

洗液吸水性强，使用时不仅要防止被水稀释还要在倒回原瓶后立即盖好磨口瓶盖。洗液可反复使用直至 $Cr_2O_7^{2-}$ 大部分被还原成 Cr^{3+}，洗液显绿色才失去氧化去污能力。

铬酸洗液腐蚀性强，使用时应注意安全，若溅到皮肤上或衣物上应立即用水冲洗。非必要时不用洗液洗涤仪器。

采用以上几种方法洗涤仪器后，都应及时用蒸馏水润洗仪器，以除去自来水中可能存在的钙、镁、铁、氯等离子。润洗时采用"少量多次"法，挤压洗瓶使蒸馏水成细流射出到仪器内壁，转动仪器使润洗到内壁各处（图1-5），重复3次即可。

（4）特殊污物的去除　　应根据污物的性质选用适当的试剂。如碱土金属的碳酸盐和

Fe(OH)$_3$ 等可用稀 HCl 处理；MnO$_2$ 则可用 6mol/L HCl 洗；银镜反应沉积在器壁的银用 HNO$_3$ 处理；有机反应残留的胶状或焦油状有机物，视情况用 LR 级或回收的有机溶剂（乙醇、乙醚、丙酮等）浸泡，或用稀 NaOH 或浓 HNO$_3$ 煮沸除垢。

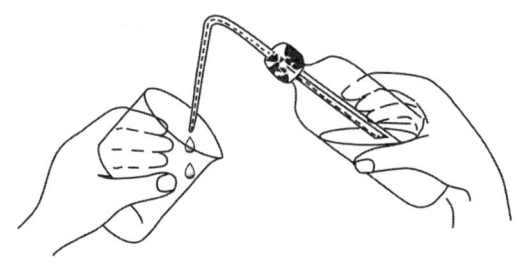

图 1-5 用蒸馏水润洗仪器

2. 玻璃仪器的干燥　清洗干净的玻璃仪器有时即刻可用，有时须干燥后才能使用。玻璃仪器的干燥方法视情况不同而不同。

（1）晾干　不急用的玻璃仪器，将其清洗干净后倒立于仪器架上晾干。

（2）烘干　实验室常用电热恒温干燥箱（图 1-6）加热至 105℃烘干洗净的仪器。一般烘 15 min 即可。必须注意，精密容量玻璃仪器绝不能烘烤；刚用乙醇、丙酮等挥发性强的有机溶剂淋洗过的仪器切勿放入烘箱，以防爆炸。

刚烘热的仪器最好使其在烘箱中降至室温后再取出。若热时就需取出，应用干布垫手，防止烫伤。热玻璃仪器不能碰水，否则易炸裂。热玻璃仪器自然冷却时，器壁上常凝有水珠，可用吹风机吹冷风助冷，以避免产出水珠。

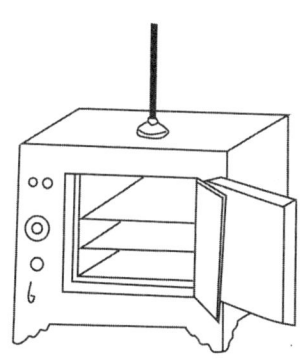

图 1-6 电热恒温干燥箱

（3）吹干　用热的或冷的空气流将仪器吹干，常采用电吹风或吹风机。对于不能加热干燥的仪器，可用易挥发的有机溶剂如乙醇、乙醚和丙酮先润洗后再用冷风吹干。若仪器可以加热，则用有机溶剂润洗后采取冷风—热风—冷风的顺序吹。

（4）烤干　烧杯、表面皿等可放在石棉网上用小火烤；试管可用试管夹夹住距管口 1/4～1/3 处，将管口倾斜向下，使煤气灯或酒精灯火焰先对准管底，慢慢移向管口（图 1-7），水珠消失后再将管口朝上烘烤试管底部，赶走水汽。应注意将仪器外壁的水先擦干后再烤干。

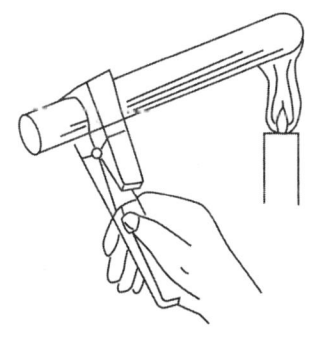

图 1-7 烤干试管的方法

（三）加热

1. 加热用的仪器

（1）酒精灯　由灯罩、灯芯和灯壶三部分组成。使用酒精灯前应在附近无明火的情况下，借助漏斗添加酒精（图 1-8），酒精加入量不能超过灯壶容量的 2/3。酒精灯正确的点燃方法如图 1-9 所示。熄灭时应用盖盖灭，切勿用嘴吹。

酒精灯加热的温度通常为 400～500℃，适于不需太高加热温度的实验。

（2）酒精喷灯　有座式（图 1-10）和挂式（图 1-11）两种。两者使用方法相似。先将灯壶（座式）或储罐（挂式）内灌入酒精（注意在喷灯点燃后或刚刚熄灭、酒精未冷却时不能续加，否则会着火），在预热盘中加满酒精并点燃（挂式的应打开储罐下的开关，从灯管口冒出酒精后再关上），待酒精燃烧完将灯管灼热后，打开空气调节器和灯壶（座式）或储罐下

图 1-8　酒精灯添加酒精方法

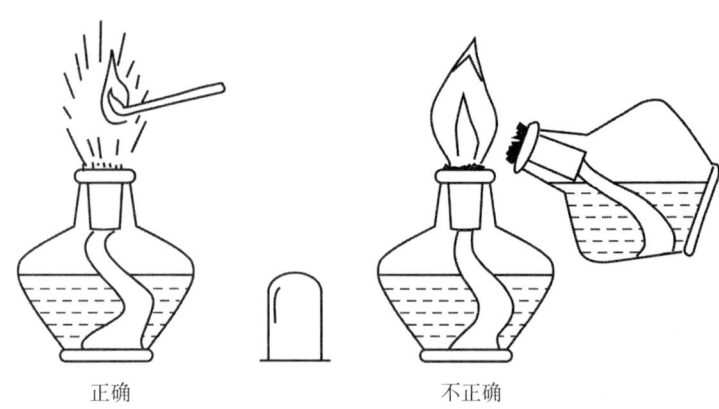

图 1-9　酒精灯点燃方法

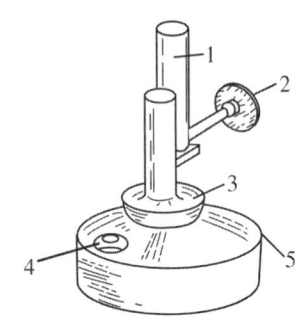

图 1-10　座式酒精喷灯构造
1-灯管；2-空气调节器；3-预热盘；4-灯壶盖；5-灯壶

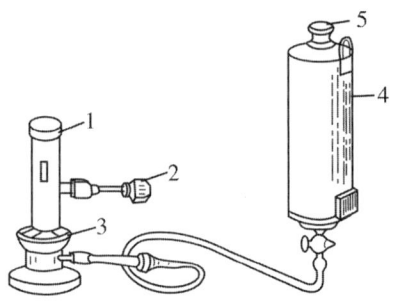

图 1-11　挂式酒精喷灯构造
1-灯管；2-空气调节器；3-预热盘；4-储罐；5-储罐盖

与灯管相通的开关，并在灯管口点燃喷灯。应注意灯管必须灼热后方能点燃，否则液体酒精易喷出而引起火灾。为保证灯管灼热，可在预热盘中酒精烧干后再加满酒精烧干1～2次。

由于是靠气化的酒精燃烧，故酒精喷灯的温度可达700～900℃。使用完酒精喷灯后，关闭空气调节器即可将其熄灭。挂式酒精喷灯不用时，应关闭储罐下的开关。

（3）煤气灯　主要由灯管和灯座组成（图1-12）。灯管下端有螺丝与灯座相连，并开有用做空气入口的圆孔。旋转灯管，可调节空气进入量。灯座侧面有煤气入口，以橡皮管与煤气管道相通。另一侧有螺旋形针阀，可调节煤气进入量。

使用煤气灯时，先旋转灯管，关闭空气入口，将燃着的火柴移近灯管口再打开煤气管道开关，点燃煤气灯。切勿先开煤气后点火！然后调节煤气和空气进入量，使两者比例恰当以得到正常火焰。调节火焰大小或熄灭火焰均通过煤气管道开关控制。

煤气灯的正常火焰分三层（图1-13），外层煤气完全燃烧，称为氧化焰，呈淡紫色；中层煤气不完全燃烧，称为还原焰，为淡蓝色；焰心煤气和空气混合并未燃烧。温度最高处在图1-13中的2处，可达800～900℃。

煤气与空气进入量比例失调时会出现不正常的火焰。若火焰呈黄色并冒烟时，应调大空气进入量；若空气、煤气进入量均过大，则火焰脱离灯管，称为临空焰（图1-14a），容易自行熄灭；若煤气进入量远小于空气进入量，则火焰在灯管内燃烧，称侵入焰（图1-14b），片刻即烧热灯管，易灼伤手指。遇临空焰或侵入焰时，应关闭煤气管道开关，重新调节后再点燃。

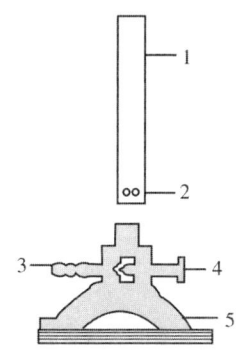
图 1-12　煤气灯构造
1-灯管；2-空气入口；3-煤气入口；4-螺旋形针阀；5-灯座

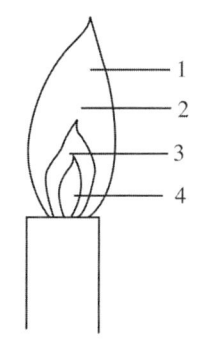
图 1-13　煤气灯的正常火焰
1-氧化焰；2-最高温处；3-还原焰；4-焰心

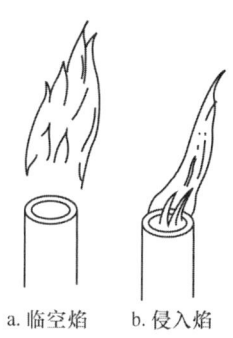
图 1-14　煤气灯的不正常火焰

（4）电炉、管式炉和马福炉

①电炉（图 1-15）：可以代替煤气灯加热盛于器皿中的液体，温度高低可通过调节电阻来控制。玻璃器皿与电炉间要隔一块石棉网才能受热均匀。

②管式炉（图 1-16）：有一管状炉膛，炉膛中可插入一根瓷管，盛有反应物的瓷舟则放入瓷管。反应物可在空气气氛或其他气氛中受热反应。管式炉也是用电热丝加热，温度也可调节，最高使用温度为 950℃。

③马福炉（图 1-17）：炉膛是长方体，炉壁很厚，也是利用电热丝加热，温度可调控，最高使用温度可达 1300℃。需要加热的物质放入坩埚中再放进炉中加热。

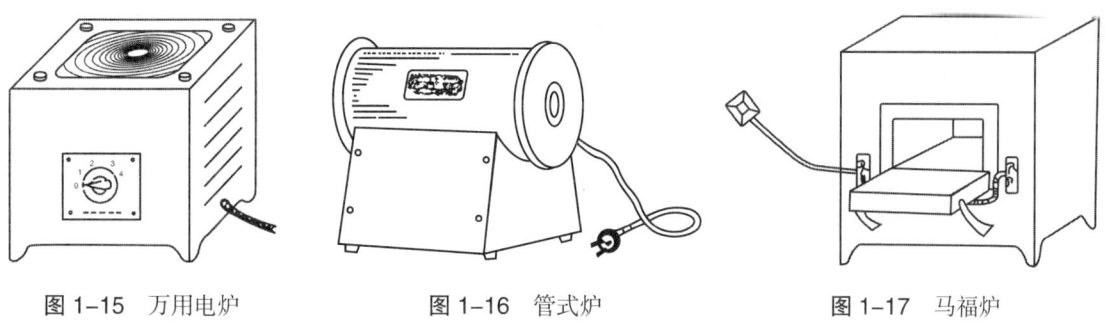

图 1-15　万用电炉　　　　图 1-16　管式炉　　　　图 1-17　马福炉

管式炉与马福炉内的温度测量不能采用温度计，而是采用由一副热电偶和一个毫伏表所组成的高温计，将一个接入线路的温度控制器与热电偶连接起来，便可控制炉内温度，使恒定在某一温度不变。

（5）温度计　由玻璃制成，下端有一水银球，上面是一根内径均匀的厚壁毛细管，刻有表示温度的刻度，最高可测到 360℃，分度值最小的为 0.1℃。若是用石英制成的，则最高可测到 620℃。

测量液体、气体温度时，应将水银球放在适当位置，切勿碰容器内壁；切勿将温度计用做搅拌棒；测量过高温物体后切勿立即用冷水冲洗，以免水银球破裂而洒落水银。万一水银洒落，应立即用硫黄粉覆盖。

2. 加热方式　根据需要,有水浴、油浴、砂浴及直接加热等方式。

(1) 水浴　当需要受热均匀而温度又不需要超过100℃时,采用水浴加热。

用铜制或铝制水浴锅盛水至其容积的2/3以下,煮水至沸,通过水蒸气加热放在铜圈或铝圈上的器皿(图1-18a)。这些金属圈是一系列大小不等的同心圈,根据需加热器皿的大小选用,原则是尽量使器皿受热面积大而又不触及锅壁或锅底,仅悬置水上。注意加热一段时间后续加水以防烧干。

一般实验室也常将试管中的反应物放到大烧杯的沸水浴中加热(图1-18b)。

(2) 油浴　油浴适于100~250℃均匀加热用。油浴锅多为生铁铸造,也有用大烧杯代替的。常用的油浴有植物油、石蜡和液态石蜡。油浴加热应谨防着火,油量不可太多,浴锅外不可有油。加热时若油冒烟,应立刻停火,遇油浴着火应迅速移走热源,用石棉网等盖灭而不能用水浇。

(3) 砂浴　适于温度在100℃以上特别是220℃以上加热用。砂浴锅是生铁造的盘,盘中盛砂,受热器置于砂上但不能触及盘底(图1-19),需要时可将温度计插入砂中测量温度。

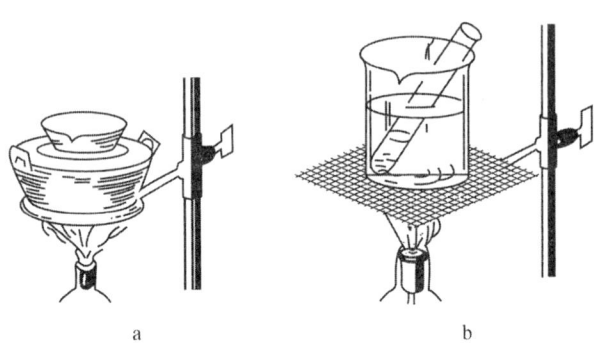

图 1-18　水浴加热

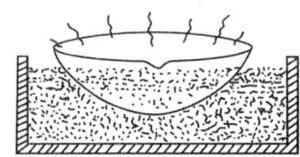

图 1-19　砂浴加热

(4) 常用的直接加热方法

① 液体的加热

加热烧杯中的液体:烧杯下必须垫石棉网,加热的液体量应少于烧杯容量的2/3,并要适当搅拌以防暴沸。加热前应擦干烧杯外壁的水滴;刚加热过的烧杯不能放在冰冷的台面或地面,更不能接触冷水。

加热烧瓶中的液体:烧瓶下垫石棉网,加热的液体量应不超过烧瓶容量的2/3,要事先在烧瓶中放入少量沸石(或碎瓷片),瓶颈用烧瓶夹夹住,加热前应擦干瓶壁外的水滴。

加热试管中的液体:液体量不应超过试管容量的1/3,用木试管夹夹住试管上部1/4~1/3处,将管口向上倾斜(图1-20),注意切勿将管口对着别人和自己。先加热试管的中、上部,再加热底部,并上下移动,使液体受热均匀。

② 固体的加热

给试管中的固体加热:应用铁架台和铁夹固定试管或用试管夹夹持试管,使管口略朝下倾斜(图1-21),以防管口凝结的水珠流至灼热的管底,导致管底炸裂。

用坩埚高温灼烧或熔融固体:坩埚有瓷质的、氧化铝的和金属材质的,应根据所装物料性质和需加热温度选用不同材质的坩埚。加热时将坩埚置于泥三角上,用氧化焰灼烧(图1-22)。必须用干净的坩埚钳(图1-23)夹取高温下的坩埚。

图 1-20　加热试管中的液体

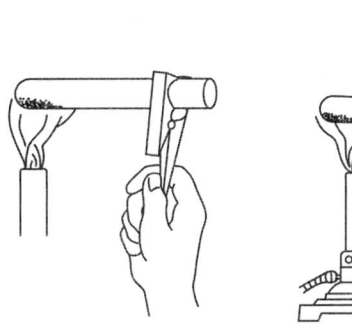

图 1-21　加热试管中的固体

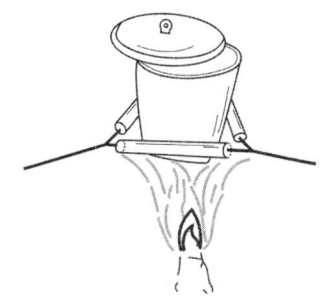

图 1-22　灼烧坩埚

图 1-23　坩埚钳

（四）固液分离方法

1. 倾析法　当沉淀密度大或晶体颗粒大因而沉降快时可用此法。方法是待沉淀完全沉降后，用玻璃棒导流，小心将上层清液慢慢倾入另一容器中（图 1-24）。

2. 过滤法

（1）常压过滤　当沉淀物为胶状或细微晶体时用此法较合适。方法是先将滤纸对折两次，再展开为一个 60° 角的圆锥，从三层滤纸一边下面两层撕去一个小角，安放入漏斗，使两者圆锥面相吻合。滤纸边应低于漏斗边 5mm 左右，否则应剪小。用蒸馏水润湿滤纸并用玻璃棒轻压使其贴紧漏斗壁，其间不应有空气泡。

将漏斗放入漏斗架上，漏斗颈末端紧贴承接器内壁。将玻璃棒指向三层滤纸一边，沿玻璃棒慢慢倾入上层清液到漏斗中，倾入液体的液面应低于滤纸边 0.5~1cm（图 1-25）。用洗瓶挤少量水淋洗盛沉淀的容器和玻璃棒，洗液全部滤入承接器中。

若需洗涤沉淀，则挤出细水柱在滤纸三层的部分自滤纸边稍下处由上向下洗涤（图 1-26），如此洗涤多次即可。

强酸、强碱、强氧化剂会破坏滤纸结构，应用石棉纤维或玻璃丝代替滤纸，或改用玻璃砂芯漏斗（图 1-27）。

（2）减压过滤　又称抽滤或吸滤，可加快过滤的速度和抽干沉淀表面吸附的溶液。此法不宜用于过滤胶状沉淀和细微晶体，否则会堵塞滤纸孔。

减压过滤装置如图 1-28，主要由吸滤瓶、布氏漏斗和抽气泵（水泵或真空泵）组成，通

图 1-24　倾析法

图 1-25　常压过滤

图 1-26　在漏斗中洗涤沉淀

图 1-27　玻璃砂芯漏斗

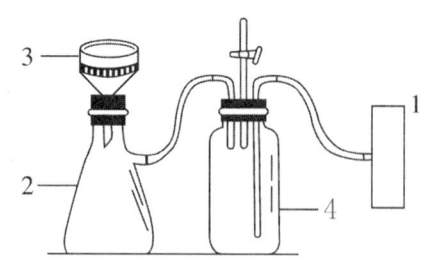
图 1-28　减压过滤装置
1- 抽气泵；2- 吸滤瓶；3- 布氏漏斗；4- 安全瓶

常在吸滤瓶与抽气泵之间还连接一个安全瓶。先将滤纸剪成比布氏漏斗口略小但又能盖住瓷板上所有小孔的圆形状，平铺于漏斗中，用蒸馏水润湿，开启抽气泵，缓慢抽吸使之贴紧瓷板。

先将上清液用玻璃棒导流倾入漏斗，再将所有沉淀转入漏斗继续抽滤，直至漏斗颈无滤液滴出为止。停止抽滤后先将吸滤瓶与安全瓶相连处的橡皮管拔出，使与大气相通，再关抽气泵，否则水会倒吸。取下漏斗将其倒置，用滤纸或干净、干燥的容器接在下面，轻敲漏斗边或用力吹漏斗颈口，即可使沉淀落入滤纸或容器。

（3）热过滤　若固体溶解度随温度下降而明显降低，为防止过滤时析出晶体堵塞漏斗颈，须采用热过滤。

简便的方法是过滤前将玻璃漏斗放在水浴上用蒸气加热后快速过滤。若将玻璃漏斗放在铜质的热漏斗内，后者内装热循环水，便能进行较长时间的热过滤。

3. 离心分离　为分离溶液与沉淀的一种简便、快速的方法。主要装置是离心机（图 1-29）。步骤是先将悬浊液均匀分装到偶数支大小、厚薄基本相同的离心管中，最好事先在台秤上两两平衡好。然后将重量相同的离心管两两放入离心机中位置对称的两个离心套管中，所有的离心管都配对放好。若需离心的悬浊液量少，只有一管，则可用蒸馏水装入另一支重量相同的离心管与之平衡。盖好离心机顶部的盖子，将变速器调到最低档，开启电源，由低速到高速逐渐调节变速器，至所需转速为止，2～5min 后断开电源，使其自然停止，切勿加外力强制停机。小心取出离心管，不可摇动或碰撞，以免沉淀上浮。用一干净滴管排气后伸入上清液中慢慢吸取上清液。在吸取过程中，滴管尖应始终保持不离开液面而又不接触沉淀（图 1-30）。

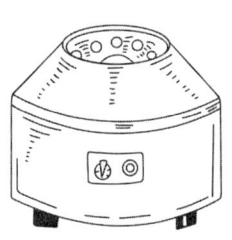

图 1-29 电动离心机

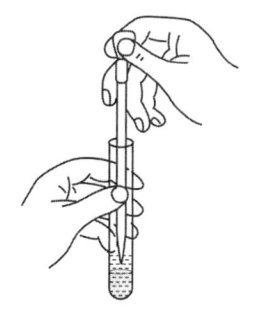

图 1-30 吸取上清液方法

（五）天平称量

1. 台秤　又称托盘天平或台式天平，其构造如图 1-31 所示。台秤的称量感量（精确程度）为 0.1g。

使用方法是先在两边空盘上各放一张称量用纸，将游码放在刻度尺的零处，检查天平是否平衡。若未平衡，应用平衡螺丝进行调节。将需称量的固体物放在左盘，5g（或10g）以上的砝码放在右盘，小于 5g（或 10g）的砝码用游码添加，直至左、右两边摆幅一致为止。

图 1-31 台秤

若要称量有腐蚀性的固体试剂，则应先空盘平衡后，用事先称量过的表面皿代替称量用纸；若要称量液体或挥发性物质，则应空盘平衡后，先称量一个称量瓶，再将待称量液体装入该称量瓶进行称量。

2. 扭力天平　又称化学天平，其称量感量为 0.001g。采用钢带弹性支承，因此无刀口磨损现象发生。测试 1g 以内的样品质量时，不用加减砝码而通过扭转弹性元件的角度产生平衡扭力，直接在刻度盘读取 0～1g。扭力天平构造见图 1-32 所示。

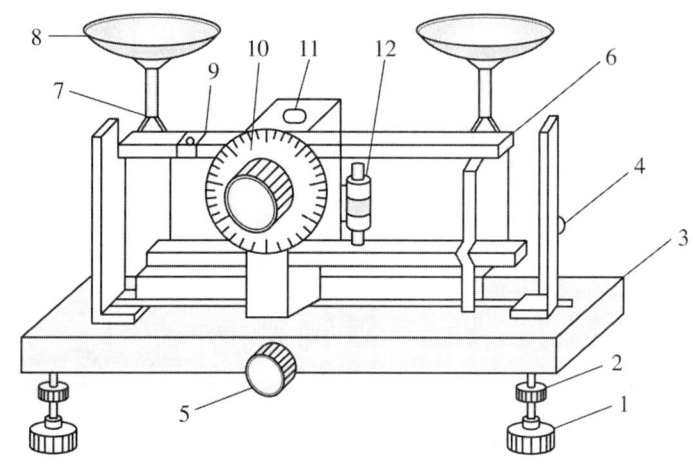

图 1-32 扭力天平构造图

1- 垫脚；2- 水平调整脚；3- 底板；4- 制动柱；5- 开关旋钮；6- 横梁；7- 下托盘；
8- 秤盘；9- 平衡砣；10- 刻度盘；11- 指针；12- 重心砣

由于许多部件被金属天平盒罩住了，外面只能看到天平罩、秤盘、指针、刻度盘、开关旋钮、水平调整脚和垫脚。

首先应按说明书上的步骤，逐步安装好天平，并安放在稳固的工作台上，避免震动。其周围应无影响天平计量性能的气流及腐蚀性气体存在。使用前先检查秤盘上有无灰尘或纸片等物品。若有，应予以清除。同时刻度盘上的"0"应对准标准线，然后顺时针旋转开关旋钮至尽头，观察指针位置。空盘时指针应指在标牌的正中间，天平才处于平衡位置（底板水平放置且左、右秤盘等重）。若不是，则调节两个水平调整脚，使指针指向正中间。再反时针旋转开关旋钮，打开天平罩，将待称量物体放在左盘，1g以上砝码放在右盘，盖好天平罩防止外面气流影响称量。然后顺时针旋开开关旋钮，慢慢向顺时针方向旋转刻度盘，添加1g以下的砝码，直至指针再次指向正中间为止。刻度盘刻有10大格，每大格又分10小格，每小格为0.01g。称量时应再估读一位，即应读出三位小数。

称量完毕应立即取出秤盘上的物体和砝码，盖上天平罩，关闭开关旋钮，并将刻度盘上的"0"对准标准线。

九、化学实验室"三废"治理

实验室"三废"通常指实验过程中所产生的废气、废液、废渣。这些废弃物中许多都是有毒、有害物质，其中还有一些是强致癌物质和剧毒物质。如果不对这些物质进行处理而任意排放，不仅会污染空气和水源，造成环境污染，而且会危害人体健康。"三废"治理应根据"变废为宝，安全废弃，分别处理"的原则进行。

1. 废气 常见废气有含硫、氮、碳氢、卤素化合物和试剂挥发物等。产生少量有毒气体的实验可在通风柜中进行，通过通风设备将少量毒气排到室外。大量的有毒气体必须经过吸收处理或与氧充分燃烧方可排出室外，如氮、硫、磷等酸性氧化物气体，可用导管通入碱溶液中，以使其大部分被吸收后排出。

2. 废液 化学实验室废液成分多、浓度低、不稳定。剧毒、易爆废液应及时处理，一般废液倒入废液桶，待收集量较多时定期进行处理。按其成分不同，主要有无机废液、有机废液和生化废液。针对不同性质的废液，所采取的处理方法也不同：

（1）无机废液的处理 无机废液中具有污染成分的主要有含重金属（如Cr^{3+}、Pb^{2+}、Cd^{2+}、Hg^{2+}）废液，含氰化物废液，砷化物废液，酸、碱废液等。一般的酸、碱、盐（不含有重金属离子）废液，以相应的碱、酸中和处理至排放标准。含有Cu、Zn、Bi、Sb、Cd、Mn、Ni、Hg等重金属离子的废液用碱液沉淀，加絮凝剂使沉淀完全，达标排放。含有氰化物的废液应及时处理，用$KMnO_4$碱性条件氧化分解，或用NaClO使氰化物分解为CO_2和N_2。若汞洒到地上，应及时用硫黄处理。

（2）有机废液的处理 有机废液中的主要污染成分有酚类、苯胺类、硝基苯类、醚、多氯联苯、有机磷化物等。一般分为两大类进行收集处理：一类是能被氧化分解的，如酚类、胺类、稠环芳烃、卤代烃、亚硝基化合物、甲苯、重氮盐等，收集后加O_3-H_2O_2或加碱和氧化剂（漂白粉），混合氧化剂可将废液中的有机物以及含N、P等物质氧化分解成CO_2、H_2O以及含N、P等无害物以达到净化的目的。另一类是难氧化的苯、硝基苯等，可用活性炭进行吸附。对于量大及有价值的废液，可解吸分离，回收使用，对于没有价值的废液，可以用焚烧法进行处理。

3.废渣 实验室的废渣包括实验后多余的固体样品和产物、实验残留和过期失效的化学试剂及消耗的实验用品、破损的实验器皿等。废渣应尽可能回收利用，无法回收利用的废渣主要采取掩埋法，无毒废渣可直接掩埋，并记录好掩埋地点；有毒废渣必须先经过化学处理后再深埋到远离居民区的指定地点。

十、化学实验的基本学习方法

化学是以实验为基础的自然科学。实验是研究化学的科学方法，也是学习化学的重要手段。所以必须掌握科学的学习方法，从而达到事半功倍的学习效果。为此，应做到以下几点：

（一）预习

化学实验课是在教师的指导下，由学生独立自主完成实验的一门课程。实验前做好充分的预习是顺利完成实验的前提和保证。预习应达到如下要求：

1.阅读并钻研实验教材，了解实验目的，熟悉实验原理。

2.掌握实验内容，对于实验步骤、实验操作方法及实验中的注意事项做到心中有数。

3.写出实验预习报告。报告内容应包括：实验项目名称、简要的实验步骤、操作要点和定量实验的计算公式等。切忌原封不动地照抄教材。

4.条件允许的情况下，学生可自行在网络上观看教学录像片和多媒体课件，从而更好地理解和预习实验。

（二）实验

实验是培养学生独立思考和探索、动手能力的重要环节，必须独立、认真地完成。

1.根据实验内容，认真、正确地操作。

2.实验过程中应多动手、动脑，仔细观察和积极思考，并如实地将实验现象和数据记录下来（如表格方式）。实验现象和数据要实事求是，若与理论不符，应重新进行实验，并将错误结论圈去重写（不要涂改或抹掉），找出错误的原因，同时简要注明。

3.在实验过程中遇到反常现象或疑难问题，应认真地分析操作方法，思考其原因，养成自觉分析问题的习惯。

4.实验全程应遵守实验室的基本操作规则，并在实验完成后做好卫生和整理工作。

（三）实验报告

实验完成后，要及时书写实验报告，将感性认识上升到理性认识。实验报告反映出学生的实验水平和归纳总结能力，包括以下几个部分：

1.实验名称、目的及原理。

2.实验内容 可用表格、符号、框图等多种形式表示，不要求一定用文字表达，但要求做到清晰、明了。

3.实验现象和数据 完整地记录实验现象和数据，应做到实事求是，不允许主观臆造和抄袭他人结果。

4. 实验教材中的思考题 实验教材在每个实验后都针对本实验给出了思考题,实验课后应结合实验观察和实验数据,认真完成这些思考题。

5. 实验小结 对实验过程中所产生的问题或实验结果提出自己的见解和收获,也可对实验教学方法、实验内容等提出建议。

(曾　明　陈　杰)

第二篇

基础性实验

第一章 无机化学实验

实验一 溶液的配制

实验目的

1. 掌握几种配制一定浓度溶液的方法和液体、固体试剂的取用方法。
2. 熟悉量筒、容量瓶、托盘天平的正确使用方法。
3. 了解溶液配制的一般原则。

实验原理

溶液浓度有几种不同的表示方法：物质的量浓度、质量浓度、质量分数、体积分数等。
物质的量浓度＝溶质的物质的量/溶液体积。
质量浓度＝溶质质量/溶液体积。
质量分数＝溶质质量/溶液质量。
体积分数＝液体溶质的体积/溶液体积。

要配制一定浓度的溶液，首先要弄清楚是配制哪种类型浓度的溶液，再根据所需配制溶液的浓度、量与溶质的量三者的关系，计算出溶质的量。如果求出的是溶质的质量，则用天平称取溶质；如果求出的是溶质的体积，则用量筒量取溶质的体积，最后加水至所要求的溶液的质量或体积即可。

配制溶液还包括稀释溶液：根据溶液稀释前后溶质的量不变，首先利用稀释公式（$c_1V_1=c_2V_2$）计算出浓溶液的体积，然后用量筒量取一定体积的浓溶液，再加蒸馏水稀释至所需配制的稀溶液的体积，混合摇匀即可。

配制一般溶液（即溶液浓度准确度要求不高的溶液），可以用量筒、托盘天平等仪器进行配制；但如果要配制标准溶液（即溶液浓度准确度要求高的溶液），则应采用分析天平、移液管、容量瓶等精密仪器进行配制。

仪器与试剂

烧杯、洗瓶、容量瓶（100 ml、250 ml、1000 ml 各一个）、玻璃棒、胶头滴管、托盘天平、药匙、量筒（100 ml）、分析天平。

NaCl 固体（AR）、95% 乙醇、40% 福尔马林、碘、碘化钾、重铬酸钾固体（AR）、浓硫酸 –

重铬酸钾洗液、蒸馏水、NaOH 固体（AR）。

实验步骤

（一）移液管的洗涤

移液管和刻度吸量管一般采用橡皮洗耳球吸取铬酸洗涤液洗涤，沥尽洗涤液后，用自来水冲洗，再用蒸馏水洗涤干净。具体步骤详见第二篇第三章实验二"滴定分析基本操作"。

（二）容量瓶的准备与洗涤

1. 容量瓶的准备

使用前要检查是否漏水。检查方法是：加入自来水至标线附近，盖好瓶塞，瓶外水珠用布或滤纸擦拭干净，左手按住瓶塞，右手拿住瓶底，将瓶倒立 2 min，观察瓶塞周围是否有水渗出。如不漏水，将瓶直立，转动瓶塞约 180°后，再倒立检查一次。

2. 容量瓶的洗涤

容量瓶一般不用刷子机械地刷洗，其内壁的污渍最好用浓硫酸 – 重铬酸钾洗液清洗，小容量瓶可装满洗液浸泡一定时间；大容量瓶注入约 1/3 体积洗液，塞紧瓶塞，摇动片刻，隔一段时间再摇动片刻，如此摇动几次即可将内壁污渍清洗干净。然后用水冲洗掉洗液，对着光亮检查一下污渍是否已被洗净，内壁水膜是否均匀。如果发现仍有水珠，则应再用洗液浸泡后再检查，直到彻底洗净为止。最后用去离子水（或蒸馏水）洗去自来水。去离子水每次用量约为被洗容量瓶体积的 1/3，一般洗 2~3 次。

（三）溶液的配制

1. 配制 250 ml 生理盐水（9 g/L NaCl 溶液）

（1）计算　所需 NaCl 的质量 = 0.25×9 = 2.25 g。

（2）称量　在天平上称量约 2.25 g NaCl 固体，并将其倒入小烧杯中。

（3）溶解　在盛有 NaCl 固体的小烧杯中加入适量蒸馏水，用玻璃棒搅拌，使其溶解。

（4）移液　将溶液沿玻璃棒注入 250 ml 容量瓶中。

（5）洗涤　用蒸馏水洗烧杯 2~3 次，并倒入容量瓶中。

（6）定容　加入蒸馏水至刻度线下 1~2 cm 处改用胶头滴管滴至与凹液面相平。

（7）摇匀　盖好瓶塞，上下颠倒，摇匀。

（8）装瓶、贴签。

2. 用市售的福尔马林配制 250 ml 5% 福尔马林溶液

在配制福尔马林溶液（固定液或保存液）时，应将 40% 甲醛作为整个溶质来配制。例如配制 5% 福尔马林时，取市售 40% 甲醛溶液 5 ml 与 95 ml 蒸馏水混合。实际上甲醛含量只有 1.9~2%，这种配法已成为实验室的惯例。

请自己设计配制方案。

3. 用市售的药用乙醇（φ=95%）配制 φ=75% 的消毒乙醇 100 ml

（1）计算　计算所需药用乙醇的体积 = 100×75%/95% = 79 ml

（2）量取　用 100 ml 量筒量取所需的药用乙醇。

（3）移液　将量取的药用乙醇沿玻璃棒注入 100 ml 容量瓶中。

（4）洗涤　用蒸馏水洗量筒2~3次，并倒入容量瓶中。
（5）定容　加入蒸馏水至刻度线下1~2cm处改用胶头滴管滴至与凹液面相平。
（6）摇匀　盖好瓶塞，上下颠倒，摇匀。
（7）装瓶、贴签。

4. 0.75% 碘酊的配制

0.75% 碘酊的处方为碘7.5g、碘化钾4.5g、乙醇（95%，以下同）460ml，水加至1000ml。传统的配制方法为：取碘化钾加少许水（1：0.7）溶解后，加碘及乙醇，搅拌使溶解，再加水至1000ml，搅拌均匀，即得。

5. 标准溶液的配制（举例）

配制 0.01667mo/L $K_2Cr_2O_7$ 标准溶液 1000ml。

（1）计算　所需 $K_2Cr_2O_7$ 的质量=0.01667×1×294.2=4.904g。
（2）称量　在分析天平上用减重法精密称取4.88~4.92g $K_2Cr_2O_7$ 固体于小烧杯中。
（3）溶解　在盛有固体 $K_2Cr_2O_7$ 的小烧杯中加入适量蒸馏水，用玻璃棒搅拌，使其溶解。
（4）移液　将溶液沿玻璃棒注入1000ml容量瓶中。
（5）洗涤　用蒸馏水洗烧杯2~3次，并倒入容量瓶中。
（6）定容　加入蒸馏水至刻度线下1~2cm处改用胶头滴管滴至与凹液面相平。
（7）摇匀　盖好瓶塞，上下颠倒，摇匀。
（8）装瓶、贴签。

注意事项

1. 用蒸馏水洗涤烧杯或量筒时，要少量多次洗涤，以确保溶质全部被洗入容量瓶。
2. 使用稀释公式时，溶液浓度的表示方法要相同。如果稀释前后溶液浓度的表示方法不一致，则要进行不同浓度之间的换算。

思考题

1. 简述配制物质的量浓度溶液的操作步骤。
2. 操作过程中容易引起误差的地方有哪些？
3. 查阅福尔马林在医学上有何应用。

附：容量瓶使用六忌

一忌用容量瓶进行溶解（体积不准确）
二忌直接向容量瓶倒液（洒到外面）
三忌加水超过刻度线（浓度偏低）
四忌读数仰视或俯视（仰视浓度偏低，俯视浓度偏高）
五忌不洗涤玻璃棒和烧杯（浓度偏低）
六忌标准液存放于容量瓶（容量瓶是量器，不是容器）

（王翠琼）

实验二　等渗、高渗、低渗溶液

实验目的

1. 掌握溶液浓度与溶液渗透压之间的关系。
2. 熟悉红细胞在等渗、高渗、低渗溶液中的形态及其原理。
3. 了解等渗溶液在医学中的重要应用。

实验原理

稀溶液依数性包括溶液的蒸气压下降、溶液的沸点上升、溶液的凝固点降低和溶液的渗透压,其中尤以溶液的渗透压在医学上最为重要,它对人体水、电解质平衡和酸碱平衡起到十分重要的作用。

渗透现象是由于半透膜两侧不能透过膜的溶质分子或离子的浓度不同,从而导致溶剂分子向浓溶液扩散的速度大于向稀溶液扩散的速度的现象。欲阻止溶剂由纯溶剂透过半透膜向某一溶液扩散必须施加于溶液一方的额外压力称为该溶液的渗透压。

血液总渗透压约为 776.0 kPa,它是由血浆中蛋白质等大分子与无机盐等小分子、离子的总浓度(约为 300 mmol/L)所产生,所以医学上规定凡渗透浓度在 280~320 mmol/L 范围的溶液为等渗溶液,低于 280 mmol/L 的为低渗溶液,高于 320 mmol/L 的为高渗溶液。

红细胞膜为半透膜,当膜内细胞液与膜外血浆渗透压相等时,即渗透浓度相等时,红细胞得以保持正常形态,维持正常的生理现象,反之,则平衡被破坏。本实验通过观察红细胞在等渗、高渗、低渗溶液中的形态来说明这个道理。

仪器与试剂

扭力天平、台秤、量筒(50 ml)、烧杯(100 ml)、容量瓶(100 ml)、毛细滴管、玻棒、小试管、称量用纸、洗耳球、血色素吸管(20 μl)、采血针、光学显微镜、橡皮管。

NaCl(AR,固体)、蔗糖(CP,饱和溶液)、75%(V/V)乙醇棉球、消毒干棉球、擦镜纸、血清(新鲜)。

实验步骤

1. 观察渗透现象(示范)

(1)事先制作一去壳鸭蛋膜,将空腔一头的蛋壳用针钻一直径 6~8 mm 的圆孔,用力摇散蛋白和蛋黄,用注射器(去掉针头)将蛋黄蛋白抽出,残留的部分可从小孔甩出。注入水后,将蛋壳浸入 6 mol/L HCl 溶液,待蛋壳全部溶解后,小心取出蛋膜,用清水漂洗膜内、外后,将其包在湿毛巾内保存于冰箱备用。

（2）将约 1cm 长的橡皮管套在一长颈蓟形漏斗的颈下端，将此端插入蛋膜并用棉线捆紧。将饱和蔗糖溶液缓缓沿漏斗壁倒入蛋膜直至灌满并使液面超过与漏斗颈相接处 1~2cm 为止。然后将蛋膜浸入蒸馏水。（注意勿淹没捆棉线处，以防水从相接处灌入。）整个装置见图 2-1。

5~10min 后即可见漏斗颈内液面明显升高，近两小时后液面可升到近漏斗颈顶部。

2. 配制溶液

（1）等渗溶液 用扭力天平准确称取 0.880~0.920g 事先于 130℃烘干的 NaCl 固体，小心从称量纸上全部倾入 100ml 烧杯，加入约 40ml 蒸馏水，搅拌使其全部溶解后，无损转入 100ml 容量瓶，用少量水洗涤烧杯壁 3 次，洗液应全部转入容量瓶，加水稀释至刻度，摇匀备用（容量瓶用法详见第二篇第三章实验二"滴定分析基本操作"），并计算此溶液的渗透浓度。

（2）高渗溶液 用台秤称取约 1.3g NaCl 固体溶解于约 30ml 蒸馏水，搅拌使其全部溶解后转入 50ml 量筒，加水稀释至 50ml，混匀备用，计算此溶液的渗透浓度。

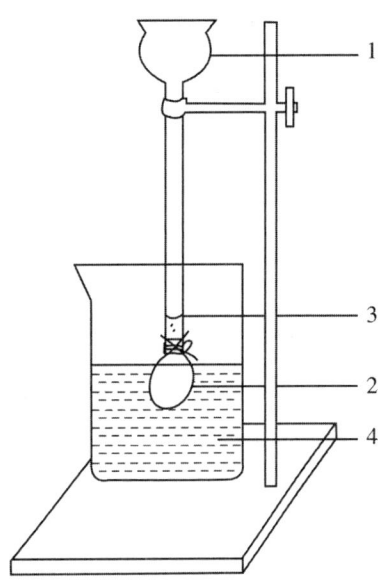

图 2-1 渗透现象装置
1- 蓟形漏斗；2- 蛋膜；3- 开始时蔗糖溶液液面；4- 蒸馏水

（3）低渗溶液 用台秤称取约 0.3g NaCl 固体，用与（2）相同的方法配成 50ml 低渗溶液备用，计算此溶液的渗透浓度。

3. 红细胞在等渗、高渗和低渗溶液中的形态

（1）从手指取血制备红细胞悬液 用 75%（V/V）浸湿乙醇的棉球消毒手指尖皮肤，待干后，用一次性采血针很快地刺入皮肤深层并立即拔出，使血液自然流出，形成血滴（切勿用手挤压手指，以免组织液稀释血液），并用消毒干棉球擦去第一滴血液，用血色素吸管分 3 次吸取血液，每次 10μl，分别加入各装有 1ml 低渗、等渗和高渗溶液的 3 支小试管中，摇匀，即得红细胞悬液。

（2）用显微镜观察 从上述 3 支小试管中各取 1 滴红细胞悬液滴于载玻片上，盖上盖玻片，在显微镜下用高倍镜（400× 或 450×）观察红细胞的形态变化。

注意事项

1. 渗透现象示范的装置中必须注意保持蛋膜的完好无损，以防蔗糖溶液渗漏出来。
2. 等渗溶液的配制必须准确，以保证其渗透浓度在 280~320mmol/L 范围内。
3. 从手指取血时应注意对手指及器械消毒，以防感染。

思考题

1. 渗透现象示范实验中，蛋膜内蔗糖溶液液面会不会无止境地上升？
2. 红细胞在等渗、高渗、低渗溶液中的形态有何不同？这对临床有何指导意义？

（胡小建）

实验三 醋酸电离常数的测定

实验目的

1. 掌握碱式滴定管的使用和滴定基本操作。
2. 熟悉 pHS-25 型酸度计和移液管的正确使用方法。
3. 了解用 pH 电位法测定醋酸电离常数的原理和测定方法。

实验原理

醋酸（CH_3COOH，简写为 HAc）是一元弱酸，在水溶液中部分电离，存在下列电离平衡：

$$HAc \rightleftharpoons H^+ + Ac^-$$

电离常数：

$$K_a = \frac{[H^+][Ac^-]}{[HAc]}$$

$[H^+]$、$[Ac^-]$ 均为平衡时的浓度，$[HAc]$ 表示未电离的醋酸分子的平衡浓度，K_a 为电离平衡常数，它在一定温度下为一常数。

当溶液中 $[Ac^-] = [HAc]$ 时，则

$$K_a = [H^+] \quad 即 \quad pK_a = pH$$

本实验利用 NaOH 溶液滴定 HAc 溶液，用酚酞作指示剂，滴定到酚酞刚刚变红时，即 NaOH 恰好中和了全部 HAc。

$$HAc + NaOH \rightleftharpoons NaAc + H_2O$$

若 NaOH 溶液的消耗量为全部中和 HAc 时消耗量的一半，则此时溶液中所产生的 Ac^- 的量恰好等于尚未反应的 HAc 的量，即

$$[Ac^-] = [HAc]$$

精确测定此时溶液的 pH 值，即可得到醋酸的 pK_a 值。

其他弱酸只要能用强碱溶液直接滴定的，都可用此法测定其 pK_a 值。

仪器与试剂

pHS-25 型酸度计、移液管（25 ml）、碱式滴定管（50 ml）、滴定管夹、铁架台、锥形瓶（250 ml）、烧杯（50 ml）、玻璃棒、洗瓶、洗耳球、移液管架。

HAc 溶液（0.10 mol/L）、NaOH 溶液（0.10 mol/L）、酚酞指示剂（1%乙醇溶液）、pH＝4.00 标准缓冲溶液（配制详见第三篇第三章实验九"直接电位法测定溶液的 pH"）。

实验步骤

1. 用移液管准确吸取 25.00 ml 0.10 mol/L HAc 溶液加入 250 ml 洁净的锥形瓶，向其中加入 2 滴酚酞指示剂，摇匀，用 0.10 mol/L NaOH 溶液滴定，边滴边摇动锥形瓶，滴至溶液呈现微红色 30 s 不退色为终点。按下表记录所消耗的 NaOH 溶液的体积（滴定 2 次，2 次平行实验所消耗 NaOH 溶液的体积之差应不超过 0.10 ml）。

实验次数 滴定体积（ml）	1	2	平均值
NaOH 溶液初读数			
NaOH 溶液终读数			
V_{NaOH}（终－初）			

2. 在 50 ml 烧杯中用移液管准确加入 25.00 ml 0.10 mol/L HAc 溶液，从碱式滴定管准确将步骤 1 两次 NaOH 溶液的消耗量平均值的一半加入烧杯，小心摇动使之与 HAc 溶液混匀并充分反应。

用 pHS-25 型酸度计测定烧杯中溶液的 pH 值（使用方法见第二篇第一章实验六"缓冲溶液的配制、性质及 pH 测定"）。按上述操作重复一遍。

	1	2	平均值
pH 测定值			

取两次测得 pH 的平均值，此即醋酸在测定温度下的 pK_a 值，其负值的反对数即醋酸的 K_a 值。

注意事项

实验步骤 1、2 中所用 HAc 溶液应该取自同一试剂瓶，才能保证其浓度完全相同。NaOH 溶液同样如此，这样才能保证步骤 2 完成后，[Ac⁻]＝[HAc]。

思考题

本实验用来滴定的 NaOH 溶液是否必须是已知准确浓度的标准溶液？为什么？

（肖　荣）

实验四　配位化合物的生成与性质

实验目的

1. 掌握配位化合物的组成及中心原子与配体间以配位键相结合的结构特点。
2. 熟悉配位平衡与酸碱平衡、沉淀平衡及氧化还原平衡间的相互影响关系。
3. 了解生成配位化合物对氧化还原能力的影响。

实验原理

中心原子（金属离子或原子）与一定数目的配位体（阴离子或中性分子）以配位键相结合形成配位个体，不带电的配位个体本身就是配位化合物（简称配合物），带电的配位个体称为配位离子，它与带相反电荷的离子以离子键结合成配合物，其中配位离子为内界，带相反电荷的离子为外界，内界与外界在水溶液中完全电离。

配位个体在溶液中具有较大的稳定性，但仍存在一定程度的离解，即存在着配位平衡。例如

$$Cu^{2+} + 4NH_3 \underset{离解}{\overset{生成}{\rightleftharpoons}} [Cu(NH_3)_4]^{2+}$$

该配合物的稳定常数　　　　　$K_s = \dfrac{[Cu(NH_3)_4^{2+}]}{[Cu^{2+}][NH_3]^4}$

若配位体为弱碱 NH_3 或弱酸根如 $C_2O_4^{2-}$、CN^-、乙二胺四乙酸根等，加入强酸到配合物溶液中，可以促使配位离子离解。

向配合物溶液中加入沉淀剂，有可能促使配位个体离解；反之，向难溶电解质饱和溶液中加配位剂，有可能促使沉淀溶解。沉淀剂与配位剂争夺金属离子的结果如何，取决于相应的难溶物的 K_{sp} 和相应的配合物的 K_s 的相对大小。

当两种配位剂竞争同一种金属离子时，优先生成的应是稳定性较大的即 K_s 较大的那种配合物。如加入 CN^- 可以使 $[Ag(NH_3)_2]^+$ 离解而生成 $[Ag(CN)_2]^-$ 配位离子，反之加入 NH_3 不能使 $[Ag(CN)_2]^-$ 转化为 $[Ag(NH_3)_2]^+$。

配位体可以改变中心离子的电子结构，从而改变它的氧化还原能力。例如，$[Co(CN)_6]^{4-}$ 比 Co^{2+} 的还原性强很多。

仪器与试剂

烧杯（50 ml）、量筒（50 ml）、量杯（10 ml）、试管（15×150）、小试管（10×100）、短颈漏斗、玻璃棒、吸管、滤纸、台秤、药匙、称量用纸。

$CuSO_4 \cdot 5H_2O$（CP，固体）、浓氨水、95%乙醇、0.1 mol/L Na_2CO_3、0.1 mol/L Na_2S、0.1 mol/L $BaCl_2$、1 mol/L HCl、0.1 mol/L $FeCl_3$、1 mol/L 柠檬酸钠、1 mol/L NaOH、0.1 mol/L $AgNO_3$、0.1 mol/L NaCl、0.1 mol/L KBr、0.5 mol/L $Na_2S_2O_3$、0.1 mol/L KI、0.5 mol/L $CoCl_2$、30% H_2O_2、6 mol/L HCl。

实验步骤

1. 硫酸四氨合铜的生成及组成

（1）制备　在 50 ml 烧杯中加入 2.5 g $CuSO_4 \cdot 5H_2O$ 晶体，加 10 ml 蒸馏水，搅拌至全部溶解，加 5 ml 浓氨水，混匀，加 15 ml 95% 乙醇搅拌均匀，静置 3 min，过滤得硫酸四氨合铜晶体，用少量乙醇洗 2 次。观察并记录产品性状。

（2）组成　取少量产品放入 50 ml 烧杯，加约 3 ml 水溶解，观察是否为深蓝色溶液。将此溶液均匀分装于 3 支试管中。

在第一支试管中加数滴 0.1 mol/L Na_2CO_3 溶液，观察有无碱式碳酸铜沉淀生成。

在第二支试管中滴加 0.1 mol/L Na_2S 溶液，观察有何现象。

在第三支试管中滴加 0.1 mol/L $BaCl_2$ 溶液，观察有何现象。

试通过上述三个试验说明 Cu^{2+} 和 SO_4^{2-} 在硫酸四氨合铜中处于配合物的内界还是外界，它们以何种化学键与其他原子或原子团相结合。

2. 配位平衡的移动

（1）溶液酸碱度的影响

① 取少量实验步骤 1（1）的产品，加 1～2 ml 水溶解后分装于 2 支试管。

在第一支试管中加 1 mol/L HCl（逐滴加入直至出现明显变化），记录溶液颜色的变化。这说明了什么？

② 在第二支试管中先加 1 mol/L HCl 至与第一支试管颜色相同，再加过量的浓氨水。记录溶液颜色的变化，说明为什么？

③ pH 对柠檬酸合铁（Ⅲ）配位平衡的影响：加 1 ml 0.1 mol/L $FeCl_3$ 溶液和 1 ml 1 mol/L 柠檬酸钠溶液于一支大试管中，摇匀后分成 3 份，向其中一份中加数滴 1 mol/L NaOH 溶液，另一份中加数滴 1 mol/L HCl 溶液。比较 3 支试管中的颜色有何不同，为什么？〔Fe^{3+} 呈橙黄色，柠檬酸合铁（Ⅲ）呈亮黄至黄绿色，$Fe(OH)_3$ 为红棕色沉淀。〕

（2）配位平衡与沉淀平衡间的相互转化

① 取 5 滴 0.1 mol/L $AgNO_3$ 置于试管中，加 5 滴 0.1 mol/L NaCl 溶液，有何现象？再加 2～3 滴浓氨水，有何变化？为什么？

② 向上述溶液中再加 2 滴 0.1 mol/L KBr，有何现象？生成了什么？再加 2～3 滴 0.5 mol/L $Na_2S_2O_3$，有何变化？为什么？

③ 向上述溶液中再加 2 滴 0.1 mol/L KI，有何现象？生成了什么？

（3）配位平衡间的转化　取 5 滴 0.1 mol/L $AgNO_3$ 置于试管中，加 3 滴浓氨水，溶液澄清透明，生成了什么？分装于 2 支试管中。

① 向第一支试管中加 2~3 滴 0.1 mol/L KBr，有何现象？生成了什么？

② 向第二支试管中加 3 滴 0.5 mol/L $Na_2S_2O_3$，再加与①等量的 KBr，有无沉淀生成？为什么？

3. 生成配合物对氧化还原能力的影响

（1）取 0.5 mol/L $CoCl_2$ 溶液 4~5 滴，加 30% H_2O_2 10 滴，滴加 6 mol/L HCl 酸化。观察溶液是否变成棕色（Co^{3+} 的颜色）。H_2O_2 能否将 Co^{2+} 氧化成 Co^{3+}？

（2）取 0.5 mol/L $CoCl_2$ 溶液 4~5 滴，滴加浓氨水至沉淀溶解，此时溶液呈现何颜色？生成了什么？再加 30% H_2O_2 10~15 滴，并滴加 6 mol/L HCl 酸化。观察溶液颜色的变化。此时钴是几价的？形成氨配合物对 Co^{2+} 的还原性有何影响？（$[Co(NH_3)_6]^{2+}$ 为土黄色，$[Co(NH_3)_6]^{3+}$ 为红棕色）

注意事项

1. 制备 $[Cu(NH_3)_4]SO_4$ 时，必须使 $CuSO_4·5H_2O$ 固体溶解完全后才能加入浓氨水。加入 95% 乙醇时最好一边搅拌一边缓慢加入，以利形成较大晶体，便于过滤。

2. 观察现象要仔细，在观察颜色变化时也要判断有无沉淀（混浊）生成。

思考题

1. 复盐溶于水后全部离解成简单离子，如 $NH_4Fe(SO_4)_2$ 离解为 NH_4^+、Fe^{3+} 和 SO_4^{2-}。配合物与复盐是否相同？

2. 配位平衡受酸碱度、沉淀剂或其他配位剂的影响发生平衡移动遵循的规律是否与一般化学平衡相同？是否也存在同离子效应？

（崔小莹）

实验五　胶体分散系及其性质

实验目的

1. 掌握溶胶的光学、电学和动力学性质。
2. 熟悉溶胶与高分子溶液的主要区别。
3. 了解用凝聚法制备溶胶的一般方法。

实验原理

胶体分散系是分散相粒径为 1~100 nm 的一种分散体系。它主要包括溶胶和高分子化合物溶液。

溶胶的分散相粒子与分散剂之间存在相界面，它是一种高分散度的多相分散系，因而胶粒有聚集的趋势，是热力学不稳定体系；溶胶胶粒对光有散射作用，因而具有明显的丁铎尔（Tyndall）效应；溶胶胶粒带电，因而在电场中向与其电性相反的一极泳动，即电泳；胶粒在溶剂分子热运动的推动下做布朗运动，因而溶胶是动力学稳定体系。

实验室制备溶胶一般采用凝聚法，即通过水解或复分解反应生成难溶物，在适当的浓度、温度等条件下使生成物分子聚集成较大颗粒的胶核而形成溶胶。为克服其聚集的趋势，胶核选择吸附与其组成相关的离子作为第一吸附层，后者又吸附带相反电荷的离子形成电荷总数少一些的第二吸附层。胶核和其吸附的双电层构成了带电的胶粒，它们带同种电荷，互相排斥，加之对水分子的吸引，形成水化膜，使溶胶得以稳定。

例如，用水解反应制备 $Fe(OH)_3$ 溶胶，其反应如下：

$$FeCl_3 + 3H_2O \xrightarrow[\triangle]{沸腾} Fe(OH)_3 + 3HCl$$

$$Fe(OH)_3 + HCl \Longrightarrow FeOCl + 2H_2O$$

$$FeOCl \Longrightarrow FeO^+ + Cl^-$$

氢氧化铁溶胶的胶粒结构为 $\{[Fe(OH)_3]_m \cdot nFeO^+ \cdot (n-x)Cl^-\}^{x+}$，胶粒带正电荷，称正溶胶。

又如，用复分解反应制备 AgI 溶胶，其反应如下：

$$AgNO_3 + KI \Longrightarrow AgI + KNO_3$$

当 $AgNO_3$ 过量时，则胶核选择吸附 Ag^+，第二吸附层为 NO_3^-，胶粒带正电荷；若 KI 过量，则胶核选择吸附 I^-，第二吸附层为 K^+，胶粒带负电荷。

但若电解质离子过多，则与胶粒带相反电荷的离子再进入第二吸附层，中和胶粒的电荷，促使溶胶聚沉；若将正、负溶胶混合，则会互相中和电荷导致聚沉。

为使溶胶稳定，新制备的溶胶需进行透析，去除多余的电解质。这一过程称溶胶的净化。

高分子化合物溶液的分散相粒径也是 1~100 nm，也存在布朗运动。有的高分子化合物分子其实是电解质大离子，如蛋白质、核酸等，故也有电泳现象。但高分子化合物溶液是单相分散体系，分散相与分散介质间无相界面，故丁铎尔效应很微弱。更重要的是其分散相粒子无聚集趋势，故高分子溶液是热力学稳定体系。使其稳定的另一个重要原因，是高分子表面有许多亲水基团，使其溶剂化能力比溶胶强得多，高分子化合物可以自发溶解，其沉淀-溶解过程是可逆的，溶胶却不能。由于有厚实的溶剂化膜保护，高分子溶液不容易发生聚沉。

在溶胶中加入足量高分子溶液，可以保护溶胶使其难以聚沉，称之为保护作用；若加入少量高分子溶液，则反而会促使溶胶聚沉，称之为敏化作用。

在适当浓度、温度下，高分子溶液可以发生胶凝作用，生成凝胶。

乳状液是一种液体分散到另一种不相混溶的液体中的粗分散体系，分散相粒径大于

100 nm。必须有乳化剂的加入，乳状液才能稳定存在，肥皂水即是一种乳化剂。

仪器与试剂

电泳管及电泳仪、Tyndall 箱、台秤、烧杯（300 ml、100 ml）、酒精灯、量筒（50 ml）、量杯（10 ml）、锥形瓶（25 ml）、试管（15×150）、试管夹、透析袋、滴管、玻璃棒。

0.2 mol/L $FeCl_3$、0.02 mol/L KI、0.02 mol/L $AgNO_3$、硫黄粉、无水乙醇、0.1 mol/L KSCN、0.1 mol/L Fe(SCN)$_3$、0.1 mol/L $CuSO_4$、0.5 mol/L NaCl、0.005 mol/L $CaCl_2$、0.005 mol/L $AlCl_3$、0.02 mol/L K_2CrO_4、1%（W/V）动物胶、明胶（CP，固体）、食用油、肥皂水。

实验步骤

1. 溶胶的制备与净化

（1）制备 Fe(OH)$_3$ 溶胶　在 100 ml 小烧杯中加入 20 ml 蒸馏水，加热至沸，慢慢滴加 0.2 mol/L $FeCl_3$ 溶液 3 ml，边加边搅拌，加完后继续煮沸 1~2 min，即得棕红色透明的 Fe(OH)$_3$ 溶胶。静置冷却，保留备用。

（2）制备 AgI 溶胶　量取 10 ml 0.02 mol/L KI 溶液加入小锥形瓶中，边摇边滴加 0.02 mol/L $AgNO_3$ 溶液 5 ml，即得乳黄色透明 AgI 溶胶，保留备用。

（3）制备硫溶胶（通过改换溶剂，减小溶质的溶解度使分子凝聚成胶体）　取少量硫黄粉置于试管中，加入适量无水乙醇并振荡试管至完全溶解为止。在另一支试管中加入 4 ml 蒸馏水，将上述硫的乙醇溶液滴加到蒸馏水中，边滴加边摇动试管，直至得到乳白色半透明的硫溶胶（硫的水溶胶），保留备用。

（4）溶胶的净化——透析　将制得的 Fe(OH)$_3$ 溶胶注入透析袋中，用线栓牢袋口，浸入大烧杯盛的蒸馏水中，每隔 20 min 换一次蒸馏水，直至用 $AgNO_3$ 不能检出 Cl^-，用 KSCN 不能检出 Fe^{3+} 为止。

2. 溶胶的光学性质——Tyndall 现象

装置见图 2-2。将步骤 1 中所制备的三种溶胶各取 4 ml 分别加入 3 支试管，分别置于 Tyndall 箱的小孔前，打开光源，从侧面观察应有一明显光柱通过溶胶。

用 Fe(SCN)$_3$ 溶液和 $CuSO_4$ 溶液做同样的实验，观察有无 Tyndall 现象。

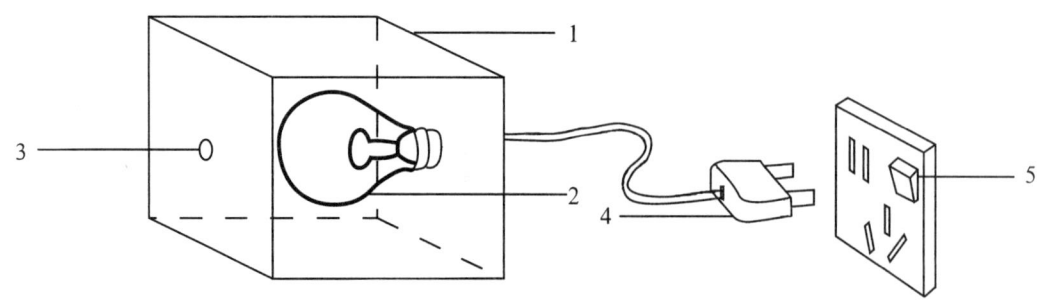

图 2-2　Tyndall 箱示意图
1- 木匣；2- 灯泡；3- 小孔；4- 插头；5- 插座和电源开关

3. 溶胶的电学性质——电泳（示教）

将简单的电泳管——U形管（图2-3）用铬酸洗液及蒸馏水洗净烘干，注入制备的$Fe(OH)_3$或AgI溶胶，然后在两侧溶胶液面上沿管壁小心滴加2～3ml 4×10^{-4}mol/L HCl溶液做导电用。溶胶与HCl溶液间要有明显的界面，否则应重做。

在U形管两端各插一个铂电极，接通直流电，缓慢调节电压至约100V，1～2h后可见U形管的一边界面上升，另一边界面下降。由此可判断溶胶所荷电性。

4. 溶胶的聚沉

（1）在3支干燥试管中各加入AgI溶胶2ml，向1号试管滴加0.5mol/L NaCl，向2号试管滴加0.005mol/L $CaCl_2$，向3号试管滴加0.005mol/L $AlCl_3$溶液，均滴加至溶胶刚呈现混浊为止。记录加入的每种电解质滴数。解释为什么会这样。

（2）将$Fe(OH)_3$溶胶2ml与AgI溶胶2ml等体积混合，摇匀。观察现象，并解释之。

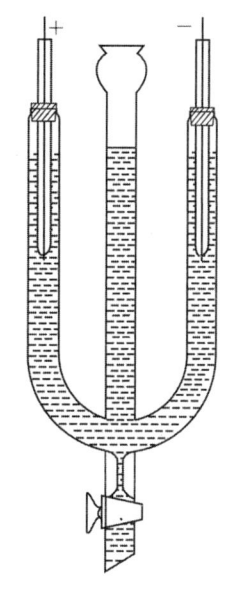

图2-3 电泳管示意图

（3）将AgI溶胶2ml加入试管，加热至沸，观察有何变化，并解释之。

5. 高分子溶液对溶胶的保护作用和敏化作用

（1）保护作用　取2支试管，各加入$Fe(OH)_3$溶胶2ml，向1号试管加蒸馏水2ml，向2号试管加1%（W/V）动物胶溶液2ml，混匀后，分别向两支试管滴加0.02mol/L K_2CrO_4溶液，至沉淀析出为止。记录2支试管中各加入K_2CrO_4的滴数，两者为什么不相同？

（2）敏化作用　取2支试管，各加入$Fe(OH)_3$溶胶5ml，向1号试管加入1%（W/V）动物胶溶液1滴，向2号试管加入0.02mol/L K_2CrO_4溶液1ml。观察2支试管中的聚沉现象，解释出现差别的原因。

6. 明胶溶液的胶凝作用

将50ml蒸馏水加入100ml烧杯中，盖上表面皿，加热至沸，再将2.5g明胶加入其中，充分搅拌使其完全溶解，静置冷却即得明胶的凝胶（胶冻）。

7. 乳状液的形成

取2ml蒸馏水加入试管，再加入15滴食用油，振摇试管，产生暂时性的乳状液，静置，立即又分为油、水两层。加几滴肥皂水后，再振摇试管，可得稳定的乳状液。

注意事项

1. 制备$Fe(OH)_3$溶胶时，一定要使水充分沸腾后才能加入$FeCl_3$溶液，且配制$FeCl_3$溶液时切勿加入过多HCl，否则不利于$FeCl_3$水解。

2. 电泳示教实验中若是电泳AgI溶胶，电压切勿超过100V，否则会析出Ag。

3. 做溶胶的聚沉（1）项实验，在记录加入电解质滴数的同时，不要忽略加入的NaCl浓度为$CaCl_2$和$AlCl_3$浓度的100倍。

思 考 题

1. 若将 $FeCl_3$ 加入冷水中，能否得到 $Fe(OH)_3$ 溶胶？为什么？
2. 为什么必须加入足量高分子溶液才能对溶胶起保护作用，而加入少量高分子溶液反而会促使溶胶聚沉？

（崔小莹）

实验六　缓冲溶液的配制、性质及 pH 测定

实验目的

1. 掌握缓冲溶液的性质、配制及 pH 测定方法。
2. 熟悉缓冲溶液的缓冲作用原理。
3. 了解 pHS-25 型酸度计的基本结构及使用方法。

实验原理

缓冲溶液具有抵抗外来少量强酸、强碱或者适量水的稀释而保持其溶液 pH 基本不变的能力。缓冲溶液一般由具有足够浓度、恰当比例的共轭酸碱对的两种物质组成。组成缓冲溶液中的共轭酸碱对的两种物质称为缓冲对。缓冲溶液 pH 的计算公式（缓冲公式）为：

$$pH = pK_a + \lg \frac{[B^-]}{[HB]} \tag{1}$$

由于

$$[B^-] = \frac{c_{B^-} \cdot V_{B^-}}{V} \qquad [HB] = \frac{c_{HB} \cdot V_{HB}}{V}$$

式中，V 为缓冲溶液的总体积，V_{B^-} 和 V_{HB} 分别为共轭碱和共轭酸的体积，c_{B^-} 和 c_{HB} 分别为混合前共轭碱和共轭酸的物质的量浓度。

代入（1）式，得

$$pH = pK_a + \lg \frac{c_{B^-} \cdot V_{B^-}}{c_{HB} \cdot V_{HB}} \tag{2}$$

当 $c_{B^-} = c_{HB}$ 时，则得

$$pH = pK_a + \lg \frac{V_{B^-}}{V_{HB}} \tag{3}$$

利用（2）或（3）式可配制具有一定缓冲容量的缓冲溶液，也可以计算一定浓度和体积的共轭酸及其共轭碱溶液配制成的缓冲溶液的 pH。

由（1）式可知，缓冲溶液的 pH 由 $[B^-]/[HB]$ 比值（即缓冲比）决定，因此稀释时几乎

不影响缓冲溶液的 pH。但稀释也是有一定限度的,过度稀释(如冲稀 10 倍)也会使缓冲溶液的 pH 升高。

由于缓冲溶液中含有抗酸和抗碱成分,故加入少量的强酸或强碱,其 pH 几乎不变。但缓冲溶液的缓冲能力都有一定限度。如果加入强酸或强碱的量超过了缓冲溶液的缓冲能力时,将引起溶液 pH 的急剧改变,从而失去缓冲作用。

用电位法测定溶液的 pH,最常用的是以玻璃电极做指示电极,饱和甘汞电极做参比电极,组成原电池。

仪器与试剂

试管(15×150)、量筒(50ml)、量杯(10ml)、玻璃棒、烧杯(100ml)、pHS-25 型酸度计、复合电极、洗瓶、滤纸。

0.06 mol/L Na_2HPO_4、0.06 mol/L KH_2PO_4、0.10 mol/L HCl、0.10 mol/L NaOH、0.10 mol/L NaCl、广泛 pH 试纸、标准缓冲溶液(pH=4.00,6.86,9.18)3 种(配制详见第三篇第三章实验九"直接电位法测定溶液的 pH")、混合指示剂。

混合指示剂配制:称取甲基黄 300 mg、甲基红 200 mg、酚酞 100 mg、麝香草酚蓝 500 mg、溴麝香草酚蓝 400 mg,共溶于 500 ml 乙醇中,逐滴加入 0.01 mol/L NaOH 溶液,直至溶液呈棕红色即可。

实验步骤

1. 缓冲溶液的配制

取洁净烧杯(100ml)3 个,并进行编号,然后用量筒或量杯按下表中所列的量加入试剂,搅拌均匀并分别计算和测量 pH 值,其值填入下表中相应位置。

烧杯号	试剂量		试纸测定值	pH 计测定值	理论计算值
	Na_2HPO_4(ml)	KH_2PO_4(ml)			
1	47	3			
2	31	19			
3	6	44			

2. 缓冲溶液的稀释

取洁净试管 4 支,并进行编号,按下表中所列的顺序进行实验,仔细观察颜色,将观察结果填入表中,并解释现象产生的原因。

试管号	自制缓冲溶液（2）	蒸馏水	混合指示剂	颜色
1		4 ml	2 滴	
2	4 ml		2 滴	
3	2 ml	2 ml	2 滴	
4	1 ml	3 ml	2 滴	

3. 缓冲溶液的抗酸、抗碱作用

取洁净试管 8 支，并进行编号，按下表中所列的顺序进行实验，将观察到的现象记录在表中，并解释现象产生的原因。

试管号	试液和指示剂用量	颜色	加酸或碱量	颜色
1	蒸馏水 2 ml＋混合指示剂 1 滴		0.10 mol/L HCl 1 滴	
2	蒸馏水 2 ml＋混合指示剂 1 滴		0.10 mol/L NaOH 1 滴	
3	自制缓冲溶液（1）2 ml＋混合指示剂 1 滴		0.10 mol/L HCl 1 滴	
4	自制缓冲溶液（1）2 ml＋混合指示剂 1 滴		0.10 mol/L NaOH 1 滴	
5	自制缓冲溶液（3）2 ml＋混合指示剂 1 滴		0.10 mol/L HCl 1 滴	
6	自制缓冲溶液（3）2 ml＋混合指示剂 1 滴		0.10 mol/L NaOH 1 滴	
7	0.10 mol/L NaCl 2 ml＋混合指示剂 1 滴		0.10 mol/L HCl 1 滴	
8	0.10 mol/L NaCl 2 ml＋混合指示剂 1 滴		0.10 mol/L NaOH 1 滴	

注意事项

1. 用 pH 试纸估测溶液 pH 时，不能将试纸浸入溶液中，应用镊子夹取小块试纸放在洁净、干燥的点滴板上，再用玻璃棒蘸取待测溶液，点在试纸上，然后将试纸呈现的颜色与标准 pH 色板对比。

2. 注意保护玻璃电极的薄膜，切勿用洗瓶尖或烧杯边等硬物碰撞，淋洗后用滤纸角吸干，切勿擦拭。

思考题

1. 人体血液 pH 的正常范围是多少？维持血液的正常 pH 最重要的缓冲系是什么？
2. 影响缓冲溶液的 pH 的因素有哪些？

附：雷磁 pHS-25 型酸度计的构造与使用方法

1. 构造　雷磁 pHS-25 型酸度计构造如图 2-4 所示。

2.使用方法

（1）仪器安装　首先按图 2-4 所示的方式安装电极杆和电极夹，并按需要的位置固定，然后装上电极，支好仪器后背支架。将量程开关置于中间位置后接通电源。

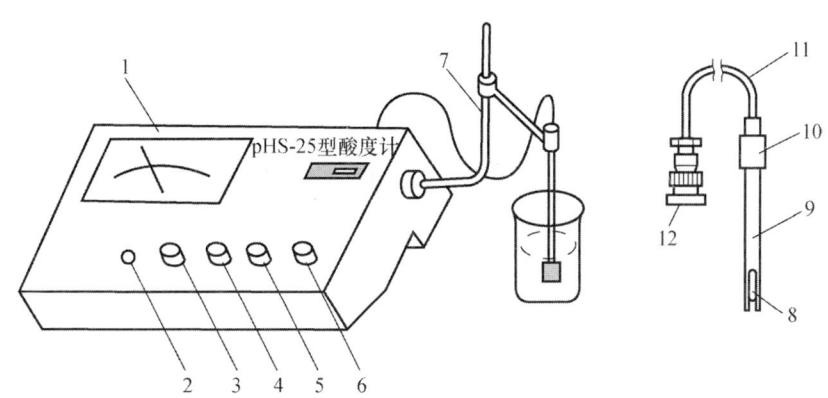

图 2-4　雷磁 pHS-25 型酸度计
1-指示表；2-电源指示灯；3-温度补偿器；4-定位调节器；5-功能选择器；6-量程选择器；
7-电极杆；8-球泡；9-玻璃管；10-电极帽；11-电极线；12-电极插头

（2）电极的检查　通过下列操作方法，可初步判断仪器是否正常。
① 将"功能选择器"开关置于"+mV"或"-mV"。此时电极插座不能插入电极。
② 将"量程选择器"开关置于中间位置，打开仪器电源开关，此时电源指示灯应亮，表针位置在未开机时的位置。
③ 将"量程选择器"开关置"0~7"档，指示电表的示值应为 0mV（+10mV）位置。
④ 将"功能选择器"置"pH"档，调节"定位"，使电表示值应能小于 6pH。
⑤ 将"量程选择器"开关置"7~14"，调节"定位"，使电表示值应能大于 8pH。
当仪器经过以上方法检查，都能符合要求后，则可认为仪器的工作基本正常。

（3）仪器的校正　pH 玻璃电极在使用前必须在蒸馏水中浸泡 8h 以上。参比电极在使用前必须拔去橡皮塞和橡皮套。
仪器在测未知溶液 pH 之前需要校正。仪器的校正可按如下步骤进行：
① 用去离子水清洗电极，电极用滤纸吸干后，即可将其放入一已知 pH 的标准缓冲溶液中，调节"温度补偿器"，使所指定的测试温度与溶液的温度相同。
② 置"功能选择器"开关于 pH 档，将"量程选择器"指向所测 pH 标准缓冲溶液的范围这一档（如对 pH=4 或 pH=6.86 的溶液则置"0~7"档）。
③ 调节"定位调节器"旋钮，使电表指示该缓冲溶液的准确 pH。
注意：经上述步骤定位的仪器，"定位调节器"旋钮不应再有任何变动。
④ 移去标准缓冲溶液，用去离子水小心淋浇电极，并用滤纸吸干电极。

（4）pH 的测量
① 把电极插在未知溶液内，稍稍摇动烧杯，使之缩短电极响应时间。
② 调节"温度补偿器"，使所指定的测试温度与溶液的温度相同。
③ 置"功能选择器"开关于"pH"档。

④ 置"量程选择器"开关于被测溶液的可能 pH 范围。此时仪器所指示的 pH 是被测溶液的 pH。若指针不在可读范围内，则应改换量程选择。

⑤ 测定完毕，将"量程选择器"开关置于中间位置，关闭电源，取出电极，将其清洗干净后保存。

（肖 荣）

实验七　电离平衡及平衡移动

实验目的

1. 掌握弱酸、弱碱的电离平衡，盐类水解平衡及平衡移动的基本原理。
2. 熟悉同离子效应、溶度积原理及其应用。

实验原理

弱电解质和难溶电解质在水溶液中都存在电离平衡，这一平衡同时受到诸多因素的影响：

1. 同离子效应

在弱电解质的电离平衡或难溶电解质的溶解平衡中，加入与其含有相同离子的强电解质时，使弱电解质的电离度降低或难溶电解质溶解度减小，即为同离子效应。

2. 难溶电解质多相电离平衡及溶度积原理

难溶电解质与其饱和溶液是一个多相电离平衡体系，在一定温度下，难溶电解质 M_mA_n 的饱和溶液中，其离子积 $[M^+]^m[A^-]^n$ 为一常数，即溶度积常数 $K_{sp}(M_mA_n)$。如难溶电解质 M_mA_n 溶液中的离子积 $[M^+]^m[A^-]^n = K_{sp}(M_mA_n)$，此溶液为饱和溶液；如 $[M^+]^m[A^-]^n < K_{sp}(M_mA_n)$，此溶液尚未饱和；如 $[M^+]^m[A^-]^n > K_{sp}(M_mA_n)$，则溶液为过饱和，将有 M_mA_n 沉淀从溶液中析出，直至溶液呈饱和为止。

3. 盐类水解反应

盐类离子与水反应生成弱电解质和 H^+ 或 OH^- 的反应称为盐的水解反应。加入水解产物可以抑制水解反应，稀释盐溶液或提高温度可促进水解反应。

仪器与试剂

pHS-25 型酸度计、移液管（25ml）、刻度吸量管（2ml、5ml）、滴管、试管（15×150）、小试管、离心管（10ml）、离心机（4000r/min）、搅拌棒、药匙、量筒（10ml）、广泛 pH 试纸。

2mol/L HAc、甲基橙指示剂、酚酞指示剂、0.1mol/L NaAc、2mol/L $NH_3 \cdot H_2O$、0.1mol/L NH_4Cl、0.1mol/L $BaCl_2$、2mol/L H_2SO_4、0.1mol/L NaCl、0.1mol/L KBr、0.1mol/L KI、0.1mol/L $AgNO_3$、0.1mol/L $Cu(NO_3)_2$、2mol/L NaOH、6mol/L HCl、$CaCO_3$（固体）、0.1mol/L $MgCl_2$、饱和

NH_4Cl 溶液、1 mol/L Na_2CO_3、1 mol/L $FeCl_3$、1 mol/L NaCl、1 mol/L NH_4Ac、$SbCl_3$ 固体、蒸馏水。

实验步骤

1. 同离子效应

（1）取 6 ml 蒸馏水，加入 2 mol/L HAc 溶液及甲基橙指示剂各 1 滴，摇匀，等量分成两份装于试管中。一支试管留做比较，于另一支试管中滴加 0.1 mol/L NaAc 溶液至试管中溶液颜色显著改变为止。记录实验现象，并解释之。

（2）取 6 ml 蒸馏水，加入 2 mol/L $NH_3 \cdot H_2O$ 溶液及酚酞指示剂各 1 滴，混匀后等量分装于两支试管。一支试管留做比较，于另一支试管中滴加 0.1 mol/L NH_4Cl 溶液至试管中溶液颜色显著改变为止。记录实验现象，并解释之。

2. 溶度积原理

（1）沉淀的生成与沉淀完全

① 将 0.1 mol/L $BaCl_2$ 溶液 5 滴加到离心管中，加 2 mol/L H_2SO_4 溶液 2 滴，混匀，观察是否有沉淀生成。将产生了沉淀的离心管在离心机上离心分离，于上层清液中加入 2 mol/L H_2SO_4 溶液 2 滴，检查沉淀是否完全。用溶度积原理解释现象并写出上述实验的离子方程式。

② 取浓度均为 0.1 mol/L 的 NaCl、KBr、KI 溶液各 2 滴分别加到 3 支试管中，再各加入 0.1 mol/L $AgNO_3$ 溶液 1 滴，摇匀。记录并解释现象，写出离子方程式。

（2）沉淀的转化　在上述实验②中的含有 AgCl 沉淀的试管中，滴加 0.1 mol/L KI 溶液 3 滴，摇匀，观察沉淀颜色的变化。记录并解释实验现象，写出离子方程式。

（3）沉淀的溶解

① 取 2 mol/L NaOH 溶液 5 滴置于离心管中，再加入 0.1 mol/L $Cu(NO_3)_2$ 溶液 2 滴，离心分离，弃去上层清液，于沉淀中逐滴加入 6 mol/L HCl 溶液，直全沉淀完全溶解。解释现象，写出离子方程式。

② 取少许 $CaCO_3$ 固体置于试管中，加水 2 ml，观察其是否溶解。再加入 6 mol/L HCl 溶液数滴，观察并解释现象，写出离子方程式。

3. 盐类的水解

① 取试管 4 支，分别加入 5 滴 1 mol/L $NaCO_3$、$FeCl_3$、NaCl、NH_4Ac 溶液，用 pH 试纸测定其酸碱性。指出哪些盐类发生水解反应，写出离子反应式。

② 将少量 $SbCl_3$ 固体 [或取 0.1 mol/L $Bi(NO_3)_3$ 溶液 2 滴] 加到盛有约 1 ml 水的试管中，有何现象发生？用 pH 试纸测定其酸碱性，滴加 6 mol/L HCl 使溶液刚好澄清，再加水稀释，又有何现象发生？用平衡移动原理解释这一系列现象。

注意事项

1. 当两人同时取用不同试剂，放回滴管时应谨防"张冠李戴"。
2. 勿随意更改试剂取用量。
3. 仔细观察实验过程中出现的任何微小变化，及时记录并解释之。

思 考 题

1. 欲使 H_2S 水溶液中 S^{2-} 离子浓度增大应采用什么办法？
2. 如何促进 NaCN 的水解？如何抑制 NaCN 的水解？
3. 影响盐类水解的因素有哪些？

（胡小建）

实验八　化学反应速率及其影响因素

实验目的

1. 掌握移液管和刻度吸量管的正确使用方法。
2. 熟悉浓度、温度、催化剂对化学反应速率的影响。
3. 了解求反应速率常数 k 的近似方法及测定反应活化能 E_a 的作图法。

实验原理

在水溶液中，过硫酸铵与碘化钾发生下述反应

$$(NH_4)_2S_2O_8 + 3KI = (NH_4)_2SO_4 + K_2SO_4 + KI_3$$

其离子反应方程式为：

$$S_2O_8^{2-} + 3I^- = 2SO_4^{2-} + I_3^- \tag{1}$$

实验测得此反应的速率方程式为：

$$r = k[S_2O_8^{2-}][I^-]$$

故此反应为二级反应。

当反应时间间隔较短时，反应的平均速率可以近似地视为瞬时速率，故下式成立：

$$\frac{-\Delta[S_2O_8^{2-}]}{\Delta t} = k[S_2O_8^{2-}][I^-]$$

为了能测出 Δt 时间间隔内 $S_2O_8^{2-}$ 浓度的变化，应在 $(NH_4)_2S_2O_8$ 和 KI 混合之前，在 KI 溶液中加入一定量的含有淀粉指示剂的 $Na_2S_2O_3$ 溶液，旨在反应（1）进行的同时也进行如下反应：

$$2S_2O_3^{2-} + I_3^- = S_4O_6^{2-} + 3I^- \tag{2}$$

由反应式（1）、（2）可知，当 $S_2O_8^{2-}$ 消耗 1mol 时，$S_2O_3^{2-}$ 必消耗 2mol，即

$$\Delta[S_2O_8^{2-}] = \frac{\Delta[S_2O_3^{2-}]}{2}$$

反应（2）可在瞬间完成，比反应（1）快得多，所以一开始，反应（1）生成的 I_2 立即与 $S_2O_3^{2-}$ 生成无色的 $S_4O_6^{2-}$ 和 I^-，直至 $S_2O_3^{2-}$ 消耗完，反应（1）生成的 I_2 便立即与淀粉作用，使溶液显蓝色。

自反应物混合至溶液显蓝色的时间间隔 Δt 内，反应消耗了所有的 $S_2O_3^{2-}$，所以

$$\Delta[S_2O_3^{2-}] = -[S_2O_3^{2-}]_{起始}$$

反应消耗的 $S_2O_8^{2-}$ 浓度为：

$$\Delta[S_2O_8^{2-}] = \frac{\Delta[S_2O_3^{2-}]}{2} = -\frac{[S_2O_3^{2-}]_{起始}}{2}$$

反应的平均速率

$$\bar{r} = \frac{\Delta[S_2O_8^{2-}]}{\Delta t} = \frac{[S_2O_3^{2-}]_{起始}}{2\Delta t}$$

反应速率常数 k 可近似地用下式计算：

$$k = \frac{\bar{r}}{[S_2O_8^{2-}][I^-]}$$

根据 Arrhenius 方程，可以由 k 和反应温度 T 确定反应活化能 E_a。

$$\lg k = \lg A - \frac{E_a}{2.303RT}$$

式中，E_a 为反应活化能，R 为摩尔气体常数（8.314 J·K^{-1}·mol^{-1}），T 为热力学温度。

测定不同温度下的 k 值，以 $\lg k$ 对 $1/T$ 作图，其斜率为：

$$S = -\frac{E_a}{2.303R}$$

由此可求得活化能 E_a。

仪器与试剂

移液管（20 ml）、刻度吸量管（10 ml、5 ml）、量筒（20 ml）、烧杯（150 ml）、冰水浴槽、恒温水浴槽、秒表。

0.2 mol/L KI、0.01 mol/L $Na_2S_2O_3$、0.2%（W/V）淀粉溶液、0.2 mol/L $(NH_4)_2S_2O_8$、0.2 mol/L $(NH_4)_2SO_4$、0.02 mol/L $Cu(NO_3)_2$。

实验步骤

1. 浓度对化学反应速率的影响

在室温下，用 20 ml 移液管量取 20.00 ml 0.2 mol/L KI 溶液，用 5 ml 刻度吸量管量取 4.00 ml 0.2% 淀粉溶液，用 10 ml 刻度吸量管量取 8.00 ml 0.01 mol/L $Na_2S_2O_3$ 溶液，均加入一只洁净、干燥的 150 ml 烧杯中，振荡使混合均匀，注意勿使溶液溢出。再用 20 ml 量筒准确量取 20.0 ml 0.2 mol/L $(NH_4)_2S_2O_8$ 溶液，快速倾入烧杯中，同时立即按动秒表并不断小心摇荡烧杯中溶液，当溶液刚呈现蓝色时，立即按停秒表。记录反应时间及温度。

按记录表中试剂用量，用同样方法完成编号 2、3 的实验。为保持溶液总体积、离子强度不变，所减少的 $(NH_4)_2S_2O_8$ 溶液用量，可在加入 $(NH_4)_2S_2O_8$ 前用同浓度的 $(NH_4)_2SO_4$ 溶液补充。

记录各次的反应时间，计算 1、2、3 号实验的 $\bar{r}$ 和 k，并加以比较。

2. 温度对化学反应速率的影响——求 E_a

按编号 1 中试剂用量，用上述相同方法分别于冰水浴及比室温高 10℃的温水浴中，完成编号 4、5 的实验。应注意，在加入 $(NH_4)_2S_2O_8$ 之前，两者均须在水浴中恒温 10 min。

记录各次的反应时间，计算 4、5 号实验的 $\bar{r}$ 和 k，并与 1 号实验相比较。以 1、4、5 号实验的 $\lg k$ 对 $1/T$ 作图，求出反应活化能 E_a。

3. 催化剂对化学反应速率的影响

按记录表 6 号实验的试剂用量，用上述相同方法进行实验。记录反应时间，计算出 $\bar{r}$ 和 k 值，与 1 号进行比较，做出结论。

	实验编号	1	2	3	4	5	6
试剂用量（ml）	0.2 mol/L KI	20	20	20	20	20	20
	0.01 mol/L $Na_2S_2O_3$	8	8	8	8	8	8
	0.2%（W/V）淀粉溶液	4	4	4	4	4	4
	0.2 mol/L $(NH_4)_2SO_4$	—	10	15	—	—	—
	0.02 mol/L $Cu(NO_3)_2$	—	—	—	—	—	0.4
	0.2 mol/L $(NH_4)_2S_2O_8$*	20	10	5	20	20	20
起始浓度（mol/L）	$(NH_4)_2S_2O_8$						
	KI						
	$Na_2S_2O_3$						
反应温度	℃	室温	室温	室温	0℃	室温+10℃	室温
	$1/T$						
反应时间 Δt（s）							
反应平均速率 $\bar{r}$（$mol \cdot L^{-1} \cdot s^{-1}$）							
反应速率常数 k（$L \cdot mol^{-1} \cdot s^{-1}$）							
$\lg k$							
活化能 E_a（$kJ \cdot mol^{-1}$）							

* 最后加入的试剂

注意事项

1. 准确添加各试剂的量，特别是 $Na_2S_2O_3$ 的量，这是本实验成败的关键。
2. 测定 0℃或室温+10℃下的反应速率时，反应液始终不能拿出水浴槽。
3. 以 $\lg k$ 对 $1/T$ 作图时，比例、布局必须合适。

思 考 题

1. 为什么加入 $Na_2S_2O_3$ 的量为 KI 或 $(NH_4)_2S_2O_8$ 量的 1/50，且都加入一样多？
2. 为什么说用此法测得的反应速率常数 k 值是近似值？

（付薪菱）

实验九 氧化还原反应与电极电位

实验目的

1. 掌握常见氧化剂和还原剂及其氧化还原反应，加深对氧化还原反应实质的理解。
2. 熟悉电极电势与氧化还原反应的关系。
3. 了解影响氧化还原反应的因素。

实验原理

氧化还原反应的实质是反应物之间发生电子的转移或偏移，反映在元素的氧化数发生变化。凡是反应前后元素氧化数发生变化的反应就称为氧化还原反应。在氧化还原反应中，得到电子的物质称为氧化剂，反应后氧化数降低，被还原；失去电子的物质称为还原剂，反应后氧化数升高，被氧化。氧化还原反应是同时进行的，其中得、失电子数相等。

电极电势是比较氧化剂和还原剂相对强弱的标准，并可判断氧化还原反应进行的方向。标准电极电势表是各种物质在水溶液中进行氧化还原反应规律性的总结。标准电极电势决定于氧化还原电对的本性，溶液的浓度、酸度、温度等影响电极电势的数值，它们之间的定量关系可用 Nernst 方程式表示：

$$\varphi = \varphi^{\ominus} + \frac{RT}{nF} \ln \frac{[\text{ox}]}{[\text{red}]}$$

催化剂可以改变氧化还原反应的速率，但不能改变化学平衡。

仪器与试剂

试管（15×150）、酒精灯、水浴锅。

0.1 mol/L KI、0.1 mol/L $FeCl_3$、CCl_4、Br_2 水、I_2 水、Cl_2 水、0.1 mol/L $K_3[Fe(CN)_6]$、0.1 mol/L KBr、0.1 mol/L $FeSO_4$、0.1 mol/L KSCN、1 mol/L H_2SO_4、0.1 mol/L H_2O_2、0.01 mol/L $KMnO_4$、

$NaBiO_3$ 固体、0.01 mol/L 和 0.2 mol/L $MnSO_4$、Zn 粒、0.2 mol/L HNO_3、6 mol/L HNO_3、16 mol/L HNO_3、0.05 mol/L $Na_2S_2O_3$、0.05 mol/L I_2、6 mol/L NaOH、0.1 mol/L KIO_3、0.1 mol/L Na_2SO_3、0.2 mol/L $ZnSO_4$、2 mol/L $H_2C_2O_4$、3 mol/L NH_4F。

实验步骤

1. 定性比较电极电势的高低

（1）在试管中加入 0.1 mol/L KI 溶液 10 滴和 0.1 mol/L $FeCl_3$ 溶液 2 滴，振荡后有何现象发生？再加入 10 滴 CCl_4，充分振荡，观察 CCl_4 层的颜色有何变化。再向溶液中加入 0.1 mol/L $K_3[Fe(CN)_6]$ 溶液 2 滴，观察现象。

用 0.1 mol/L KBr 溶液代替 0.1 mol/L KI 溶液进行同样实验，观察是否发生反应，为什么？

（2）在试管中加入 0.1 mol/L $FeSO_4$ 溶液 10 滴，再加入数滴溴水，振荡后滴加 0.1 mol/L KSCN 溶液，溶液呈现什么颜色？说明试管中发生了什么反应？

用碘水代替溴水进行相同实验，能否发生反应？为什么？

根据以上实验，定性比较 I_2–I^-，Br_2–Br^- 和 Fe^{3+}–Fe^{2+} 三个氧化还原电对的电极电势高低。

2. 常见的氧化剂和还原剂

（1）H_2O_2 的氧化性　在试管中加入 0.1 mol/L KI 溶液 10 滴，再加入 2~3 滴 1 mol/L H_2SO_4 溶液酸化，然后逐滴加入 0.1 mol/L H_2O_2 溶液，振荡试管并观察现象。

（2）$KMnO_4$ 的氧化性　在试管中加入 0.01 mol/L $KMnO_4$ 溶液 10 滴，再加入 10 滴 1 mol/L H_2SO_4 溶液酸化，然后逐滴加入 0.1 mol/L $FeSO_4$ 溶液，振荡试管并观察现象。

（3）$NaBiO_3$ 的氧化性　在试管中加入 0.01 mol/L $MnSO_4$ 溶液 10 滴，再加入 10 滴 6 mol/L HNO_3 溶液酸化，然后加入少许 $NaBiO_3$ 固体，充分摇匀，静置片刻，观察上清液的颜色变化。

（4）$Na_2S_2O_3$ 的还原性　在试管中加入 0.05 mol/L $Na_2S_2O_3$ 溶液 10 滴，然后逐滴加入 0.05 mol/L I_2 溶液，解释观察到的现象。

（5）H_2O_2 的还原性　在试管中加入 0.01 mol/L $KMnO_4$ 溶液 5 滴，再加入 10 滴 1 mol/L H_2SO_4 溶液酸化，然后逐滴加入 0.1 mol/L H_2O_2 溶液，振荡试管并观察现象。

（6）KI 的还原性　在试管中加入 0.1 mol/L KI 溶液 10 滴，逐滴加入 Cl_2 水，边滴加边振荡试管，观察溶液颜色的变化。继续滴加 Cl_2 水，溶液颜色又有何变化？

3. 外界条件对氧化还原反应的影响

（1）浓度对氧化还原反应的影响　在 2 支各盛有一粒 Zn 的试管中，分别加入 16 mol/L HNO_3 溶液 1 ml 或 0.2 mol/L HNO_3 溶液 1 ml，观察现象，说明不同浓度的 HNO_3 与 Zn 粒作用的反应产物和反应速率有何不同。

（2）酸度对氧化还原反应的影响

① 酸度对氧化还原反应方向的影响　在试管中加入 0.1 mol/L KI 溶液 1 ml，再加入 5 滴 1 mol/L H_2SO_4 溶液酸化，然后滴加 0.1 mol/L KIO_3 溶液，振荡并观察现象。继续向试管中滴加 6 mol/L NaOH 溶液，使溶液呈碱性，振荡后又有何现象发生？解释酸度对氧化还原反应方向的影响。

② 酸度对氧化还原反应产物的影响　取 3 支试管，各加入 0.01 mol/L $KMnO_4$ 溶液 5 滴。然后向第一支试管中加入 1 mol/L H_2SO_4 溶液 10 滴，向第二支试管中加入蒸馏水 10 滴，向第三支试管中加入 6 mol/L NaOH 溶液 10 滴，分别摇匀后再各逐滴加入 0.1 mol/L Na_2SO_3 溶液，

振荡摇匀后观察各试管中溶液颜色的变化并解释之。

（3）沉淀的生成对氧化还原反应的影响　在试管中加入 0.1 mol/L KI 溶液 10 滴和 0.1 mol/L $K_3[Fe(CN)_6]$ 溶液 5 滴，混匀后再加入 10 滴 CCl_4，充分振荡，观察 CCl_4 层有无颜色变化。然后再加入 0.2 mol/L $ZnSO_4$ 溶液 5 滴，充分振荡，观察现象并加以解释。根据标准电极电势值判断 I^- 离子能否还原 $[Fe(CN)_6]^{3-}$ 离子。加入 Zn^{2+} 后有何影响？

（4）温度对氧化还原反应的影响　在 2 支试管中分别加入 2 mol/L $H_2C_2O_4$ 溶液 1 ml、1 mol/L H_2SO_4 溶液 5 滴和 2 滴 0.01 mol/L $KMnO_4$ 溶液，混匀。将其中一支试管放入 80℃ 的水浴中加热，另一支试管不加热，观察 2 支试管中溶液退色的快慢，并加以解释。

（5）催化剂对氧化还原反应速度的影响　$H_2C_2O_4$ 溶液和 $KMnO_4$ 溶液在酸性介质中能发生如下反应：

$$2MnO_4^- + 5H_2C_2O_4 + 6H^+ = 2Mn^{2+} + 10CO_2 \uparrow + 8H_2O$$

根据此反应计算出的电池电动势虽然大，但反应速度较慢。Mn^{2+} 对此反应有催化作用。随着 Mn^{2+} 的产生，反应速度变快。若加入 F^- 将 Mn^{2+} 掩蔽起来，则反应速度仍旧很慢。

取 3 支试管，各加入 2 mol/L $H_2C_2O_4$ 溶液 1 ml 和 1 mol/L H_2SO_4 溶液 5 滴，然后向第一支试管中加入 0.2 mol/L $MnSO_4$ 溶液 2 滴，向第三支试管中加入 3 mol/L NH_4F 溶液 5 滴。最后向 3 支试管中各加入 0.01 mol/L $KMnO_4$ 溶液 2 滴，振荡摇匀后观察 3 支试管中溶液紫红色退去的快慢情况。必要时，可小火加热。

注意事项

浓 HNO_3 与 Zn 粒反应有刺激性气体 NO_2 产生，应在通风柜中进行。

思 考 题

1. H_2O_2 为什么既可以做氧化剂又可以做还原剂？写出有关电极反应式，并说明 H_2O_2 在什么情况下可以做氧化剂，在什么情况下可做还原剂。
2. 通过本实验总结哪些因素影响氧化还原反应，怎样影响。

（彭学东）

实验十　碱金属、碱土金属

实验目的

1. 掌握碱金属、碱土金属离子的定性鉴定方法。
2. 熟悉碱金属、碱土金属及其化合物的主要性质。
3. 了解用焰色反应鉴别元素的技术。

实验原理

周期表的第ⅠA族元素称为碱金属元素，第ⅡA族元素称为碱土金属元素。碱金属和碱土金属是最典型的金属元素，化学性质非常活泼，其单质都是强还原剂。

除LiOH为中强碱外，碱金属氢氧化物都是易溶的强碱。碱土金属氢氧化物的碱性比碱金属氢氧化物的碱性小，在水中的溶解度也较低，易沉淀析出。

碱金属盐大多数易溶于水，只有少数盐难溶，可利用它们的难溶盐来鉴别碱金属离子。碱土金属中，硝酸盐、卤化物（氟化物除外）易溶于水，其余的盐在水中的溶解度较小。

碱金属、碱土金属及其挥发性的化合物在无色火焰中灼烧时，其原子中的外层电子接受能量被激发到较高能级上，但不稳定，当这些电子跃回低能级时，便将多余的能量以光子形式放出，产生特征焰色。

仪器与试剂

坩埚、坩埚钳、酒精灯、电炉、火柴、pH试纸、铂丝棒（或镍丝棒）、酒精喷灯、钴玻片、镊子、试管、表面皿、烧杯（50 ml）、砂纸、小刀。

金属钠、金属钾、金属钙、金属镁、无水乙醇、酚酞指示剂、1 mol/L H_2SO_4、0.01 mol/L $KMnO_4$、0.5 mol/L NaCl、0.5 mol/L KCl、0.5 mol/L $CaCl_2$、0.5 mol/L $MgCl_2$、0.5 mol/L $SrCl_2$、0.5 mol/L $BaCl_2$、0.5 mol/L LiCl、2 mol/L HAc、0.5 mol/L Na_2CO_3、2 mol/L NaOH、2 mol/L HCl、10%NH_4Cl、0.5 mol/L K_2CrO_4、0.5 mol/L Na_2SO_4、浓 HNO_3、浓 HCl、20%$Na_3[Co(NO_2)_6]$、0.1%Na$[B(C_6H_5)_4]$、饱和 $(NH_4)_2C_2O_4$、醋酸铀酰锌试剂、镁试剂。

实验步骤

1. 碱金属、碱土金属活泼性的比较

（1）分别取一小块金属钠和金属钾，用滤纸吸干其表面的煤油后分别放入2个盛有水的烧杯中，用表面皿盖好。观察现象，并检验反应后溶液的酸碱性（用酚酞指示剂试验）。

（2）取一小块金属钙置于试管中，加入少量水。观察现象，检验水溶液的酸碱性。

（3）取两小段镁条，用砂纸除去表面的氧化层后分别投入到盛有冷水和热水的两支试管中，对比反应的不同。

根据以上反应，比较它们的活泼性。

2. 碱金属

（1）金属钠与氧的反应　用镊子取一小块金属钠，迅速用滤纸吸干其表面的煤油，用小刀削去外层氧化膜，立即放入坩埚中加热。当开始燃烧时，停止加热。观察反应情况和产物的颜色、状态。

将反应物转入干燥试管中，加入少许水，观察反应现象（反应放热，须将试管放在冷水中）。检验管口是否有氧气放出（用带火星的火柴梗试验）；检验水溶液是否带碱性（用pH试纸试验）；检验水溶液是否有 H_2O_2 生成（将溶液用1 mol/L H_2SO_4 溶液酸化，加1滴0.01 mol/L $KMnO_4$ 溶液，观察紫色是否退去）。

(2) K^+、Na^+ 的鉴别

① 鉴定 Na^+ 离子　在试管中加 1 滴 0.5 mol/L NaCl 溶液，加 2 滴 2 mol/L HAc 和约 10 滴醋酸铀酰锌[1]试剂，用玻璃棒摩擦试管内壁，观察现象。

② 鉴定 K^+ 离子

方法一——生成钴亚硝酸钠钾：在试管中，加 2 滴 0.5 mol/L KCl 溶液，再加 3~4 滴 20% 钴亚硝酸钠试剂，观察现象。

方法二——生成四苯硼钾：在试管中，加 2 滴 0.5 mol/L KCl 溶液，再加 3~4 滴 0.1% 四苯硼钠试剂，观察现象。

3. 碱土金属

(1) $Mg(OH)_2$ 的生成和性质　取 3 支试管，各加入 5 滴 0.5 mol/L $MgCl_2$ 溶液，再向各试管中滴加 2 滴 2 mol/L NaOH 溶液，观察沉淀的颜色和状态，然后再分别滴加 3~4 滴 2 mol/L NaOH、2 mol/L HCl 或 10% NH_4Cl 溶液。比较 3 个试管中沉淀量的多少，写出反应式并解释之。

(2) 碳酸盐的生成和性质　取 3 支试管，分别加入 5 滴 0.5 mol/L $CaCl_2$、$MgCl_2$ 和 $BaCl_2$ 溶液，再各加入 5 滴 0.5 mol/L Na_2CO_3 溶液，观察现象。然后向每支试管中各加入 10 滴 2 mol/L HAc 溶液，观察现象。

(3) 铬酸盐的生成和性质　取 3 支试管，分别加入 5 滴 0.5 mol/L $CaCl_2$、$MgCl_2$ 和 $BaCl_2$ 溶液，再各加入 5 滴 0.5 mol/L K_2CrO_4 溶液，观察现象。将有沉淀产生的试管中的沉淀分成两份，分别试验沉淀是否溶于 2 mol/L HCl 和 2 mol/L HAc 溶液。

(4) 硫酸盐的生成和性质　取 3 支试管，分别加入 5 滴 0.5 mol/L $CaCl_2$、$MgCl_2$ 和 $BaCl_2$ 溶液，再各加入 10 滴 0.5 mol/L Na_2SO_4，观察沉淀是否生成。试验沉淀在浓 HNO_3 中的溶解性。解释现象并比较它们的硫酸盐的溶解度大小。

(5) Mg^{2+}、Ca^{2+}、Ba^{2+} 的鉴别

① 鉴定 Mg^{2+} 离子　在试管中加入 5 滴 0.5 mol/L $MgCl_2$ 溶液，再加 2 滴 2 mol/L NaOH 溶液和 1 滴镁试剂[2]，观察现象。

② 鉴定 Ca^{2+} 离子　在试管中加入 5 滴 0.5 mol/L $CaCl_2$ 溶液，再加 5 滴饱和 $NH_4C_2O_4$ 溶液，观察现象。

③ 鉴定 Ba^{2+} 离子　在试管中加入 5 滴 0.5 mol/L $BaCl_2$ 溶液，再加 5 滴 0.5 mol/L K_2CrO_4 溶液，观察现象。

4. 焰色反应

取一根铂丝棒（或镍丝棒），反复蘸取浓盐酸在酒精喷灯的氧化焰中灼烧至无色。分别蘸取 0.5 mol/L LiCl、NaCl、KCl、$CaCl_2$、$SrCl_2$、$BaCl_2$ 溶液在氧化焰中灼烧，观察火焰的颜色并记录之（观察钾离子的焰色时，应用钴玻片滤光）。

注意事项

1. 金属钠、钾遇水会引起剧烈燃烧，在空气中也会很快氧化，通常都把它们保存在煤油中，使用时在煤油中切成小块，用镊子夹取，并用滤纸将煤油吸干，避免与皮肤接触。未用完的金属碎屑不能乱扔，可用少量无水乙醇使其反应。

2. 用焰色反应检查金属离子时，必须先将铂丝棒蘸取浓盐酸灼烧干净，然后再蘸取待试离子溶液灼烧，注意观察各离子的特征焰色。

注 释

[1] 醋酸铀酰锌 分子式为 $ZnUO_2(CHCOO)_4$，与钠反应生成淡黄色结晶状醋酸铀酰锌钠沉淀。

[2] 镁试剂 即对硝基苯偶氮间苯二酚，它在酸性溶液中呈黄色，在碱性溶液中呈红色或紫色，被 $Mg(OH)_2$ 沉淀吸附后则呈蓝色，因此可用来检验 Mg^{2+} 的存在。

思 考 题

1. 设计一种分离、鉴别 K^+、Na^+、Mg^{2+}、Ca^{2+}、Ba^{2+} 离子的实验方法。
2. 有一白色固体，它不溶于水，用盐酸处理，则产生气泡，得一澄清溶液；如果用硫酸处理，也产生气泡，但不能形成澄清溶液，试推测这一白色固体可能是什么化合物？怎样确证？

（彭学东）

实验十一 硝酸钾的溶解度与温度的关系

实验目的

1. 掌握测定盐类在水中溶解度的方法。
2. 了解温度对溶解度的影响，学会溶解度–温度曲线的绘制和分析。

实验原理

在一定温度和压力下，饱和溶液中溶质和溶剂的相对含量称为溶解度。对于易溶物质，习惯上用 100 g 溶剂所能溶解溶质的质量（g）来表示。由于难溶电解质在水中的溶解度很小，用 100 g 水中溶解溶质的质量来表示溶解度就很不方便，一般使用难溶物质饱和溶液的物质的量浓度表示其溶解度，单位为 mol/L。

影响溶解度大小的因素包括溶剂和温度。溶剂的影响是依据相似相溶原理，即物质结构越相似，越容易相互溶解；温度的影响体现在能显著影响物质的溶解度。

压力对固体溶质的溶解度影响很小，常压下一般只注明温度而不注明压力。但压力对气体溶质的溶解度的影响很大。

测定不同温度下 KNO_3 在水中的溶解度，以物质的溶解度为纵坐标，以温度为横坐标，在坐标纸上先找出不同温度下相应溶解度的点，再用光滑曲线将这些点连接起来，可得到 KNO_3 在水中的溶解度–温度曲线。

仪器与试剂

电子天平、温度计、水浴锅、吸量管、洗耳球、试管、玻璃棒、硝酸钾、蒸馏水。

实验步骤

1. 固体硝酸钾的称量

用电子天平称取4份固体硝酸钾，其质量分别为1.7~1.8g、1.4~1.5g、1.1~1.2g、0.8~0.9g（准确至1mg）。将称取的4份硝酸钾分别小心地倒入4支干燥、洁净的小试管中，并将试管依次编号为1，2，3，4号。

2. 仪器的安装

如图2-5所示，将4支小试管用橡皮圈固定在套有橡皮塞的玻璃棒上（为了增大摩擦力，玻璃棒可套上一段橡皮管），通过铁夹、铁架将支架垂直悬挂在250ml烧杯中，通过另一个铁夹使温度计的下端与试管底部处于同一水平位置，并紧贴试管。

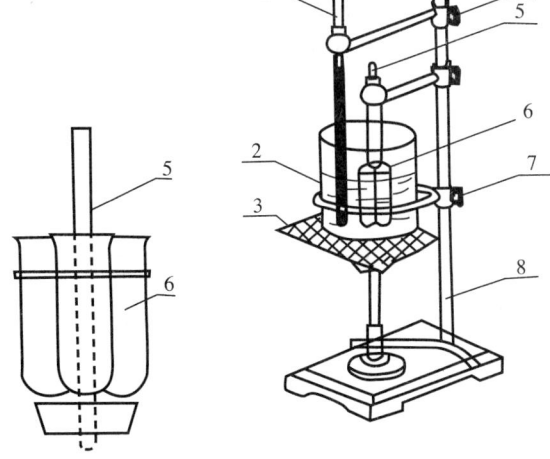

图2-5 实验装置图
1-温度计；2-烧杯；3-石棉网；4-铁夹；5-玻璃棒；6-小试管；7-铁圈；8-铁架

3. 蒸馏水的量取

用1ml吸量管分别向4支小试管中注入1.00ml蒸馏水。每支小试管中插入1支小玻璃棒，小心搅拌管内的水，使在试管壁上的硝酸钾晶体全部落入水中。

4. 升温溶解

向250ml烧杯中注入热水，注意热水不得溅入小试管内，热水液面应当高于试管内的液面而低于固定试管的橡皮圈。加热水浴，不停地小心搅拌试管内的固体，直到固体全部溶解为止（水浴温度不应高于90℃，以免溶液过分蒸发）。

5. 冷却并记录温度

停止加热，使水浴自然冷却。首先不断搅拌1号试管内的溶液，注意观察溶液的变化，当刚有晶体出现并不再消失时，记录当时的温度值。然后用相同的方法记下2、3、4号试管中晶体开始析出的温度。

如果测定不准确，可以将水浴重新加热升温，使晶体重新溶解，再重复上述操作。

试管编号	1	2	3	4
KNO_3晶体的质量（g）				
水的质量（g）	1.00	1.00	1.00	1.00
溶液中开始析出晶体时的温度（℃）				
KNO_3在各温度时的溶解度（g/100g水）				

注意事项

1. 固体硝酸钾的称量要准确至 0.1 mg。
2. 盛硝酸钾的试管要干燥、洁净。
3. 要采用吸量管准确加入蒸馏水。
4. 试管在水浴中加热时,应注意热水不得溅入试管内。
5. 水浴温度不得高于 90℃,以免试管内的溶液过分蒸发。

思 考 题

1. 实验过程中,搅拌与不搅拌对实验结果有何影响?
2. 若实验过程中试管内的水显著蒸发,对实验结果有何影响?

(阳 科)

第二章　有机化学实验

实验一　萃　取

实验目的

1. 掌握分配定律和液－液萃取的基本原理以及分液漏斗的基本操作。
2. 熟悉索氏提取器的使用方法及其用途。

实验原理

萃取是一种常用的分离和提纯有机化合物的操作，分为液－液萃取和液－固萃取。应用萃取可以从液体和固体混合物中提取所需的物质，通常称为萃取或提取；也可以洗去混合物中少量的杂质，通常称为洗涤。

分配定律是液－液萃取的理论依据。在一定温度下，某物质溶解在两种互不相溶的混合溶剂 A、B 中，并达到平衡时，其溶解在 A、B 两溶剂中的浓度比为某一常数，用 K 表示，达到分配平衡时，可以用公式表示如下：

$$K = c_1/c_2$$

其中，c_1 为物质在 A 中的溶解度，c_2 为物质在 B 中的溶解度。

根据分配定律，K 越小，有效分离所需萃取的次数越多；K 越大，有效分离所需萃取的次数越少。在操作中，可通过将一定量的溶剂分成几份对溶液做多次萃取，来提高萃取效率。

通常可在水中加入一些与溶剂和被萃取物不反应的电解质（如氯化钠）来降低有机物和萃取剂在水中的溶解度，以提高萃取效率。

仪器和试剂

分液漏斗、量筒、锥形瓶、索氏提取器、烧杯。
1% 三氯化铁溶液、5% 苯酚溶液、乙酸乙酯、凡士林、茶叶。

实验步骤

1. 溶液中物质的提取

溶液中物质的提取，即液－液萃取。选择容积大于待萃取溶液体积 1 倍以上的分液漏斗。

量取 5% 苯酚溶液 20ml 加入分液漏斗中，再量取 10ml 乙酸乙酯加入分液漏斗中。塞好塞子，左手控制玻璃塞子，右手顶住顶部活塞，轻轻上、下摇动，使溶液旋转。开始振摇要慢，每摇动几次后，将分液漏斗向上无人的地方倾斜，左手打开活塞放气。

重复此操作 2~3 次，将分液漏斗放在铁架台的铁圈上，静置分层。当分层后，打开顶部活塞。然后打开分液漏斗下面的活塞，将下层液体放出至烧杯中。将上层液体从分液漏斗上口倒出至锥形瓶中。再将烧杯中的液体倒入分液漏斗中，加入 10ml 乙酸乙酯萃取（操作与前面相同）。分出有机层乙酸乙酯，倒出至锥形瓶中，倒入回收瓶中。分出的水层待用。

用胶头滴管分别吸取已经过萃取的苯酚水溶液和未经萃取的苯酚水溶液，各滴加 3 滴于白瓷板中，再吸取 1% 三氯化铁溶液，分别滴加 2 滴在溶液中，观察并记录溶液颜色。

2. 固体中物质的萃取（演示）

固体中物质的萃取即抽取或提取，图 2-6c 是实验室中常使用的脂肪抽提器。提取时，先将滤纸卷成直径小于提取器内径的圆柱形，一端用细绳扎紧，装入研细的待提取固体粉末（本实验用茶叶），粉末不能装得太满，应留一定空间，放入提取筒中。按图示安装好仪器，加热，使溶剂（本实验用 95% 乙醇）回流，当提取筒中溶剂的液面超过虹吸管上端时，提取液自动流回烧瓶中，回流循环不止。一般几个小时才能完成（本实验演示 30min），停止加热。将提取液浓缩后，提纯固体重结晶，可以得到纯品。

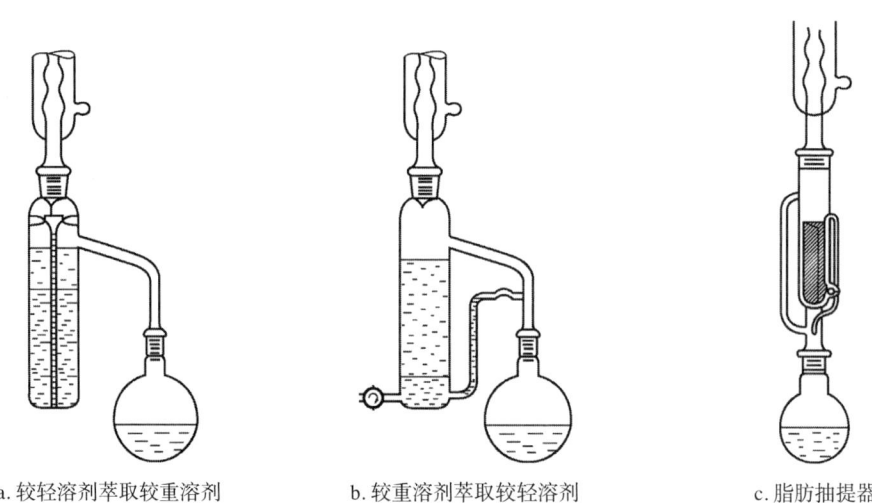

a. 较轻溶剂萃取较重溶剂　　b. 较重溶剂萃取较轻溶剂　　c. 脂肪抽提器

图 2-6　实验室中使用的索氏提取器

注意事项

1. 使用分液漏斗前，应检查分液漏斗的活塞是否配套，是否漏水。
2. 利用"盐析效应"，萃取时向溶液中加入一定量的盐，如氯化钠，可降低有机物和萃取剂在水中的溶解度，提高萃取效率。
3. 萃取过程中应注意打开活塞放气。

思 考 题

1. 实验步骤中，为什么要用到 $FeCl_3$？显色的深浅说明什么？

2. 为什么将一定量的溶剂分成几份对溶液做多次萃取的效率比一次萃取的效率高？
3. 影响萃取效率的因素有哪些？怎样选择萃取剂？

（胡小建）

实验二　重　结　晶

实验目的

1. 掌握配制饱和溶液、抽气过滤、趁热过滤及折叠滤纸的方法。
2. 熟悉重结晶法提纯有机化合物的原理和方法。

实验原理

重结晶是提纯固体有机化合物最常用的一种方法。

固体有机化合物在溶剂中的溶解度和温度密切相关，通常温度升高，溶解度增大。将不纯的固体有机化合物溶解在热溶剂中，制成饱和溶液，再将所得溶液冷却，因溶解度下降，使饱和溶液变成过饱和溶液而析出结晶。利用某种溶剂对被提纯物质及杂质的溶解度不同，使被提纯物质从过饱和溶液中析出，而杂质全部或大部分保留在溶液中，过滤所得到的晶体要比原来的纯净，这就是重结晶。重结晶一般适合于纯化杂质含量小于5%的固体有机化合物。杂质含量多，难以结晶，甚至析出含杂质较多的油状物，达不到提纯的目的，须进行多次重结晶才能达到提纯的目的。此时，最好先用其他办法，如萃取、水蒸气蒸馏等进行初步提纯，降低杂质含量后，再用重结晶纯化。重结晶的步骤主要有溶剂的选择、溶解、活性炭脱色、过滤、晶体的析出、抽气过滤、晶体的干燥等。

溶剂的选择对于重结晶成功与否至关重要，一般遵循以下原则：
（1）不与被提纯物质发生化学反应。
（2）被提纯物质在溶剂中的溶解度随温度的变化而有较大的变化。
（3）杂质在溶剂中的溶解度很大（使杂质留在母液中，不与被提纯物质一起析出）或很小（饱和溶液趁热过滤时可将杂质除去）。
（4）被提纯物质在溶剂中能得到较好的结晶。
（5）沸点较低，易与晶体分离除去，沸点最好低于被提纯物质的熔点。

若几种溶剂都适合，则应根据重结晶的回收率、溶剂的毒性、可燃性、价格、用量及操作难易等加以选择。

本实验以水为溶剂，提纯苯甲酸。

仪器和试剂

150 ml烧杯、100 ml锥形瓶、布氏漏斗、热滤漏斗、抽滤瓶、短颈玻璃漏斗、表面皿、量筒、滤纸、玻璃塞、真空泵。

粗苯甲酸、活性炭。

实验步骤

1. 溶解

称取 1.5 g 粗苯甲酸置 150 ml 烧杯中，加入 30 ml 水和几粒沸石。在石棉网上加热至沸腾，并用玻璃棒不断搅拌，使固体溶解。若发现有未溶解的固体，可继续分批加入少量热水，并煮沸至全部溶解。若加入热水，不溶物并未减少，则可能为不溶性杂质，无须再加水，记录所加水的总体积。

2. 活性炭脱色

移去火源，再加总体积 15% 左右的冷水，加入少许活性炭，略加搅拌，继续加热微沸 5~10 min。

3. 趁热过滤

取出事先在烘箱加热的短颈漏斗或热滤漏斗，把事先折叠好的滤纸置入其中，按图 2-7 所示安装好，用少量热水润湿已置于漏斗内的折叠滤纸，将上面的热溶液转移至折叠滤纸内，每次倒入的溶液不要太满以防溢出；也不要等溶液全部滤完再加，以免蒸发干。溶液倾入后，应在漏斗上加盖表面皿。未过滤部分继续小火加热，以保温。过滤完毕，用少量热水洗涤烧杯，并倒入漏斗中以洗涤滤纸。如滤纸上析出的结晶太多，应将滤纸和晶体一起重新放回烧瓶中，再用适量溶剂加热溶解，再次趁热过滤。

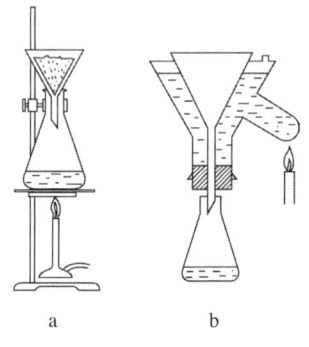

图 2-7　过滤装置
a. 短颈漏斗过滤
b. 热滤漏斗过滤

4. 晶体的析出

将趁热过滤收集的滤液静置，在室温下自然冷却，可析出均匀而洁净的晶体。当溶液降至室温且已析出大量结晶后，可用冰水进一步冷却，降低溶解度以析出更多晶体（为了得到均匀而较大的晶体，滤液不宜直接置于冰水浴中迅速冷却并剧烈搅动，否则，只能得到颗粒很小的小晶体，其表面积大，吸附杂质多，过滤时用少量洁净溶剂洗涤损失也较多）。

若溶液已冷却至过饱和，仍未有晶体析出，可用玻璃棒摩擦器壁，形成粗糙面为晶体析出提供场所；或者是投入苯甲酸晶体，提供晶核，以快速形成结晶。

被提纯物质在重结晶过程中有时会呈油状物析出，杂质会富集在油状物中，油状物还包含一部分母液。油状物虽然可固化，但其固体含较多杂质，颜色较深，纯度不够，有时根本起不到纯化作用。

为了避免油状物的生成，制成热饱和溶液的温度应比被提纯物质的熔点低。出现油状物后，可用大量溶剂稀释，或加入良溶剂，这样虽然可防止油状物生成，但回收率却大为降低。较好的办法是将溶液加热溶解，然后快速冷却，并强力搅拌，使溶质在分散、均匀条件下固化，此时杂质大部分留在母液中，所包含的母液也大大减少，可得到较纯的物质。

5. 抽气过滤

待结晶完全后，用布氏漏斗抽滤，以少量的母液将残留在烧杯中的晶体转移到布氏漏斗中，尽量抽干母液，可借助玻璃塞挤压结晶达到此目的。

6.晶体的干燥

最后将晶体转移到表面皿上，摊成薄层，置于干燥器中或上面盖一张滤纸，在空气中晾干后称重，计算回收率。测定熔点，并与粗苯甲酸熔点进行比较。

注意事项

1.活性炭不能在溶液沸腾或接近沸腾时加入，以免溶液暴沸溢出！
2.如果一次脱色不理想，可进行第二次脱色。

思 考 题

1.重结晶一般包括哪几个步骤？其目的是什么？
3.趁热过滤时可能发生哪些问题？如何避免？
4.如何证明经重结晶提纯后的产品是否纯净？

附：折叠式滤纸的折法

取一张大小合适的圆滤纸，对折成半圆形。按图2-8a将半圆朝同一方向折成4等分，其棱线位置见图2-8b，再将1、2边与2、6的凹面重叠对折，将2、3边与2、5的凹面重叠对折，1、2边与2、5的凹面对折，2、3边与2、6的凹面对折，则将半圆分成8等分，如图2-8c所示。然后，再在这8个等分中的每一小分中间以相反方向对折成16等分，结果得如图2-8d所示的折扇样，再在1、2和2、3的小分处向内折一小折纹，展开后如图2-8e所示。由于折叠反复较多，故圆心处不要用力折压，以免破损。

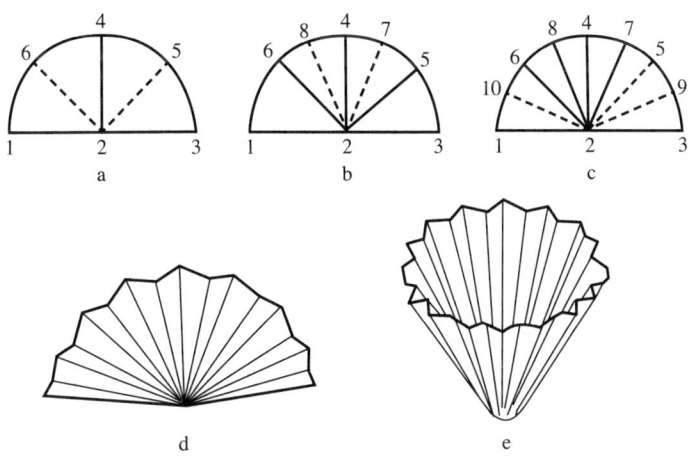

图2-8 折叠式滤纸的折叠顺序

（周建波）

实验三 旋光度的测定

实验目的

1. 掌握手性化合物的旋光性及其测定的原理和方法。
2. 熟悉旋光仪的使用。
3. 了解旋光仪的基本构造。

实验原理

具有旋光性的物质称为旋光性物质，或称为光学活性物质。根据其旋光性，可将旋光性物质分为两类：使偏振光的振动平面向右（顺时针）旋转的称为右旋化合物，以"+"表示；使偏振光的振动平面向左（逆时针）旋转的称为左旋化合物，以"-"表示。

物质的旋光度与溶液的浓度、溶剂温度、旋光管长度和所用光源的波长等都有关系，常用比旋光度 $[\alpha]_D^t$ 来表示各物质的旋光性。

$$[\alpha]_D^t = \frac{\alpha}{l \cdot c}$$

式中，α 为旋光仪测定的度数；t 为测定时的温度（20℃）；D 为旋光仪光源钠光的 D 线波长（$\lambda = 589\,\mathrm{nm}$）；$l$ 为旋光管长度；c 为浓度（g/ml），如纯液体可用密度。比旋光度是旋光性物质的一个重要的物理常数。

测定旋光度的仪器即为旋光仪，常用的旋光仪有目测旋光仪和自动旋光仪两种。

仪器与试剂

旋光仪、100ml 容量瓶。
葡萄糖、重蒸馏水。

实验步骤

1. 待测溶液配制

用天平准确称取 10.0～10.5g 葡萄糖样品，在 100ml 容量瓶中配成溶液。溶液若不透明澄清，可用滤纸过滤。

2. 旋光仪零点的校正

旋光仪接通电源，钠光灯发光稳定后（约 5min），对旋光仪零点进行校正（详见本实验"附：旋光仪的构造和使用方法"）。

3. 装待测液

洗净旋光管后，用少量待测液润洗 2～3 次，向旋光管内注入待测液。

4.旋光度的测定

将装好待测液的旋光管放入旋光仪内,调整目镜的焦距,使视野清晰。旋转手轮,调整检偏镜刻度盘,使视场中三分视场的明暗程度一致,读取刻度盘上所示的刻度值,记录旋光管的长度和溶液的温度,然后按公式计算其比旋光度。

对观察者来说,偏振面顺时针的旋转方向(+),测得的 $+\alpha$,既符合右旋 α,也可代表 $\alpha \pm n \times 180°$ 的所有值,因为偏振面在旋光仪中旋转 α 后,它所在的平面和从这个角度向左或者向右旋转 n 个 180° 后所在平面完全重合。所以观察值为 α 时,实际角度可以是 $\alpha \pm n \times 180°$。例如读数为 +38°,实际上读数也可以为 218°、398° 或者 -142° 等。因此,在测定一个未知物的旋光度时,至少要做改变浓度或旋光管长度的测定,如果观察值为 +38°,在稀释 5 倍后,新读数为 +7.6°,则此未知物的 $\alpha = +7.6 \times 5 = +38°$。

换放盛有待测液的旋光管,按上述方法测定其旋光度值,重复 2 次,取其平均值,由葡萄糖溶液的比旋光度计算浓度。

实验完毕,清洗旋光管,再用蒸馏水冲洗干净,擦干后存放。镜片应用擦镜纸擦拭。

注意事项

1.镜片应用擦镜纸擦拭,切不能用手擦拭。
2.仪器连续使用时间不宜超过 4h。如果时间过长,应熄灯 10~15min,否则会影响灯的寿命。
3.使用完旋光管后,应将其中的溶液倒出,用蒸馏水清洗干净,擦干后存放。

思 考 题

1.测定液体旋光度时,应该注意哪些问题?
2.已知葡萄糖在水中的比旋光度 $[\alpha]_D^{20}$ 为 +52.5°,将葡萄糖水溶液放在 1dm 长的旋光管中,在 20℃ 测得其旋光度为 +3.2°,求此葡萄糖溶液的浓度。

附:旋光仪的构造和使用方法

自然光:又称非偏振光,一般光源发出的光即为自然光,其光波在垂直于传播方向的一切方向上振动。

平面偏振光:光波只在一个方向上有振动的光称为平面偏振光。

旋光物质:当一束平面偏振光通过某些物质时,其振动方向会发生改变,此时光的振动面旋转一定的角度,这种现象称为物质的旋光现象,这种物质称为旋光物质。

旋光度:指旋光物质使偏振光振动面旋转的角度。尼柯尔(Nicol)棱镜就是利用旋光物质的旋光性而设计的(图 2-9)。

1.旋光仪的构造原理和结构

旋光仪的主要元件是两块尼柯尔棱镜。尼柯

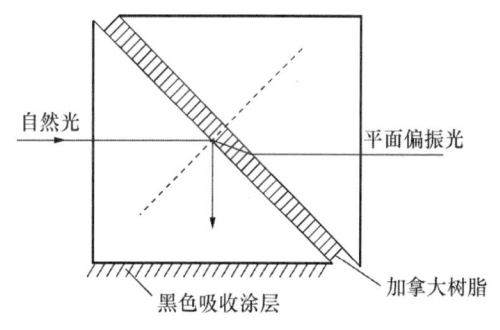

图 2-9 尼柯尔棱镜结构

尔棱镜是由两块方解石直角棱镜沿斜面用加拿大树脂黏合而成。

当一束单色光照射到尼柯尔棱镜时，获得了一束单一的平面偏振光。用于产生平面偏振光的棱镜称为起偏镜，如让起偏镜产生的偏振光照射到另一个透射面与起偏镜透射面平行的尼柯尔棱镜，则这束平面偏振光也能通过第二个棱镜，如果第二个棱镜的透射面与起偏镜的透射面垂直，则由起偏镜出来的偏振光完全不能通过第二个棱镜。如果第二个棱镜的透射面与起偏镜的透射面之间的夹角 θ 在 $0°\sim 90°$，则光线部分通过第二个棱镜，此第二个棱镜称为检偏镜。通过调节检偏镜，能使透过的光线强度在最强和零之间变化。如果在起偏镜与检偏镜之间放有旋光性物质，则由于物质的旋光作用，使来自起偏镜的光的偏振面改变某一角度，只有检偏镜也旋转同样的角度，才能补偿旋光线改变的角度使透过的光线强度与原来相同。旋光仪就是根据这种原理设计的，其构造如图 2-10 所示。

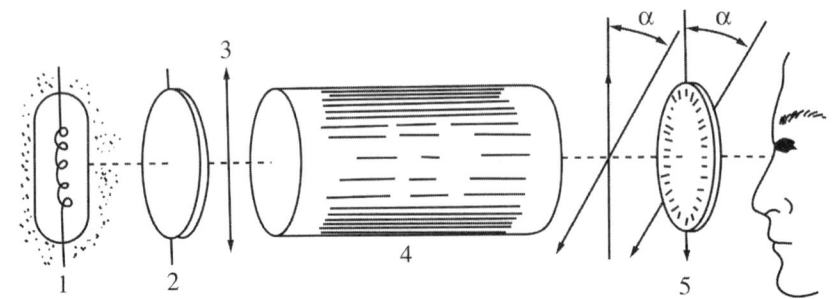

图 2-10　旋光仪构造示意图
1-灯；2-起偏镜；3-平面偏振光；4-样品管；5-检偏镜

通过检偏镜用肉眼判断偏振光通过旋光物质前后的强度是否相同是十分困难的，这样会产生较大的误差，为此设计了一种在视场中分出三分视场的装置，通过镜前观察，可观察到如图 2-11 所示的 3 种三分视场。

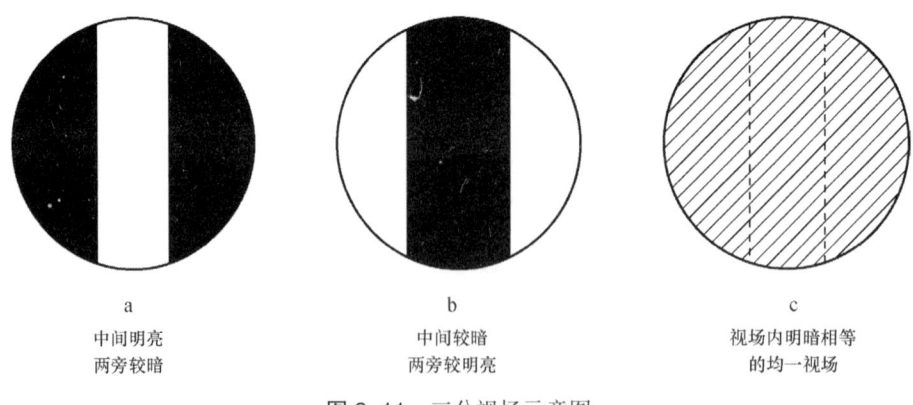

a
中间明亮
两旁较暗

b
中间较暗
两旁较明亮

c
视场内明暗相等
的均一视场

图 2-11　三分视场示意图

如果旋转检偏镜使透射光的偏振面与通过石英片旋转一个角度后的振动方向平行，在视场中将观察到中间狭长部分较明亮，而两旁较暗，这是由于两旁的偏振光不经过石英片，如

图2-11a所示。如果检偏镜的偏振面与起偏镜的偏振面平行，在视场中将是中间狭长部分较暗而两旁较亮，如图2-11b。准确读数时的视场应该是呈微暗状态，且三分视场内的暗度是相同的，如图2-11c，将这一位置作为仪器的零点，在每次测定时，调节检偏镜使三分视场的暗度相同，然后读数。

2. 影响旋光度的因素

（1）溶剂　旋光物质的旋光度主要取决于物质本身的结构。另外，还与光线透过物质的厚度、测量时所用光的波长和温度有关。如果被测物质是溶液，影响因素还包括物质的浓度，溶剂也有一定的影响。在测定比旋光度值时，应说明使用什么溶剂，如不说明一般指以水为溶剂。

（2）温度　温度升高会使旋光管膨胀而长度加长，从而导致待测液的密度降低。另外，温度变化还会使待测物质分子间发生缔合或离解，使旋光度发生改变。

（3）浓度和旋光管长度　在一定的实验条件下，常将旋光物质的旋光度与浓度视为成正比，因为将比旋光度视为常数。而旋光度和溶液浓度之间并不是严格地成线性关系，因此，严格地讲，比旋光度并非常数。旋光度与旋光管的长度成正比。旋光管通常有10 cm、20 cm、22 cm三种规格。经常使用的是10 cm长度的。但对旋光能力较弱或者较稀的溶液，为提高准确度，降低读数的相对误差，需用20 cm或22 cm长度的旋光管。

3. 旋光仪的使用方法

首先打开钠光灯，稍等几分钟，待光源稳定后，从目镜中观察视野，如不清楚可调节目镜焦距。选用合适的旋光管并洗净，充满蒸馏水（应无气泡），放入旋光仪的样品管槽中，调节检偏镜的角度使三分视场消失，读出刻度盘上的刻度并将此角度做为旋光仪的零点。零点确定后，将旋光管中蒸馏水换为待测溶液，按同样方法测定，此时刻度盘上的读数与零点的读数之差即为该待测溶液的旋光度。

4. 使用注意事项

在使用旋光仪时，需通电预热几分钟，但钠光灯使用时间不宜过长。旋光仪是比较精密的光学仪器，使用时，仪器金属部分切忌沾污酸、碱液，以防止被腐蚀。避免光学镜片部分与硬物接触，以防损坏镜片。不能随便拆卸仪器，以免影响精度。

5. 自动指示旋光仪简介

目前国内生产的自动指示旋光仪，其三分视场检测、检偏镜角度的调整，采用光电检测器，通过电子放大及机械反馈系统自动进行，最后数字显示。该旋光仪具有体积小、灵敏度高、读数方便、减少人为观察三分视场明暗度相同时产生的误差等优点。也可用于弱旋光性物质的旋光度测定。

该仪器一般用20 W钠光灯为光源，并通过可控硅自动触发恒流电源点燃，光线通过聚光镜、小孔光柱和物镜后形成一束平行光，然后经过起偏镜后产生平行偏振光，这束偏振光经过有法拉第效应的磁旋线圈时，其振动面产生50 Hz的一定角度的往复振动，该偏振光线通过检偏镜透射到光电倍增管上，产生交变的光电讯号。当检偏镜的透光面与偏振光的振动面正交时，即为仪器的光学零点，此时出现平衡指示。而当偏振光通过一定旋光度的测试样品时，偏振光的振动面转过一个角度 α，此时光电讯号就能驱动工作频率为50 Hz的伺服电机，并通过蜗轮杆带动检偏镜转动 α 角而使仪器回到光学零点，此时读数盘上的示值即为所测试样品的旋光度。

（胡小建）

实验四　熔点的测定

实验目的

1. 掌握毛细管法测定固态有机化合物熔点的原理和方法。
2. 熟悉熔点测定过程中产生误差的各种原因与解决方法。
3. 了解熔点测定的意义。

实验原理

每种结晶的有机化合物都有特定的分子间作用力，所以每种结晶的有机化合物都有其特定的熔点。固态化合物当受热达到一定温度时，即由固态转变为液态，这时的温度就是该化合物的熔点。严格地说，物质的熔点是该物质在大气压下，固、液两态达到动态平衡时的温度。

熔点是纯结晶固态物质的一种重要的物理性质。纯净的固态有机化合物一般都有其固定的熔点。熔点的测定常用来鉴定纯净固态有机化合物或者判断固态有机化合物的纯度。一个纯化合物从开始熔化到完全熔化（初熔至全熔）的温度范围称为熔程（熔点距），温度一般不超过 $0.5 \sim 1.0℃$。若该化合物含有杂质，其熔点往往较纯净物质偏低，且熔程也较长。因此测定熔点的实际意义不仅可根据熔程的长短来鉴定固态有机化合物的纯度，而且还可以利用化合物含有杂质其熔点下降的现象，来做为鉴定未知固态有机化合物的一种简便的方法，即混合测定法。若有两种物质甲和乙的熔点是相同的，可用混合熔点测定法来检验甲和乙是否为同一种物质。若甲和乙不是同一种物质，其混合物的熔点比各自的熔点都要降低，且熔程拉长（增大）。

毛细管法测定熔点，所用仪器简单，操作方便，是实验室常用的方法。

仪器与试剂

熔点测定管（b形管）、外套缺口橡皮塞的温度计（$0 \sim 200℃$）、封口玻璃毛细管、玻璃导管（长 $40 \sim 60\,cm$）、铁架台、铁夹、酒精灯、玻璃表面皿、橡皮圈。

液体石蜡、苯甲酸。

实验步骤

1. 样品的填装

取黄豆大小已干燥并研成粉末的苯甲酸样品，置于洁净的玻璃表面皿上，将其聚成一堆。然后将封口玻璃毛细管开口的一端垂直插入样品堆中，反复几次，即有少量样品被挤入毛细管内。将毛细管管口倒转，使封口端朝下。再将一根长 $40 \sim 60\,cm$ 的玻璃导管垂直置于玻璃表面皿上，使装有样品的毛细管开口朝上，自玻璃管上端放入，使其自由落下，反复操作数次，直至样品均匀、紧密平整地填装在毛细管底部，所装样品高度为 $2 \sim 3\,mm$。

2. 仪器的装配

在熔点测定管中装入液体石蜡做为浴液,使其液面略高于侧面支管口上沿。用小橡皮圈(用橡皮圈固定毛细管,应尽量套高一些,以免液体石蜡受热膨胀后接触橡皮圈,使其膨胀而松落)将装好样品的毛细管固定在温度计下端,使毛细管下端的待测物质恰好与温度计水银球的中央平行。然后将温度计连同毛细管轻轻地插入熔点测定管中,使水银球处于熔点测定管上、下支管的中部为宜(图2-12)。

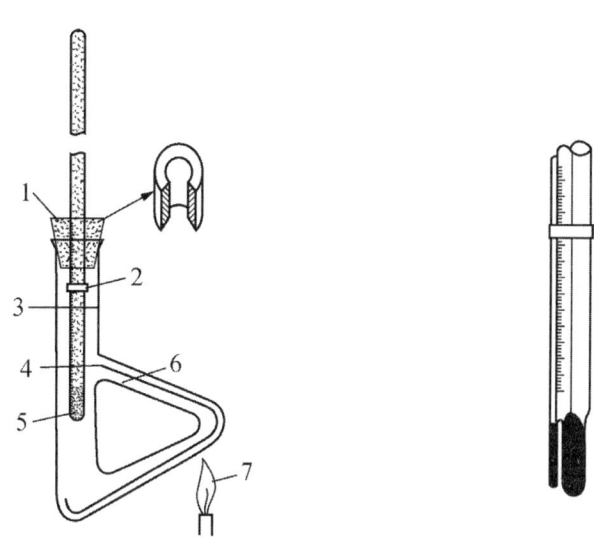

图 2-12 熔点测定装置图
1-带缺口的橡皮塞;2-橡皮圈;3-200℃时的浴液液面;4-室温下的浴液液面;5-玻璃毛细管;6-熔点测定管(b形管);7-酒精灯外焰

3. 熔点的测定

(1)粗测 安装好测定装置后,先用酒精灯外焰预热整个测定管,然后加热熔点测定管的支管远端,这样能使管内液体因温度差而发生对流循环,使温度均匀上升。熔点测定的关键操作之一就是控制加热速度,使热能够通过液体石蜡的传递透过毛细管到达样品,样品受热熔化,使熔化的温度与温度计所显示的温度一致。开始时温度上升速率可稍快,每分钟上升5~6℃,得到一个近似熔点。

(2)精测 准确测定时需等浴液的温度下降至近似熔点以下30℃左右,更换一根毛细管再行缓慢加热,以每分钟上升约5℃的速度升温,待温度达到比近似熔点低10~15℃时,调小火焰,使温度每分钟上升1℃为宜。当温度接近熔点时,加热要更加缓慢。此时应该仔细观察温度的上升与毛细管中样品变化的情况。待样品出现小液滴时,表示已开始熔化(始熔),至样品全部透明时则表示完全熔化(全熔)。熔化时样品状态的变化过程如图2-13所示。

记录样品刚有小液滴出现时和样品恰好完全熔融时两个温度的读数,两个温度读数之差即为被测物质的熔程(或熔点范围)。真实的熔点是恰好完全熔融时的温度。按上述操作,再重复测定一次。

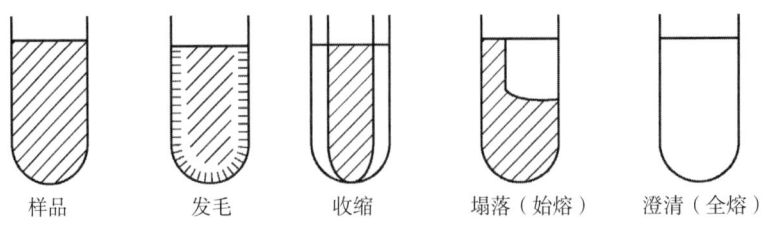

图 2-13 毛细管内样品状态的变化过程

注意事项

1. 样品要尽量研细，否则样品颗粒间传热不好，使熔程变长。
2. 常用的浴液有液体石蜡或者浓硫酸。液体石蜡可加热到 200～220℃，温度过高容易汽化冒烟。浓硫酸做浴液加热温度可达 250～275℃，但是热浓硫酸能引起严重的灼伤，使用时必须十分小心。硅油加热可达到 250℃以上，但是价格较贵。
3. 熔化的样品冷却后又冷凝成固体，再加热测定其熔点，测定值往往不准确，这是由于样品会发生部分分解及加热会转变为具有不同熔点的其他结晶形式等原因所致。所以，每一次测定必须用新的毛细管填装样品。

思考题

1. 重复测定物质的熔点时，是否可以使用第一次测定过熔点的毛细管再做第二次测定？为什么？
2. 现有两瓶白色固体粉末状有机化合物，从外观上看两者相同。请你设计一种实验方法来验证它们是否是同一种物质？

（肖　荣）

实验五　常压蒸馏及沸点的测定

实验目的

1. 掌握常压蒸馏的原理及其基本操作方法。
2. 熟悉纯化液态有机化合物的基本方法。
3. 了解常压蒸馏及沸点测定的应用。

实验原理

液体分子由于分子运动有从表面逸出的趋势，这种趋势随着温度的升高而增大，从而在液面上部形成蒸气。当液相蒸发速率与气相凝结速率相等时,液面上的蒸气达到饱和,称为饱和蒸气。它对液面所施加的压力称为饱和蒸气压。实验证明,液体的蒸气压只与液体的本性和温度有关,即液体在一定温度下具有一定的蒸气压。

当液体的蒸气压增大到与外界所施加的压力(通常是指大气压力)相等时,就有大量气泡从液体内部逸出,气态和液态达到动态平衡,即液体开始沸腾。此时的温度称为该液体物质在此压力下的沸点。沸点的高低与其所受的外界压力的大小有关,通常所说的沸点是指大气压为 101.325 kPa 时液体沸腾的温度。

具有固定沸点的液体不一定都是纯净的液态有机化合物,因为有些有机化合物常和其他组分形成二元或三元共沸混合物,它们也有一定的沸点。例如 95.5% 乙醇和 4.5% 水组成的共沸混合物,其沸点为 78.15℃。

蒸馏就是将液态有机化合物加热至沸腾变成蒸气,再将蒸气冷凝为液体这两个过程的联合操作。通过蒸馏可以将沸点差别大于 30℃ 的几种液体混合物分离,也可以将易挥发物质与难挥发物质分离,从而达到分离与提纯的目的。

纯净的液态有机化合物在蒸馏过程中沸程(沸点距)很小(0.5~1.0℃),故利用蒸馏的方法可测定有机化合物的沸点,还可根据沸程的大小来鉴定液态有机化合物的纯度。

仪器与试剂

50 ml 蒸馏烧瓶、蒸馏头、温度计套管、0~100℃ 温度计、直形冷凝管、尾接管、锥形瓶、铁架台、铁夹、铁圈、石棉网、酒精灯、量筒、沸石、橡皮管、乙醇回收缸。

工业乙醇。

实验步骤

1. 仪器安装

常压蒸馏装置如图 2-14 所示,主要由待蒸液体受热汽化、冷凝和接收三个部分组成。

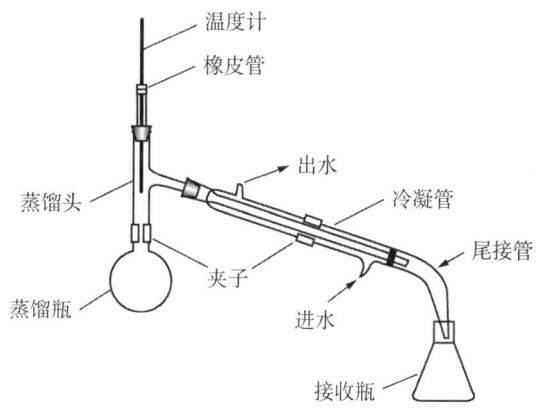

图 2-14 常压蒸馏装置图

仪器装配的顺序:从热源开始,由下而上,从左至右,依次安装。拆除仪器与其顺序相反。整个装置要求无论从正面或侧面观察,各仪器的轴线都要处在同一平面内。通入冷凝水,下端进水，上端出水。

2. 加入样品

向蒸馏瓶中加入乙醇样品时，采取直接加入法。直接加入是使蒸馏瓶倾斜，然后缓慢地向蒸馏瓶中倒入待蒸工业乙醇 20 ml，再加入 3~5 粒沸石，套好温度计套管。

3. 加热蒸馏

加热之前再仔细、全面地检查一次装置安装是否正确，连接是否严密。先通冷凝水，然后点燃酒精灯。注意冷水自下而上，蒸气自上而下，两者逆流冷却效果最好。开始加热时升温速度可以稍快，当液体沸腾时应密切注意蒸馏瓶中发生的现象。冷凝的蒸气逐渐上升到达温度计水银球部位时，温度计读数迅速上升，调节火焰，使水银球上液滴和蒸气温度达到平衡，控制蒸馏出液速度，以每秒 1~2 滴为宜（此时温度计水银球上挂有液滴）。

记录第一滴蒸馏出来的液体滴入接收瓶时的温度 T_1。

当温度升至所需沸点范围并恒定不变时，记录此时温度 T_2（此恒定温度即为该物质的沸点）。

当蒸馏瓶中只剩下少量液体时，即停止加热，并记录此温度 T_3。T_3-T_1 即为沸程。

4. 拆除装置

蒸馏完毕，先撤除热源，待体系稍冷后停止通冷凝水，然后自右向左拆卸装置（与安装顺序相反），洗净和整理好仪器，并将蒸馏出的乙醇倒入指定的回收缸中。

注意事项

1. 蒸馏瓶的选用与被蒸馏液体量的多少有关，通常装入待蒸馏液体的体积应为蒸馏瓶体积的 1/3~2/3。

2. 温度计的选用应根据被蒸馏液体的沸点来定，沸点低于 100℃，可选用 100℃温度计；沸点高于 100℃，应选用 200~300℃水银温度计。

3. 冷凝管可分为水冷凝管和空气冷凝管两类。水冷凝管用于被蒸馏液体沸点在 130℃以下的液体。对于被蒸馏液体沸点高于 130℃以上的液体，不宜使用水冷凝管，因为蒸气温度较高易使冷凝管破裂，应选用空气冷凝管。

4. 常压蒸馏装置必须连通大气，密闭蒸馏会发生爆炸、烧伤等事故。

5. 加热蒸馏之前，应在蒸馏瓶内加入 3~5 粒沸石或素瓷片做止暴剂。因为大多数液体在加热时会产生局部过热现象，过热的液体往往会发生暴沸，造成事故。沸石表面疏松多孔，吸附有空气，它在溶液中受热时会产生一股稳定而细小的空气泡流，这一泡流以及随之而产生的湍动，能使液体中的大气泡破裂，成为液体分子的汽化中心，从而使液体平稳地沸腾，防止液体因过热而产生暴沸。如果加热后才发现未加沸石，应立即停止加热，待液体冷却后再补加，切忌在加热过程中补加沸石，否则会引起剧烈的暴沸，甚至使部分液体冲出瓶外，严重时引起着火。

6. 应注意切勿使液体蒸干，以防止意外事故发生。蒸馏完毕，应先撤除热源，待体系稍冷后再停止通冷凝水。

思 考 题

1. 液体的沸点与大气压有什么关系？一种纯液体在一定压力下有一恒定的沸点，但具有恒定沸点的液体必定是纯化合物吗？为什么？

2.蒸馏时，加入沸石为什么能防止暴沸？如果加热后才发现未加沸石，应该怎么办？当重新蒸馏时，用过的沸石能否继续使用？

（肖　荣）

实验六　水蒸气蒸馏

实验目的

1.掌握水蒸气蒸馏的基本原理及操作方法。
2.了解水蒸气蒸馏的应用。

实验原理

当水与有机化合物（不与水混溶）共热时，根据道尔顿分压定律，体系的蒸气压为水与化合物的蒸气压之和。当体系蒸气压与外界大气压相等时，混合物开始沸腾。混合物的沸点低于任何组分的沸点，因此有机化合物可以在低于其沸点较多的温度下被蒸馏出来，从而保证有机化合物不会发生分解而破坏。

水蒸气蒸馏是常用的提纯、分离有机化合物的方法。采用此方法提纯必须满足以下几个条件：

1.被提纯的有机化合物长时间与水共沸，不与水反应。
2.被提纯的有机化合物不溶于水或难溶于水。
3.接近100℃时，体系蒸气压要大于等于1.33 kPa。

水蒸气蒸馏常用于下列几种情况：

（1）常压蒸馏会发生分解的高沸点有机化合物。
（2）产物与大量树脂状、不挥发或难挥发杂质混合，采用蒸馏或萃取等方法很难分离。
（3）反应副产物或过剩的原料容易随水蒸气挥发。

仪器与试剂

圆底烧瓶、安全玻管、水蒸气发生器、尾接管、三通管、酒精灯、分液漏斗、锥形瓶、直形冷凝管、双孔橡胶塞、弹簧夹、量筒等。

冬青油。

实验步骤

1. 按图 2-15 所示装配好仪器，安装顺序遵循从左向右，从上而下的原则。
2. 向水蒸气发生器中加入约为容器 3/4 的水，再加入几粒沸石。蒸馏瓶中加入 5ml 水和 5ml 冬青油。
3. 打开 T 形管处螺旋夹，加热使水蒸气发生器中水沸腾，待有大量水蒸气产生并从 T 形管中出来时，立即旋紧螺旋夹，打开冷凝水管，开始蒸馏。
4. 随着水蒸气的冷凝使烧瓶内液体不断增加，当超过烧瓶容积的 2/3 时，或蒸馏速度缓慢时，可小火加热烧瓶，蒸馏速度控制在每秒 2 滴。
5. 馏出液澄清透明，无明显油珠产生时，停止加热。
6. 将馏出物转入分液漏斗中，静置分层。

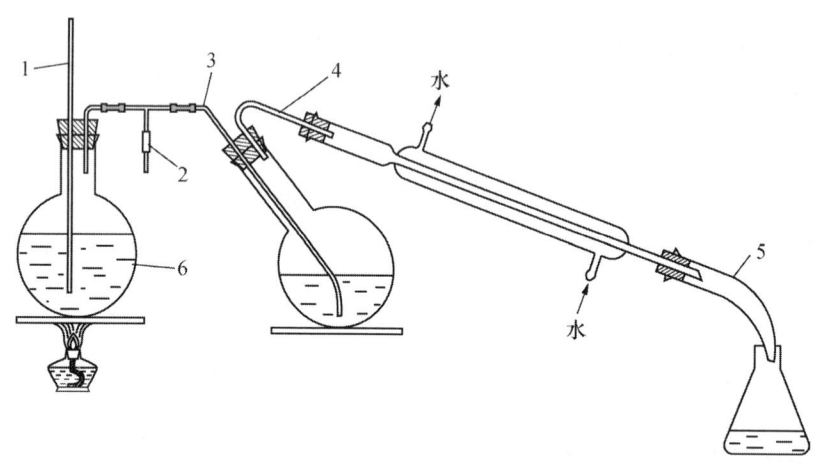

图 2-15 水蒸气蒸馏装置
1- 安全玻管；2- 螺旋夹；3- 水蒸气导入管；4- 导出管；5- 尾接管；6- 圆底烧瓶

注意事项

1. 中断蒸馏或蒸馏完毕时，必须先打开螺旋夹，才能停止加热，否则会发生倒吸。
2. 水蒸气导入管要插入接近蒸馏瓶的底部，使水蒸气与待蒸馏液体充分接触。

思考题

1. 怎样判断水蒸气蒸馏馏出物在有机层的上层还是下层？
2. 在蒸馏过程中要经常检查什么？

（郭丽娟）

实验七 有机物分子模型的建造

实验目的

1. 通过观察有机物分子的球棒模型，掌握有机化合物结构与性质之间的关系。
2. 熟悉球棒模型建造的技巧。

实验原理

通常采用的有机物分子模型是凯库勒分子模型。构成这种分子模型时，常利用各种颜色的球分别代表各种原子，金属短棍代表化学键。例如，黑球代表碳原子，白球代表氢原子，红球代表氧原子等。根据各种球所代表的原子与其他原子成键时的价键夹角，在各种球上加以钻孔。因此，当各种原子相连时便能将有机物分子中原子在空间的位置表示出来。

仪器与试剂

有机物分子球棍模型。

实验步骤

1. 构成甲烷和二氯甲烷的球棒模型，观察它们有无对称中心和对称面。
2. 构成乳酸分子的对映体分子模型，观察两种模型能否重合。调换任一模型两个基团的位置，观察所得的两种模型能否重合，它们是否具有对称因素。
3. 构成乙烷分子的两种构象——重叠式和交叉式，画出它们的纽曼投影式。
   观察乙烷分子的交叉式构象有无对称中心和对称面。
   观察乙烷分子的重叠式构象有无对称中心和对称面。
4. 构成正丁烷分子的构象，首先使所有 C—C 键都成重叠构象（C2—C3 键为全重叠构象），沿 C2—C3 键轴观察，此时分子有无对称面或对称中心。
   再使所有 C—C 键都成交叉构象（C2—C3 键为对位交叉构象），沿 C2—C3 键轴观察，此时分子有无对称面或对称中心。
   通过观察比较这两种构象，哪一种更稳定，并分别画出 4 种典型构象的纽曼投影式（对位交叉、邻位交叉、全重叠、部分重叠）。
5. 组成顺 -2- 丁烯和反 -2- 丁烯的分子模型，体会产生顺反异构现象的原因，它们能否重合？画出它们的纽曼投影式。
6. 构成环己烷分子船式和椅式两种构象
   首先观察椅式环己烷：
   （1）6 个碳原子是否在同一平面上。

(2) 相邻碳原子之间的构象是交叉式还是重叠式。
(3) 画出它的立体透视图,标出哪些是平伏键(e键),哪些是直立键(a键)。
(4) 将此种椅式构象翻转为另一种椅式构象,观察原来的e键是否都变为a键,原来的a键是否都变为e键,它们在空间的指向有无改变。

其次观察船式环己烷:
(1) 画出其立体透视图,将碳环编号。
(2) 分别指出相邻碳原子之间属什么构象。

通过观察,比较环己烷的船式和椅式两种构象哪种更稳定,并指出其原因。

7. 构成1,2-二氯环己烷椅式构象
(1) 先使2个C—Cl键都成e键,观察此时分子有没有对称面。
(2) 再将此种椅式构象翻转为另一种椅式构象,此时C—Cl键都成a键,观察此分子有否对称面,并注意氯原子对于假想的分子平面的相对位置是否改变。
(3) 再使2个C—Cl键,一个成a键,一个成e键,观察此时分子有没有对称面。

8. 组成一对外消旋酒石酸和内消旋酒石酸的分子模型,表面看来有对映关系的两个内消旋酒石酸能否重合。分别画出外消旋酒石酸和内消旋酒石酸的费歇尔投影式,用 R、S 构型标示法标明手性碳原子的构型,观察它们是否有对称中心和对称面。

思 考 题

在有机化合物分子中,对称面、对称中心与手性分子有什么联系?

(周建波)

实验八 醇、酚、醛、酮的化学性质

实验目的

1. 掌握醇、酚、醛、酮的主要化学性质。
2. 熟悉醇、酚、醛、酮的鉴别方法。
3. 了解鉴别有机化合物的一般步骤和实验方法。

实验原理

醇和酚分子中都含有羟基,但由于烃基对羟基的影响不同,因此醇和酚在性质上有很大差异。

醇分子中的O—H键较难断裂。而在酚分子中,由于羟基中的氧原子与苯环形成p-π共轭,电子云向苯环转移,在溶液中可电离出质子,显示出弱酸性;又由于羟基对苯环的影响,使苯环活化,易于发生苯环上的亲电取代反应。

醛和酮分子中都含有羰基，因而具有许多相似的化学性质。如羰基上的加成与还原反应，它们都能与羰基试剂作用等；一端具有 3 个 α-H 的醛和酮还能发生卤仿反应。

但由于羰基所连的基团不同，又使醛和酮具有不同的性质。醛比酮活泼，如醛能被碱性弱氧化剂托伦试剂、斐林试剂氧化（芳香醛不能），能与希夫试剂产生颜色反应等，而酮则不能，借此可区别醛和酮。

仪器和试剂

水浴锅、镊子、小刀、试管、酒精灯。

无水乙醇、正丁醇、金属钠、酚酞、铜丝、希夫试剂、1% 苯酚、饱和溴水、1% 三氯化铁、0.5% 高锰酸钾、浓硫酸、甲醛、乙醛、丙酮、2,4-二硝基苯肼、5% 氢氧化钠、10% 氢氧化钠、2% 氨水、2% 硝酸银、斐林试剂 A 和 B、I_2-KI 溶液。

实验步骤

（一）醇的性质

1. 醇钠的生成

在 1 支干燥的试管中加入 1ml 无水乙醇，并投入一小块刚切开的金属钠（绿豆大小，用滤纸吸干煤油），观察有什么现象发生，试管是否发热？待金属钠完全消失后，向试管中滴入 1 滴酚酞溶液，观察和记录现象并解释之。

2. 醇的氧化反应

（1）夹住一根铜丝在酒精灯上烧红，待铜丝表面生成黑色的氧化铜，立即将其插入盛有 3ml 无水乙醇的试管中，即可看到铜丝变为黄铜色。这样反复操作几次，待冷却后，再次向试管内加入 1ml 希夫试剂，观察和记录现象并解释之。

（2）取 1 支试管，各加入 0.5% $KMnO_4$ 溶液 1ml 和无水乙醇 0.5ml，摇动试管，小火加热，观察和记录现象并解释之。

（二）酚的性质

1. 苯酚的酸性

取固体苯酚少许（约 0.6g）于试管中，加水 4ml，振摇使其成乳浊状（苯酚难溶于水），将乳浊液分为两份。在第一份乳浊液中逐滴加入 5% 氢氧化钠溶液至溶液澄清为止（此时生成何物？写出方程），然后在此澄清液中逐滴加入 3mol/L 硫酸至溶液呈酸性，观察有何变化。在第二份乳浊液中加入 5% 碳酸氢钠溶液，观察溶液是否澄清，并解释原因。

2. 溴代反应

取 1% 苯酚溶液 4 滴于一支试管中，缓慢加入饱和溴水，并不断振荡，直到出现明显的反应现象，记录现象并解释之。

3. 与 $FeCl_3$ 的反应

取试管 1 支，加入 1% 苯酚溶液 5 滴，再加入 1% 三氯化铁溶液 1 滴，观察和记录现象并解释之。

(三)醛和酮的性质

1. 与2,4-二硝基苯肼[1]反应

在3支试管中,分别加入2滴乙醛、苯甲醛、丙酮,再在每支试管中加入10滴2,4-二硝基苯肼试剂,充分振摇后,静置片刻,观察和记录现象。若无沉淀析出,可微热1min,冷却后再观察。当有油状物生成时,可加1~2滴乙醇,振摇,促使沉淀生成。

2. 碘仿反应

在3支试管中均加入1ml水和10滴I_2-KI溶液,再分别加入5滴乙醛、丙酮、甲醛,边摇边逐滴加入5%氢氧化钠溶液至碘色恰好退去,观察和记录现象并解释之。若无沉淀析出,可在温水浴中温热数分钟,冷却后再观察。

3. 与托伦(Tollen)试剂反应

在3支洁净的试管中加入10滴2%硝酸银溶液和2滴5%氢氧化钠溶液,边摇边逐滴加入2%氨水至产生沉淀恰好溶解为止,再分别加入5滴40%甲醛、乙醛、丙酮,摇匀后,在50~60℃水浴中加热数分钟,观察和记录现象并解释之。

4. 与斐林(Fehling)试剂[2]反应

在3支试管中加入斐林试剂A和B各10滴,再分别加入3滴40%甲醛、乙醛、丙酮,摇匀后,在沸水浴中加热数分钟,观察和记录现象并解释之。

5. 与希夫试剂[3]反应

在3支试管中加入希夫试剂10滴,再分别加入3滴40%甲醛、乙醛、丙酮,摇匀后,在显色的试管中,边摇边逐滴加入浓硫酸,观察和记录现象并解释之。

注 释

[1] 2,4-二硝基苯肼试剂的配制 称取3g 2,4-二硝基苯肼,溶解于15ml浓硫酸中,将此酸性溶液慢慢加入到70ml 95%乙醇中,再用蒸馏水稀释至100ml,过滤。滤液保存于棕色试剂瓶中。

[2] 斐林试剂的配制 斐林试剂A——称取34.6g硫酸铜($CuSO_4 \cdot 5H_2O$),溶解于173ml蒸馏水中,混浊时过滤。斐林试剂B——将酒石酸钾钠($KNaC_4H_4O_6 \cdot 4H_2O$)和70g氢氧化钠溶于500ml蒸馏水中。两种溶液分别保存,使用时取等体积混合。

[3] 希夫试剂的配制 将0.2g品红盐酸盐溶于100ml热水中,冷却后,加入2g亚硫酸氢钠及2ml浓盐酸,再用水稀释到200ml,待红色退去即可使用。若溶液呈粉红色,可加入少量活性炭振荡过滤后,密封保存于棕色瓶中。

思 考 题

1. 解释醇与苯酚酸性存在差异的原因。
2. 苯酚为什么比苯易于发生亲电取代反应?
3. 用简单的化学方法鉴别甲醛、乙醛、苯甲醛、丙酮和异丙醇。

(周建波)

实验九　羧酸及其衍生物的化学性质

实验目的

1. 掌握羧酸及羧酸衍生物的化学性质和鉴别方法。

2. 熟悉羧酸酸性强弱顺序和羧酸衍生物水解、醇解、氨解反应的反应活性顺序。

实验原理

1. 羧酸

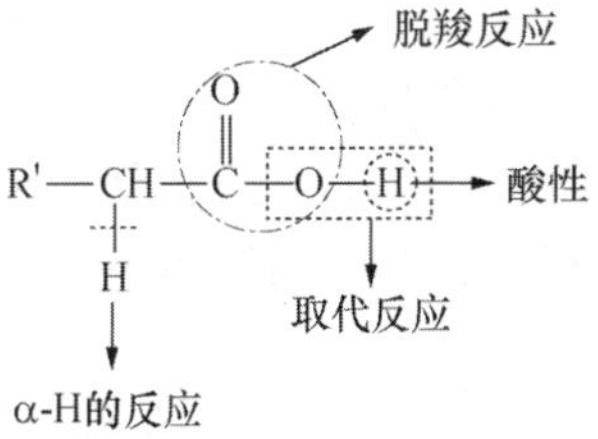

羧基是羧酸类化合物的极性官能团，所以羧酸在加热条件下易发生脱羧反应，且α–H具有一定的活性，能发生一系列反应。又由于C=O的π键与—OH中氧上的孤对电子形成了p–π共轭体系，使O—H键极性增强，有利于—OH中氢原子的解离，使羧酸的酸性比醇、酚强。而且分子中羧基越多，酸性越强，羧基之间距离越近，酸性越强。

另外，羧基中的C—O键为极性键，所以，—OH易被取代发生取代反应。

2. 羧酸衍生物

羧酸衍生物一般包括酰卤、酸酐、酯和酰胺。这四类化合物中都有酰基，所以具有相似的化学性质，都能发生水解、醇解、氨解等化学反应，其反应活性都是酰卤>酸酐>酯>酰胺。

仪器与试剂

试管、烧杯、酒精灯、试管夹、带软木塞的导管。

冰醋酸、草酸、苯甲酸、异戊醇、水杨酸、乙酸酐、乙酰氯、乙酸乙酯、乙酰胺、10%甲酸、10%乙酸、10%草酸、10%苯酚、5%和10%氢氧化钠溶液、5%盐酸、0.05%高锰酸钾溶液、5%碳酸钠溶液、2%硝酸银溶液、浓硫酸、饱和石灰水、饱和碳酸钠、无水乙醇、pH试纸、红色石蕊试纸。

实验步骤

（一）羧酸的性质

1. 酸性

（1）用干净玻璃棒分别蘸取10%甲酸、10%乙酸、10%草酸、10%苯酚于pH试纸上，观察和记录其pH值并解释之。

（2）在2支试管中分别加入0.1g苯甲酸、水杨酸和1ml水，边摇边逐滴加入5%氢氧化钠溶液至恰好澄清，再逐滴加入5%盐酸溶液，观察和记录反应现象并解释之。

(3) 在 2 支试管中分别加入 0.1g 苯甲酸、水杨酸，边摇边逐滴加入 5% 碳酸钠溶液，观察和记录反应现象并解释之。

2. 酯化反应

在干燥试管中加冰醋酸和异戊醇各 1ml，边摇边逐滴加入 10 滴浓硫酸，将试管放入 60~70℃ 水浴中加热 10min（勿使管内液体沸腾），取出试管待其冷却后加入 2ml 水，观察现象，记录有何气味并解释之。

3. 脱羧反应

在 2 支干燥试管中，分别加入 1g 草酸、水杨酸，用带导管的塞子塞紧，将试管口略向上倾斜夹在铁架上（装置及反应物一定要干燥，否则试管会炸裂。试管口也不能朝下，否则反应物受热熔化向下流，会堵死导管口），将导管出口插入盛有 1ml 饱和石灰水的试管中，然后用火加热，观察和记录反应现象并解释之。

4. 氧化反应

(1) 在洁净的试管中，加入 10 滴 10% 甲酸溶液，边摇边逐滴加入 5% 氢氧化钠溶液至溶液呈碱性，再加入 10 滴新配制的托伦试剂，水浴加热，观察和记录反应现象并解释之。

(2) 在 3 支试管中分别加入 10% 甲酸、乙酸、草酸各 1ml，边摇边逐滴加入 0.05% 高锰酸钾溶液。若不退色，将 3 支试管同时放入水浴中加热，观察和记录反应现象并解释之。

（二）羧酸衍生物

1. 水解反应

(1) 酰卤的水解　在盛有 1ml 水的试管中，沿管壁缓慢加入 5 滴乙酰氯，略加摇动，观察和记录反应现象并解释之。待反应结束后，再加入 2 滴 2% 硝酸银溶液，观察有何变化。

(2) 酸酐的水解　在盛有 1ml 水的试管中，加入 5 滴乙酸酐，摇匀后，在温水浴中加热数分钟，用蓝色石蕊试纸检测，有何气味和现象并解释之。

(3) 酯的水解　在 3 支试管中，分别加入 1ml 乙酸乙酯和 1ml 水，再在其中一支试管中加入 1ml 稀硫酸，在另一支试管中加入 1ml 10% 氢氧化钠溶液，摇匀后将 3 支试管同时放入 60~70℃ 水浴中，边摇边观察混合液是否变为澄清，并解释之。

(4) 酰胺的水解　在 2 支试管中，各加入 0.5g 乙酰胺，在其中一支试管中加入 1ml 10% 氢氧化钠溶液，另一支试管中加入 1ml 稀硫酸，煮沸，并将湿润的红色石蕊试纸放在试管口，观察有何气味和现象并解释之。

2. 醇解反应

(1) 酰卤的醇解　在干燥试管中加入 15 滴无水乙醇，边摇边逐滴加入 10 滴乙酰氯，待试管冷却后，缓慢加入 2ml 饱和碳酸钠溶液，静置后观察现象并嗅其气味。

(2) 酸酐的醇解　在干燥试管中加入 15 滴无水乙醇和 10 滴乙酐，再加入 1 滴浓硫酸，振摇，待试管冷却后，缓慢加入 2ml 饱和碳酸钠溶液，静置后观察现象并嗅其气味。

注意事项

脱羧反应结束时，要先移去石灰水试管，再移去火源，以防石灰水倒吸入灼热的试管中而炸裂。

思考题

1. 做脱羧实验时，若将过量的二氧化碳通入石灰水中时会出现什么现象？
2. 为什么酰卤、酸酐、酯、酰胺的反应速度不同？
3. 用简单的化学方法鉴别乙酰氯、乙酸酐、乙酸乙酯、乙酰胺。

（周建波）

实验十　含氮化合物的化学性质

实验目的

1. 掌握胺类化合物的主要化学性质。
2. 熟悉胺类化合物的鉴别方法。
3. 了解尿素的生理意义和缩二脲反应的应用。

实验原理

胺类化合物微溶于水，具有弱碱性，能与酸反应生成盐；伯胺和仲胺可以与酰类化合物反应，而叔胺则不可以；伯胺和仲胺还能与苯磺酰氯反应，前者的反应产物可以溶于氢氧化钠溶液，后者的产物不能溶于氢氧化钠溶液，而叔胺不反应，因此可以用来区别伯胺、仲胺和叔胺。脂肪胺和芳香胺与亚硝酸反应所生成的产物不同，可以用来做鉴别实验；在低温和强酸溶液中，芳胺类可以与亚硝酸发生重氮化反应，产物可以进一步与酚或芳香胺发生偶联反应。

尿素属于酰胺类化合物，是哺乳动物体内蛋白质代谢的最终产物，是一种比较特殊的酰胺。加热尿素，温度高于其熔点时，生成缩二脲。在碱性溶液中，缩二脲与稀硫酸反应，产生紫红色的配合物，该反应称为缩二脲反应。

仪器与试剂

试管、烧杯、试管夹、酒精灯。

苯胺、N,N-二甲基苯胺、N-甲基苯胺、尿素、甲胺、苄胺、10% 亚硝酸钠溶液、1% 硫酸铜溶液、10% 氢氧化钠溶液、10% β-萘酚碱液。

实验步骤

1. 碱性

取 3 支洁净试管，分别加入 10 滴苯胺、苄胺、甲胺，再向每支试管中加入 2ml 水，充分振摇，观察现象，然后用 pH 试纸检验溶液是否为碱性。向各试管中滴加浓盐酸至溶液显酸性，观察并记录现象。

2. 酰化反应

取 3 支干燥试管，分别滴加 5 滴甲胺、$N,N-$二甲基苯胺，再沿试管壁缓慢向每支试管滴加 5 滴乙酰氯，摇匀，观察并记录现象。若现象不明显，将试管加热至溶液微热，冷却后加入 15 滴水和 10% 氢氧化钠溶液，观察现象。

3. 与亚硝酸反应

取 3 支试管，分别滴加 5 滴 $N,N-$二甲基苯胺、$N-$甲基苯胺、甲胺，再滴加 10 滴浓盐酸，摇匀，将试管放在冰水浴中冷却至 0~5℃，边摇边缓慢滴加 5 滴 10% 亚硝酸钠溶液，观察并记录现象。然后再滴加 10% 氢氧化钠溶液至溶液显碱性，观察并记录现象。

4. 重氮化反应和偶氮反应

取 1 支试管，加入 5 滴苯胺、10 滴浓盐酸和 1ml 水，摇匀，将试管放入冰水浴中冷却至 0~5℃，边摇边逐滴加入 10% 亚硝酸钠溶液，直至碘化钾淀粉试纸恰好变蓝色为止。然后将一半混合液倒入另一支试管，微热。向剩余混合液的试管中逐滴加入 10% $\beta-$萘酚碱液 3 滴，观察并记录 2 支试管中的现象。

5. 缩二脲反应

取 1 支干燥试管，加入 0.5g 尿素，缓慢加热至尿素熔化，继续加热使熔化物凝固，冷却后再加入 1ml 水，搅拌使固体溶解，静置，将上层溶液倒入另一支试管中，再滴加 10% 氢氧化钠溶液 5 滴、1% 硫酸铜溶液 4 滴，观察并记录现象。

思 考 题

1. 怎样鉴别伯胺、仲胺和叔胺？
2. 怎样鉴别芳香胺和脂肪胺？
3. 缩二脲反应在蛋白质、多肽检测方面有何重要意义？

（张青芳）

实验十一　糖类化合物的化学性质

实验目的

1. 掌握糖类化合物的主要化学性质。
2. 熟悉糖类化合物的鉴别方法。
3. 了解糖类化合物的生理意义。

实验原理

糖类化合物是人类食物的主要成分，其最主要的功能是提供能量，分为单糖、低聚糖和多糖三类。凡是分子中具有半缩醛或半缩酮羟基的糖均具有还原性，称为还原糖。反之，为非还原糖。还原糖能被碱性弱氧化剂托伦试剂、斐林试剂、班乃迪试剂氧化，还能与苯肼作用，生成不同晶形的糖脎等，非还原糖则不能，可借此区别还原糖和非还原糖。

糖类化合物在浓硫酸和浓盐酸的作用下，能与酚类化合物发生显色反应。其中莫里许试剂（α-萘酚的乙醇溶液）与糖类化合物反应，产生紫色，可用此法检验出糖类化合物；西里瓦诺夫试剂（间苯二酚的盐酸溶液）与糖类化合物反应，产生鲜红色，且与酮糖反应出现红色较醛糖快，可用以鉴别酮糖和醛糖。双糖和多糖在酸存在下，均可水解成具有还原性的单糖。此外，淀粉与碘液的显色反应是鉴别淀粉的常用方法。

仪器和试剂

试管、烧杯、酒精灯、白瓷点滴板、显微镜、水浴锅。

5% 葡萄糖溶液、5% 麦芽糖溶液、5% 果糖溶液、5% 蔗糖溶液、5% 乳糖溶液、2% 淀粉溶液、5% 淀粉溶液、2% 硝酸银溶液、5% 氢氧化钠溶液、2% 氨水、5% 盐酸、浓硫酸、3 mol/L 硫酸、碘溶液、浓盐酸、班乃迪试剂、苯肼试剂、5% 碳酸钠溶液、莫里许试剂、西里瓦诺夫试剂。

实验步骤

1. 与班乃迪[1]（Benedict）试剂反应

在 5 支试管中分别加入 5 滴 5% 葡萄糖溶液、5% 麦芽糖溶液、5% 果糖溶液、5% 蔗糖溶液、2% 淀粉溶液和 10 滴班乃迪试剂，摇匀后在沸水浴中加热数分钟，观察和记录反应现象并解释之。

2. 与托伦（Tollen）试剂反应

在 5 支洁净试管中分别加入 10 滴 2% 硝酸银溶液和 4 滴 5% 氢氧化钠溶液，边摇边逐滴加入 2% 氨水至产生沉淀恰好溶解为止，再分别加入 5 滴 5% 葡萄糖溶液、5% 麦芽糖溶液、5% 果糖溶液、5% 蔗糖溶液、2% 淀粉溶液，摇匀后，在 60～70℃水浴中加热数分钟，观察和记录反应现象并解释之。

3. 与苯肼反应

在 4 支试管中分别加入 10 滴 5% 葡萄糖溶液、5% 麦芽糖溶液、5% 果糖溶液、5% 乳糖溶液和 10 滴苯肼试剂，摇匀后在沸水浴中加热数分钟，观察和记录各试管形成糖脎的先后顺序。若 30 min 后仍无晶体析出，则取出试管，冷却后，再观察。取少量晶体在显微镜下观察糖脎的晶形。

4. 与莫里许[2]（Molish）试剂反应

在 4 支试管中分别加入 1 ml 5% 葡萄糖溶液、5% 麦芽糖溶液、5% 蔗糖溶液、5% 淀粉溶液和 2 滴新配制的莫里许试剂，摇匀后将试管倾斜，沿管壁缓慢加入 1 ml 浓硫酸，使硫酸进入底部，观察两液层界面的颜色改变。

5. 与西里瓦诺夫[3]（Seliwanoff）试剂反应

在4支试管中分别加入1ml西里瓦诺夫试剂和5滴5%葡萄糖溶液、5%麦芽糖溶液、5%蔗糖溶液、5%果糖溶液，摇匀后将4支试管放在沸水浴中加热20min，比较各试管出现红色的先后顺序。

6. 蔗糖的水解

在试管中加入1ml 5%蔗糖溶液和3滴3mol/L硫酸，混匀后放入沸水浴锅加热20min，冷却后用5%碳酸钠溶液中和至无气泡产生为止，再加入10滴班乃迪试剂，放入沸水浴中加热，观察和记录反应现象并解释之。

7. 淀粉的水解

在试管中加入2ml 5%淀粉溶液和5滴浓硫酸，在沸水浴中加热，每隔2min用吸管吸出1滴反应液滴于白瓷板上，加碘液1滴，观察颜色变化。当反应液不再显色时，取出试管，冷却后，用5%碳酸钠溶液中和至无气泡产生为止，再加10滴班乃迪试剂，放入沸水浴中加热，观察和记录反应现象并解释之。

8. 淀粉与碘液的显色反应

在试管中加入2%淀粉溶液5滴和碘液1滴，观察有何颜色变化，再加热又有何现象，冷却后又有什么变化？

注意事项

班乃迪试剂、苯肼试剂、莫里许试剂、西里瓦诺夫试剂、淀粉溶液需临用前配制。

注　释

[1] 班乃迪试剂的配制　将17.3g硫酸铜溶解于100ml蒸馏水中，另将100g无水碳酸钠和173g柠檬酸钠溶于800ml热蒸馏水中，将两溶液混合，用蒸馏水稀释至1000ml。若溶液混浊，过滤即得到所需的班乃迪试剂。

[2] 苯肼试剂的配制　将5ml苯肼溶于50ml 10%醋酸溶液中，加0.5g活性炭，搅拌后过滤，将滤液保存于棕色试剂瓶中。苯肼试剂放置时间过久会失效。苯肼有毒！使用时切勿与皮肤接触，如不慎触及，应用5%醋酸溶液冲洗，再用肥皂洗涤。

[3] 莫里许试剂的配制　将10g α-萘酚溶解于95%乙醇中，再用95%乙醇稀释至100ml，临用前配制。

[4] 西里瓦诺夫试剂的配制　将0.05g间苯二酚溶解于50ml浓盐酸中，用水稀释至100ml。

思 考 题

1. 为什么说蔗糖既是葡萄糖苷，也是果糖苷？
2. 用简便的化学方法鉴别下列化合物：葡萄糖、麦芽糖、果糖、蔗糖、乳糖、淀粉。

（周建波）

第三章 分析化学实验

实验一 分析天平及称量练习

实验目的

1. 掌握常用的称量方法，特别是减重称量法。
2. 熟悉分析天平的正确使用方法。
3. 了解分析天平的结构。

实验原理

准确称量是定量分析中非常重要的基本操作。常用的称量仪器是分析天平，正确使用分析天平称量是分析化学实验的一项基本技能。

常用的称量方法有 3 种：

1. 直接称量法

调节天平零点后，将称量物放置于天平盘中央，按从大到小的顺序加减砝码或圈码，使天平达到平衡。

2. 固定重量称量法

先按直接称量法称出盛放试样的空容器质量，在空容器质量上再加上欲称试样质量的砝码，然后用药匙将试样慢慢加入容器中，直到天平达到平衡。

3. 减重称量法

在定量分析中常用这种方法。该方法称出试样的质量不要求固定数值，只需在要求的称量范围即可。先将适量的试样装入干燥、洁净的称量瓶中，拿称量瓶时应戴手套或用纸条捏取。称取称量瓶加试样的初重，然后将试样小心地敲入到待装容器中（图 2-16），接近所需要的量时，再称取称量瓶加试样的重量，直到两个重量的差值在要求的质量范围内。用这种方法可连续称取多份试样。

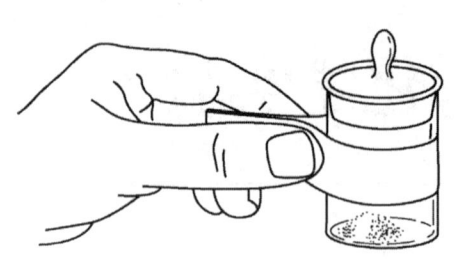   

a.用纸条套住称量瓶　　　　　　　　　　　　b.敲出试样

图 2-16　常用的减重称量法

仪器与试剂

分析天平、台秤、称量瓶、烧杯（50ml）。
$K_2Cr_2O_7$ 或 NaCl（AR）。

实验步骤

1.天平检查（以 TG328B 型电光天平为例）

（1）天平立柱后上方装有水平仪，如水平仪中水泡偏移，可调节天平箱前下方的两个螺旋脚使水平仪的气泡位于正中。

（2）观察天平各部件是否处在正确位置。

（3）检查砝码是否齐全，指数盘是否指在 000 位，圈码是否齐全、有无跳落、缠绕现象。

（4）检查天平的清洁情况，天平秤盘上若有异物，应用软毛刷清刷干净。

（5）旋转升降旋钮，开启天平，调节天平的零点。

2.称量练习

（1）取 3 只干净的小烧杯，编号，先在台秤上粗称其质量（准确至 0.1g），然后在分析天平上准确称量（准确至 0.1mg）。

（2）取一洁净、干燥的称量瓶，装入 $K_2Cr_2O_7$（或其他粉末状试样）约至称量瓶的 2/3 处，先粗称其质量，然后在分析天平上准确称量。

（3）用减量称量法准确称取 $K_2Cr_2O_7$ 试样约 0.5g（0.45~0.55g），连续称量 3 份，分别置于 3 个小烧杯中。

（4）将装有试样的 3 个小烧杯分别在分析天平上准确称量。

（5）称量结束后，应将天平复原，盖好防尘罩，并在天平使用登记本上登记。

实验结果

实验数据记录在下表,并根据实验数据进行计算,将结果填入表中。

实验数据	实验次数		
	第1次	第2次	第3次
($K_2Cr_2O_7$+称量瓶)初重 m_1(g)			
($K_2Cr_2O_7$+称量瓶)末重 m_2(g)			
倒出 $K_2Cr_2O_7$ 重(g)			
空烧杯重 m_3(g)			
($K_2Cr_2O_7$+烧杯)重 m_4(g)			
倒入 $K_2Cr_2O_7$ 重(g)			
绝对差值(g)			

注:倒出 $K_2Cr_2O_7$ 重(g)= $m_1 - m_2$;倒入 $K_2Cr_2O_7$ 重(g)= $m_4 - m_3$;绝对差值(g)= |倒出 $K_2Cr_2O_7$ 重 − 倒入 $K_2Cr_2O_7$ 重|,绝对差值应不超过 0.0005 g。

注意事项

1. 分析天平是精密的称量仪器,使用前应熟悉分析天平的结构和操作规程。
2. 称量范围一般控制在相对误差 ±10% 以内。
3. 称量瓶不能用手直接接触,也不能直接放在台面上。
4. 加减砝码时,必须用镊子夹取,称量完毕需放回原盒内。用指数盘机械加码时,应档一档加,以防圈码跳落。
5. 加砝码的原则是由大到小,依次调定。调节指数盘时,一般从中间数值开始。
6. 天平开启后严禁在天平盘上取放物品或加减砝码。砝码未调定时不可完全开启天平。

思考题

1. 使用分析天平称量时应注意什么?
2. 试重时,需要将分析天平的升降旋钮全部打开吗?平衡读数时呢?为什么?

附:分析天平

(一)分析天平的种类

分析天平是定量分析工作中最主要、最常用的精密称量仪器。根据其结构,分析天平可分为等臂(双盘)分析天平、不等臂(单盘)分析天平和电子天平三类。它们的载荷一般为 100~200 g。根据分度值的大小,又可分为常量分析天平(0.1 mg/分度)、微量分析天平(0.01 mg/分度)、超微量分析天平(0.001 mg/分度)。常用分析天平的规格型号见表 2-1。

表 2-1　常用分析天平的规格型号

种类	型号	名称	量程/精度
双盘天平	TG328A	全机械加码电光天平	200 g/0.1 mg
	TG328B	半机械加码电光天平	200 g/0.1 mg
单盘天平	DT-100A	单盘电光天平	100 g/0.1 mg
	TG-729B	单盘电光天平	160 g/0.1 mg
电子天平	AL104	上皿式电子天平	110 g/0.1 mg
	FA1604	上皿式电子天平	160 g/0.1 mg

（二）常用分析天平的结构与使用方法

1. 半机械加码电光天平 TG328B 型

（1）结构　见图 2-17。

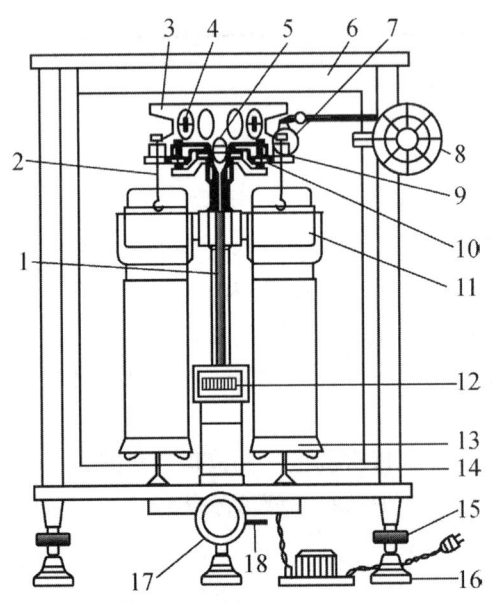

图 2-17　半机械加码电光天平 TG328B 型的结构

1-指针；2-吊耳；3-横梁；4-平衡螺丝；5-支点刀；6-框罩；7-圈码；8-指数盘；9-承重刀；10-托梁架；11-阻尼筒；12-投影屏；13-秤盘；14-盘托；15-螺旋脚；16-脚垫；17-升降旋钮；18-调屏拉杆

（2）主要部件

① 天平横梁：是天平的主要部件。横梁的两端装有两个平衡螺丝，用来调节横梁的平衡位置（即粗调零点）。横梁的中间装有垂直向下的指针，用以指示平衡位置。梁上装有三把玛瑙刀。装在横梁中央的玛瑙刀刀口向下，支承于玛瑙平板上，用于支持天平梁，称为支点刀；装在横梁两边的玛瑙刀刀口向上，与吊耳上的玛瑙平板相接触，用来悬挂托盘，称为承重刀。玛瑙刀是天平很重要的部件，刀口的好坏直接影响到称量的精确程度。玛瑙硬度大但脆性也大，

易因碰撞而损坏,故使用时应特别注意保护玛瑙刀口。支点刀的后上方装有重心砣,用以调整天平的灵敏度。

② 悬挂系统:将吊耳、空气阻尼筒以及秤盘等悬挂在相应位置。

③ 读数系统:指针下端装有缩微标尺,光源通过光学系统将缩微标尺上的分度线放大,再反射到光屏上,从屏上可看到标尺的投影。光屏中央有一条垂直刻度线,标尺投影与该线重合处即天平的平衡位置。天平箱下的调屏拉杆可将光屏在小范围内左、右移动,用于细调天平的零点。

④ 升降旋钮:位于天平底板正中,它连接盘托和光源开关。开启天平时,顺时针旋转升降旋钮,托翼即下降,三个刀口与相应的玛瑙平板接触,使吊钩及秤盘自由摆动,同时接通电源,天平进入工作状态。停止称量时,逆时针旋转升降旋钮,横梁、吊耳以及秤盘被托住,刀口与玛瑙平板脱离,电源切断,天平进入休息状态。

⑤ 机械加码装置:转动指数盘,可使右盘增加 10~990 mg 圈形砝码。内层为 10~90 mg 组,外层为 100~900 mg 组。

⑥ 砝码:每台天平都有一盒配套使用的砝码,1 g 及以上的砝码由砝码盒取加,取用砝码时要用镊子,用完及时放回盒内并盖好。

(3) 使用方法

① 天平检查:取下防尘罩,叠好放在指定位置;检查天平是否水平;指数盘是否指示 000 位置;吊耳及圈码等位置是否正确,圈码是否齐全、有无跳落、缠绕现象;秤盘是否清洁,有无异物。

② 零点调节:接通电源,轻轻开启升降旋钮,待标尺稳定后,观察屏中央刻线与标尺上"0"线是否重合,若不重合,可拨动调屏拉杆,移动屏幕位置进行调整;若调屏拉杆调整不到零点,需调节横梁上的平衡螺丝。

③ 称量:待称量物先在台秤上粗称,然后放到天平左盘中心,加砝码和圈码至粗称数据。半开天平,观察投影屏上光标或指针的走向。克组调定后,再依次调定百毫克组、十毫克组,一直到投影屏上的刻度线与缩微标尺上的刻度线在 0.00~10.0 mg 为止,最后完全开启天平,准确读数。

④ 读数:先读取天平盘中的砝码值,再读取圈码值,最后读取标尺上的数值(图 2-18)。

⑤ 复原:称量完毕,关闭天平。取出被称物,砝码放回盒内,指数盘退回"000"位,关闭两侧门,盖上防尘罩。

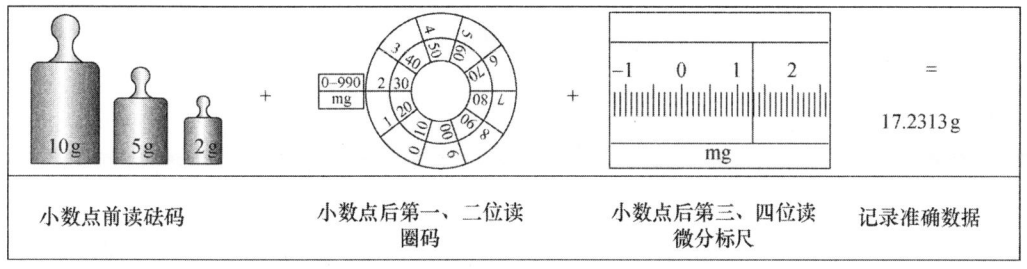

图 2-18 半机械加码电光天平 TG328B 读数方法

2. 全自动加码电光天平 TG328A 型

（1）结构　见图 2-19。

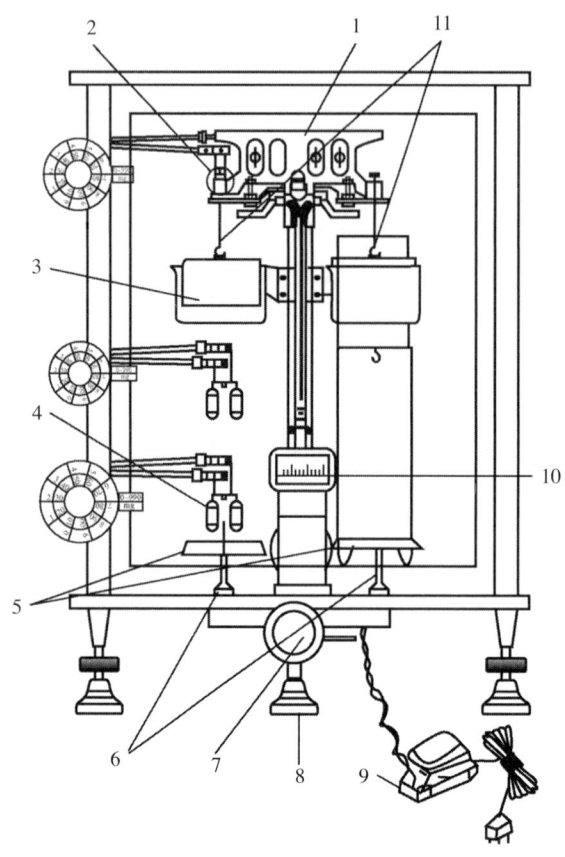

图 2-19　全自动加码电光天平 TG328A 结构
1- 天平横梁；2- 圈码；3- 阻尼筒；4- 环码；5- 秤盘；6- 盘托；7- 升降旋钮；
8- 垫脚；9- 变压器；10- 投影屏；11- 吊耳

（2）使用方法　TG328A 型全自动加码电光天平的左侧装有机械加码装置，通过三档指数盘增减环码或圈码来变换自 10 mg～190.99 g 砝码以内所需重量值，而待称量物放于右盘中央，这是它与半机械加码电光天平 TG328B 型的主要区别。其他操作方法与 TG328B 型基本相同。

3. 电子天平

（1）简介　应用现代电子控制技术进行称量的天平称为电子天平。各种电子天平的控制方式和电路结构不尽相同，但其称量的依据都是电磁力平衡原理。电子天平是最新一代的天平，是根据电磁力平衡原理，直接称量。全量程不需砝码，放上称量物后，在短时间内即达到平衡，显示读数，称量速度快、精度高。此外，电子天平一般还具有自动调零、自动校正、自动去皮、超载指示、自动显示称量结果等功能，且可与计算机、打印机联用，进一步扩展其功能。由于电子天平具有机械天平无法比拟的优点，已经越来越广泛地应用于各个领域并逐步取代机械天平。

（2）使用方法　电子天平种类繁多，其结构设计也在不断地改进和提高，向着功能多、平衡快、体积小、重量轻和操作简便等趋势发展。但就其基本结构和称量原理而言，各种型号的都差不多，其使用方法也大同小异。下面以常用的 FA1604 型电子天平（图 2-20）为例，简要介绍电子天平的使用方法。

① 调节水平：观察水平仪，如水平仪水泡偏移，需调整水平调节脚，使水泡位于水平仪中心。

② 预热：接通电源，预热 60 min，开启显示器进行操作。

③ 开启：轻按 ON 键，约 2 s 后，显示器显示天平的型号，然后进入称量模式。

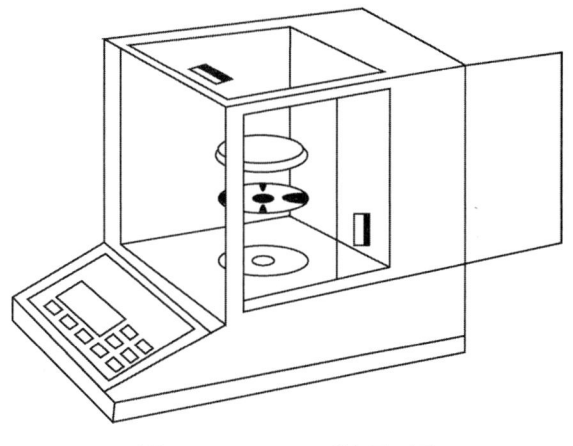

图 2-20　FA1604 型电子天平

④ 称量：按 Tare 键，显示为零后，将需称量物轻轻放在秤盘上，待显示数字稳定并出现质量单位"g"后，即可读数。若需去皮重，则先置容器于秤盘上，此时天平显示容器质量，按 Tare 键，显示零，即去皮重，再置称量物于容器中，这时显示的就是称量物的净重。

⑤ 复原：取下称量物，按 OFF 键，关闭显示器。使用完毕，应拔下电源插头，盖上防尘罩。

（彭学东）

实验二　滴定分析基本操作

实验目的

1. 掌握滴定仪器的洗涤方法以及滴定管、移液管及容量瓶的操作技术。
2. 熟悉观察和判断滴定终点的方法。
3. 了解铬酸洗涤液的配制及其使用方法。

实验原理

滴定分析是将一种已知准确浓度的标准溶液滴加到被测试样的溶液中，直到化学反应完全为止，然后根据标准溶液的浓度和体积求得被测试样中组分含量的一种方法。准确测量溶液的体积是获得良好分析结果的重要前提之一。为此，必须学会正确使用滴定分析仪器，掌握滴定管、移液管和容量瓶的操作技术。否则，整个容量分析必定失败。本次实验按照滴定分析仪器的使用操作规程，练习移液管、容量瓶的使用及滴定分析操作。

仪器与试剂

酸式滴定管（50 ml）、碱式滴定管（50 ml）、锥形瓶（250 ml）、移液管（25 ml）、量筒（100 ml）、烧杯（100 ml）、容量瓶（100 ml）、洗耳球。

0.1 mol/L NaOH 溶液、0.1 mol/L HCl 溶液、0.1% 酚酞指示剂、0.1% 甲基橙指示剂、重铬酸钾（CP）、铬酸洗涤液。

实验步骤

1. 洗涤

按滴定分析操作方法洗涤滴定管、移液管和容量瓶。

2. 铬酸洗涤液配制

取重铬酸钾固体少许，置小烧杯中，加水约 20 ml，搅拌使溶解后，按操作规程定量转移到 100 ml 容量瓶中，稀释至刻度线，混匀。

3. 滴定练习

（1）取洗净的碱式滴定管 1 支，检查是否漏水（如漏水则换上合适的玻璃珠或橡皮管），并用 0.1 mol/L NaOH 溶液润洗碱式滴定管 3 次，装入 0.1 mol/L NaOH 溶液排除气泡，调整至零刻度。

（2）取洗净的 25 ml 移液管 1 支，移取 25.00 ml 0.1 mol/L HCl 溶液置 250 ml 锥形瓶中（移液管在使用前用 0.1 mol/L HCl 溶液润洗 3 次），加入 25 ml 蒸馏水和酚酞指示剂 2 滴，用 0.1 mol/L NaOH 溶液滴定至微红色 30 s 不退即为终点，记录 NaOH 的体积，重复 3 次，每次消耗的 NaOH 体积相差不超过 0.04 ml。

（3）改用酸式滴定管装 HCl 溶液滴定 NaOH 溶液，以甲基橙为指示剂，重复上述操作，观察终点颜色从黄色变为橙色，注意半滴加入的技术。

4. 实验数据记录

实验数据	实验次数		
	第1次	第2次	第3次
NaOH 终读数（ml）			
NaOH 初读数（ml）			
V_{NaOH}（ml）			
HCl 终读数（ml）			
HCl 初读数（ml）			
V_{HCl}（ml）			

思考题

1. 玻璃仪器洗净的标志是什么？为什么要达到这一要求？
2. 滴定管和移液管在使用前都需做润洗处理，用做滴定用的锥形瓶和烧杯是否也要同样处理？

3.滴定管尖端存在气泡对滴定有何影响？应如何排除？

附：滴定分析基本操作

在滴定分析中，准确量取溶液的体积是获得良好分析结果的重要前提之一。容量器皿有滴定管、移液管和容量瓶等。

（一）容量器皿的洗涤

容量器皿在使用前必须洗净。洗净的标志是容量器皿的内壁被水均匀润湿而不挂水珠。一般器皿如烧杯、锥形瓶等的洗涤，可用毛刷蘸取肥皂水或去污粉刷洗，之后用自来水冲洗干净，器皿的内壁再用蒸馏水荡洗 3 次，方能使用。若还不能洗净，则可根据污垢的性质选配适当的洗涤液（常用铬酸洗涤液）进行洗涤。

1. 滴定管的洗涤

（1）酸式滴定管　倒入铬酸洗涤液 10 ml 左右，将滴定管横过来，两手平端滴定管转动，直至洗涤液布满全管，然后直立滴定管，将洗涤液从管尖放出。

（2）碱式滴定管　将橡皮管取下，用一烧杯接在管下部，然后倒入铬酸洗涤液进行洗涤。用过后的洗涤液仍倒回原瓶内，可继续使用。用洗涤液洗过的滴定管应用自来水充分洗净后，再用蒸馏水润洗 3 次，并检查滴定管内壁是否挂水珠，如不挂水珠，则可使用。否则，必须重新洗涤。

值得注意的是，碱式滴定管的玻璃尖嘴及玻璃珠用洗涤液洗过后，用自来水冲洗几次后再装好。这时，用自来水和蒸馏水洗涤滴定管时要从管尖放出，并且改变捏的位置，使玻璃珠各部位都得到洗涤。

2. 容量瓶的洗涤

可倒入少许洗涤液摇动或浸泡，洗涤液仍倒回原瓶。用自来水充分洗涤后，用蒸馏水荡洗 3 次。洗净后的容量瓶内壁应不挂水珠。

3. 移液管的洗涤

用洗耳球吸取少许洗涤液于移液管中，将其横放并转动（图 2-21），至管内壁均沾上洗涤液，然后直立移液管，将洗涤液自管尖放回原瓶中，再用自来水充分洗净后，用蒸馏水淋洗 3 次即可。

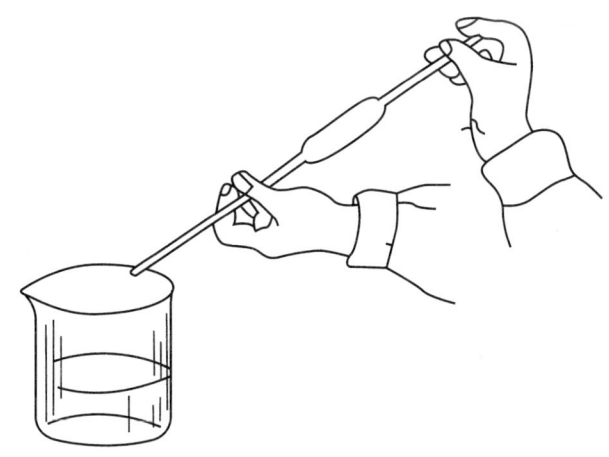

图 2-21　移液管的洗涤操作

（二）滴定管及其使用方法

滴定管用于滴定过程中测定所用标准溶液的体积。滴定管是一种细长、内径大小均匀且具有刻度的玻璃管，管的下端有玻璃尖嘴，有容积为 25 ml、50 ml 等不同规格。最小刻度值与其容积有关，如 50 ml 滴定管的最小刻度为 0.1 ml，读数可估计到 0.01 ml。

滴定管可分为两种：一种是酸式滴定管（图2-22a），另一种是碱式滴定管（图2-22b）。酸式滴定管的下端有玻璃活塞，可装入酸性或氧化性滴定液，但不能装入碱性滴定液，因碱性滴定液可使活塞与滴定管黏合而难于转动。碱式滴定管的下端连接一橡皮管，管内有玻璃珠以控制溶液流出，下面再接有一尖嘴玻璃管。这种滴定管可装入碱性滴定液，但不能装入酸性或氧化性等腐蚀橡皮的溶液。

1. 滴定管使用前的准备

（1）酸式滴定管　使用前应检查活塞转动是否灵活，然后检查是否漏水。试漏的方法是先将活塞关闭，在滴定管内装满水，放置2min，观察管口及活塞两端是否有水渗出。若无渗水，活塞转动也灵活，即可使用。否则应将活塞取出，用滤纸擦干活塞及活塞套，在活塞粗端和细端分别涂一薄层凡士林（图2-23），要特别注意不要涂在孔边以防堵塞孔眼。然后将活塞放入活塞套内，顺一个方向旋转，直至透明为止，并在活塞末端套一橡皮圈以防使用时将活塞顶出。将滴定管加满水后，再检查是否漏水。

若活塞孔或出口尖嘴被凡士林堵塞，可将滴定管充满水后，将活塞打开，用洗耳球在滴定管上部挤压、鼓气，可将凡士林排出。

（2）碱式滴定管　应选大小合适的玻璃珠和橡皮管，并检查滴定管是否漏水，液滴是否能灵活控制。如不合要求，则应重新装配。

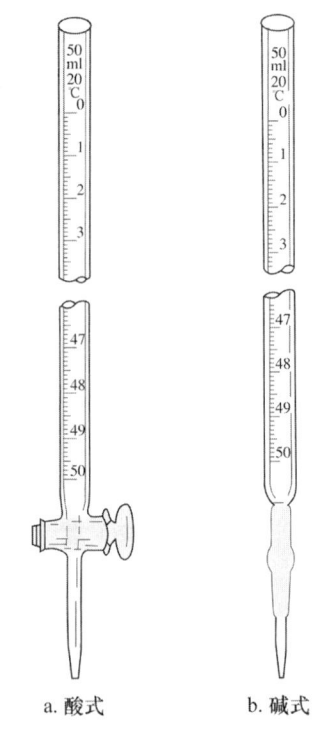

a. 酸式　　b. 碱式

图2-22　酸式和碱式滴定管

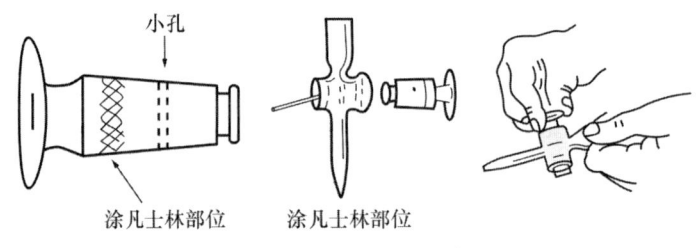

图2-23　涂凡士林操作

2. 标准溶液的装入

为了保证装入滴定管溶液的浓度不被稀释，应用此种标准溶液5~10ml润洗滴定管2~3次，操作时两手平端滴定管，慢慢转动，使标准溶液流遍全管，并使溶液从滴定管下端流出，以除去管内残留水分。在装入标准溶液时，应直接倒入，不得借用别的器皿，以免标准溶液浓度改变或造成污染。装好标准溶液后，应检查滴定管尖嘴内是否有气泡。如有气泡，应排除，否则影响溶液体积的准确测量。排除气泡的方法是：对于酸式滴定管，可迅速转动活塞，使溶液很快冲出，将气泡带走；对于碱式滴定管，可将橡皮管向上弯曲（图2-24），并在稍高于玻璃珠处用两手指挤压玻璃珠，使溶液从尖嘴处喷出，即可排除气泡。气泡排除后，调节液面在"0.00"ml，或在"0.00"ml刻度以下处，并记录初读数。

3.滴定管的读数

读数时,应将滴定管垂直地夹在滴定管架上,并将管下端悬挂的液滴除去。滴定管内的液面呈弯月形,无色及浅色的弯月面比较清晰,读数时,眼睛视线与溶液弯月面下缘最低点应在同一水平线上,眼睛视线的位置不同会得出不同的读数(图 2-25)。

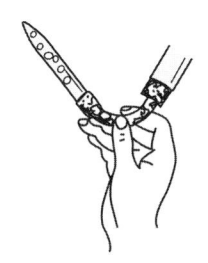
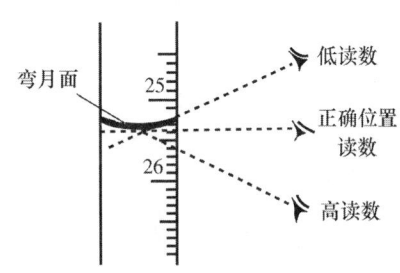

图 2-24 排除气泡方法　　图 2-25 眼睛视线在不同位置得到的滴定管读数

为了使读数清晰,也可在滴定管后面衬一张白纸做背景,以形成颜色较深的弯月带,读取弯月面的下缘。这样做不受光线的影响,易于观察。也可在滴定管后面衬黑白色卡片,该卡片是在厚白纸上涂一黑长方形。使用时将读数卡紧贴在滴定管后面,并使黑色的上边缘位于弯月面最低点约 1 mm 处(图 2-26)。深颜色的弯月面难以看清,可观察液面的上缘(图 2-27a)。有些滴定管有一条白底蓝线,称蓝带滴定管,液面呈现三角交叉点,读取交叉点与刻度相交之点即可(图 2-27b)。滴定管读数时应估计到 0.01 ml。

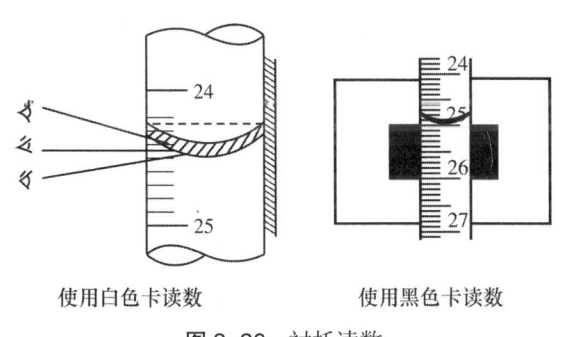

图 2-26 衬托读数

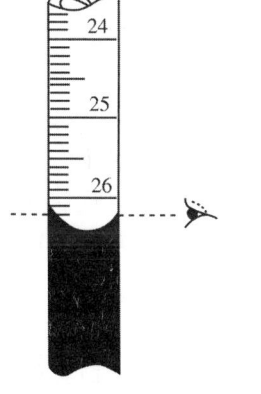
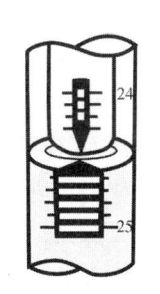

图 2-27a 深色溶液的读数　　图 2-27b 蓝带滴定管的读数

由于滴定管刻度不可能非常均匀，所以在同一实验的每次滴定中，溶液的体积应该控制在滴定管刻度的同一部位，如第一次滴定是在 0~30ml 的部位，那么第二次滴定也应使用这个部位。这样由于刻度不准确而引起的误差就可以抵消。同时还应注意，滴定时所用操作溶液的体积不能超过滴定管的容量。

4. 滴定操作

使用酸式滴定管时，左手控制活塞，拇指在前，示指和中指在后，手指略为弯曲，轻轻向内扣住活塞，但要注意手心不能顶住活塞以免将活塞顶出，造成漏液（图 2-28）。滴定时，按图 2-29 所示右手持锥形瓶，边滴边摇。若使用烧杯，则边滴边搅拌，滴定速度可稍快，但也不能使滴出液呈线状。临近终点时有半滴溶液悬于滴定管口，将锥形瓶壁与管口接触，使溶液靠入滴定瓶中并用蒸馏水冲下。

使用碱式滴定管时，左手拇指在前，示指在后，捏住橡皮管中的玻璃珠，其他三个手指辅助夹住出口管。在玻璃珠上方，用示指和拇指向外侧捏挤橡皮管，使橡皮管和玻璃珠之间形成一条缝隙（图 2-30），溶液即可流出。但要注意不能捏挤玻璃珠下方的橡皮管，否则空气进入形成气泡。

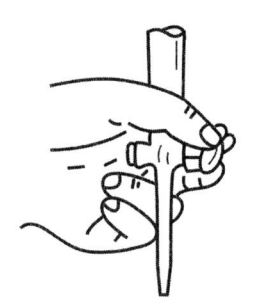 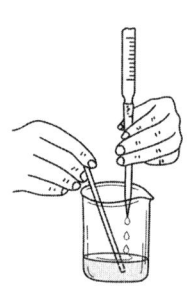 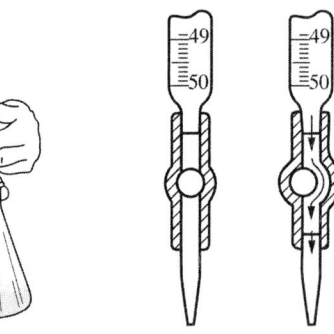

图 2-28　酸式滴定管操作　　　　图 2-29　滴定操作　　　　图 2-30　碱式滴定管操作

（三）容量瓶及其使用方法

容量瓶是一种细颈梨形平底瓶（图 2-31），带有磨口玻璃或塑料塞。其颈上有标线，表示在所指温度下当液体充满到标线时，液体体积恰好与所标注的体积相等。容量瓶一般用来配制标准溶液以及稀释一定量溶液到一定的体积。容量瓶通常有 25ml、50ml、100ml、250ml、500ml、1000ml 等各种规格。

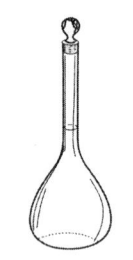

1. 容量瓶的准备

使用前要检查是否漏水。检查方法是：放入自来水至标线附近，盖好

图 2-31　容量瓶

瓶塞，瓶外水珠用布或滤纸擦拭干净，左手按住瓶塞，右手拿住瓶底，将容量瓶倒立 2min，观察瓶塞周围是否有水渗出。如不漏水，将瓶直立，将瓶塞转动约 180° 后，再倒立试一次。容量瓶必须干净。洗涤方法与滴定管的洗涤方法相同。

2. 操作方法

如果是用固体物质配制标准溶液，应先将准确称取的固体物质置于小烧杯中溶解后再将溶液转入容量瓶中。转移时，玻璃棒的下端要靠近瓶颈，使溶液沿玻璃棒及瓶颈内壁流下（图

2-32a）。溶液全部流完后，将烧杯沿玻璃棒上提，同时直立，使附着在玻璃棒和烧杯嘴之间的溶液流回烧杯中。然后用蒸馏水洗涤烧杯3次，洗涤液一并转入容量瓶（即定量转移）。用蒸馏水稀释至容积的2/3处时，摇动容量瓶，使溶液混合均匀，继续加蒸馏水，加至接近标线时，要慢慢滴加，直至溶液的弯月面与标线相切为止。盖紧瓶塞，倒转容量瓶，并将溶液振荡数次，使溶液充分混合均匀（图2-32b、c）。

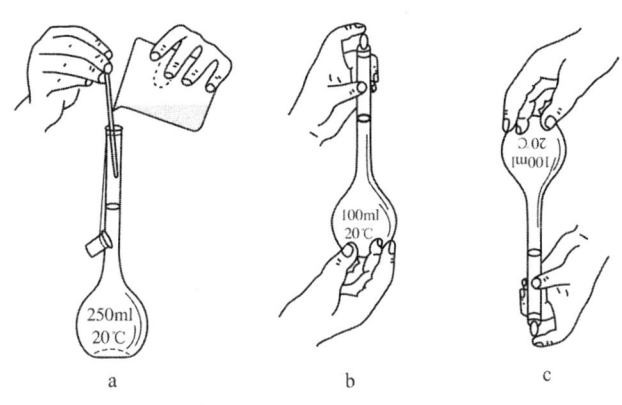

图 2-32　容量瓶的使用

如果将浓溶液定量稀释，则用移液管吸取一定体积的浓溶液移入容量瓶中，按上述方法稀释至标线，摇匀。热溶液应冷却至室温后，才能稀释至标线，否则可造成体积误差。需避光的溶液应以棕色容量瓶配制。容量瓶不宜久贮溶液，尤其是碱性溶液会侵蚀瓶塞使其无法打开。所以，配制好的溶液应倒入清洁、干燥的试剂瓶中贮存。试剂瓶应先用配制好的溶液润洗2~3次。容量瓶不能用火直接加热及烘烤。

（四）移液管和吸量管及其使用方法

移液管和吸量管都是准确移取一定量溶液的量具。移液管中间有膨大部分又称胖肚吸管，常用的规格有5ml、10ml、25ml、50ml等。吸量管是具有分刻度的玻璃管，常用的规格有1ml、2ml、5ml、10ml。其形状见图2-33。

1. 洗涤

移液管和吸量管一般采用橡皮洗耳球吸取铬酸洗涤液洗涤，沥尽洗涤液后，用自来水冲洗，再用蒸馏水洗涤干净。

2. 操作方法

当第一次用洗净的移液管吸取溶液时，应先用滤纸将尖端内、外的水吸干，否则会因水滴引入而改变溶液的浓度。然后，用所需移取的溶液将移液管润洗2~3次，以保证移取的溶液浓度不变。移取溶液时，一般用右手拇指和中指拿住颈标线上方，将移液管插入溶液中1~2cm（移液管插入太深会使管外沾附溶液过多，影响量取的溶液体积的准确性；插入太浅往往会产生空吸），左手拿洗

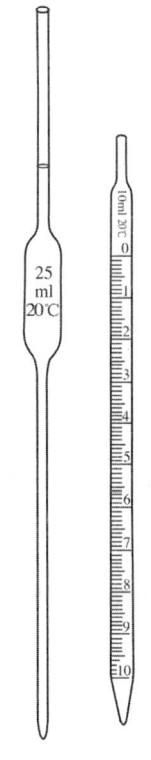

图 2-33　移液管和吸量管

耳球，先将球内空气压出，然后将球的尖端接在移液管顶口，慢慢松开左手指使溶液吸入管内（图2-34）。当液面升高到刻度以上时移去洗耳球，立即用右手示指按住管口，将移液管提离液面，并将移液管的下部原伸入溶液的部分沿待吸液容器内壁轻转两圈（或用滤纸擦干移液管下端）以除去管壁上沾的溶液，然后稍松开示指，使液面下降，直到溶液的弯月面与标线相切（注意应平视），立刻用示指压紧管口。取出移液管，使准备盛接溶液的容器稍倾斜，将移液管移入容器中，使管垂直，管尖靠着容器内壁，松开示指，让管内溶液自然地全部沿器壁流下（图2-35），再等待15s左右，取出移液管。切勿把残留在管尖内的溶液吹出，因为在校正移液管时，已考虑了末端所保留的溶液体积，未将这部分液体体积计算在内。

刻度吸量管的操作方法与上述相同。但对于管口上刻有"吹"字的刻度吸量管，使用时必须将管尖内的溶液吹出，不允许保留。

使用完移液管后，应将其洗净并放在移液管架上。移液管和吸量管都不能放在烘箱中烘烤，以免引起容积变化而影响测量的准确度。

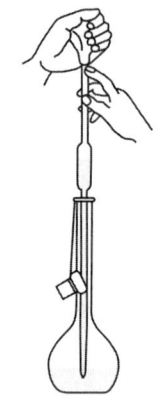

图2-34 吸取溶液的操作

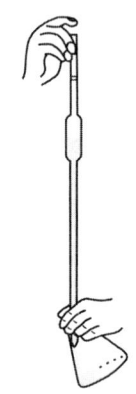

图2-35 放出溶液的操作

（曾 明）

实验三 容量仪器的校正

实验目的

1. 掌握移液管、容量瓶和滴定管的校正方法。
2. 熟悉容量仪器校正的影响因素。
3. 了解容量仪器校正的必要性。

实验原理

滴定分析法的主要量器有三种，即移液管、容量瓶和滴定管。量器的实际容积与标示容积并不完全一致,总是存在或多或少的差值。为了减少差值,在准确度要求较高的分析工作中,必须对量器进行校正,求出它们的校正值。使用时,读得的体积加校正值才是实际体积。容量仪器校正的方法有相对校正和绝对校正两种方法。

1. 相对校正

当两种容量器皿配套使用并且两者的容量存在一定整倍数关系时,采用相对校正方法。例如在25ml移液管与100ml容量瓶配套使用时,将25ml移液管所移取的液体移入100ml容量瓶,移取4次后观察液面是否在标线刻度处;如果不在标线刻度处,相差是多少。

2. 绝对校正

绝对校正即测定容量器皿的实际容积。采用称量法,也称衡量法,即在分析天平上称量被校量器中量出或量入纯水的重量,再根据该温度下水的密度计算出被校量器的实际容积。但实际计算时要复杂得多。因为纯水的质量是在空气中与砝码平衡求得的,由于两者的密度不同,所受空气的浮力不同;其次,纯水的密度和量器的容积都与温度有关。所以在校正时,必须考虑以下因素:① 空气浮力的影响;② 温度的影响,水的密度、玻璃的膨胀系数均随温度而变化。

如果校正的准确度要求较高,温度超出293±5K,大气压力及湿度变化又较大时,则应根据实测时的温度、大气压力和相对湿度计算空气密度。

综合考虑以上各种影响因素后,可利用下式计算被校正量器中量出或量入的纯水质量:

$$m = V_{293}\rho_K\left[1+\beta(T-293)\frac{\rho_\delta}{\rho_\delta-\rho_0}\right]\left(1-\frac{\rho_0}{\rho_K}\right)$$

式中,m 为平衡纯水时所需用的砝码的质量;V_{293} 为量器在标准温度293 K时的标称容积;ρ_K 为水在温度 T 时的密度;ρ_0 为空气的密度;T 为测定时水的热力学温度;β 为玻璃的体膨胀系数(钠钙玻璃为 $2.6\times10^{-5}/℃$,硼硅玻璃为 $1.6\times10^{-5}/℃$)。

ρ_δ 值可取砝码统一的名义密度值9.0 g/ml;空气密度 ρ_0 为0.0012 g/ml,293K时,纯水密度 ρ_K 值是0.99821 g/ml,将这些值代入上式中,计算后得:

$$m = V_{293}\rho_K[1+\beta(T-293)]\times 0.998947$$

然后将不同的 V_{293}、ρ_K、β 和 T 代入式中,便可计算出各种玻璃材料制成的量器,在不同温度下各种容积的纯水与砝码平衡时的质量 m 和"差值"Δm,编制成钠钙玻璃量器容积的校正用表。

仪器与试剂

酸式滴定管(50ml)、移液管(25ml)、容量瓶(50ml)、容量瓶(100ml)、锥形瓶(50ml)、分析天平。

实验步骤

1. 移液管的校正

取1支25ml移液管,充分洗净后,注入蒸馏水至标线以上,缓缓调节水的弯月面至标线,按正确的操作将水加入已称重的 50 ml 锥形瓶中，于分析天平上称重，称准至毫克位，两次重量之差即为移液管放出的水的重量。重复测定一次，两次测量的水的重量相差不得超过 0.02 g。计算移液管的真实体积及校正值。

2. 容量瓶的相对校正

用 25.00 ml 移液管与 100 ml 容量瓶相对校正。事先应将移液管和容量瓶洗净且晾干。用 25.00 ml 移液管移取蒸馏水于干净且干燥的 100 ml 容量瓶中，放入时注意不要沾湿瓶颈。移入 4 次后，观察容量瓶液面相切的位置，若与标线一致，则符合要求，否则产生误差，应另做一标记。使用时，将溶液稀释至新标记处。用这支移液管从容量瓶中吸取一管溶液，就是全部溶液体积的 1/4。可采用这一校正的标记体积，以减免误差。

3. 滴定管的校正

将欲校正的洗净且干燥的酸式滴定管装入蒸馏水后，排除气泡，检查不漏水后，调整液面至 0.00 ml 处，然后按约 10 ml/min 的流速，先放出约 10 ml 蒸馏水于一已称重的 50 ml 锥形瓶中，于分析天平上称重，称准至毫克位，两次重量之差即为水的重量。

仿照上述方法，每次以 10.00 ml 间隔为一段进行校正。根据称量的每段滴定管放出的水的重量，查表并计算出滴定管中某一段体积的真实容积。依上法称量校正 0.00～10.00 ml、0.00～20.00 ml、0.00～30.00 ml、0.00～40.00 ml、0.00～50.00 ml 间隔容积（表 2-2）。

表 2-2　50 ml 滴定管的校正

滴定管间隔容积（ml）	锥形瓶和水的重量（g）	空锥形瓶的重量（g）	水的重量（g）	真实容积（ml）	校正值（ml）
0.00～10.00	44.74	34.80	9.94	9.97	-0.03
0.00～20.00	64.64	44.74	19.90	19.95	-0.05
0.00～30.00	94.49	64.64	29.85	29.92	-0.08
0.00～40.00	74.77	34.90	39.87	39.97	-0.03
0.00～50.00	94.73	34.88	49.85	49.98	-0.02

注：校正时水的温度为 18℃，1.00 ml 水的重量为 0.99751 g。

注意事项

1. 每次加入水后均应称准至毫克位，而滴定管放出的水的体积不一定准确到 0.00 ml，但应准确到 0.1 ml。
2. 移液管、容量瓶和滴定管必须洗净并晾干。
3. 两次测量相差不得超过 0.02 g。

思 考 题

1. 校准时称量为什么只需称准至毫克位？
2. 容量仪器校正的主要影响因素有哪些？
3. 校正滴定管时，为什么每次放出的水都要从 0.00 ml 开始？

（陈　文）

实验四 HCl 标准溶液的配制与标定

实验目的

1. 掌握用碳酸钠作基准物质标定盐酸标准溶液的原理和方法。
2. 熟悉标准溶液的一般配制方法。

实验原理

标准溶液的配制有两种方法：

1. 直接法

精确称取一定量的基准物质，加少量适当溶剂溶解后，用容量瓶直接配制成具有准确浓度的标准溶液。

2. 标定法

很多试剂不符合基准物质的条件，不适合直接配制标准溶液，而是先配制成近似浓度的溶液，然后用基准物质或已知准确浓度的标准溶液来标定其浓度。

市售的盐酸为 36%~38% HCl 水溶液，密度约 1.18，由于浓盐酸易挥发放出 HCl 气体，因此，配制盐酸标准溶液应采用标定法。标定盐酸标准溶液常用的基准物质有无水碳酸钠和硼砂。本实验采用碳酸钠做基准物质，标定反应为：

$$Na_2CO_3 + 2HCl = 2NaCl + H_2O + CO_2\uparrow$$

化学计量点时溶液的 pH 值约为 3.9，可选用甲基橙做指示剂。

仪器与试剂

分析天平、酸式滴定管（50 ml）、锥形瓶（250 ml）、量筒（100 ml）、量杯（10 ml）、试剂瓶（500 ml）。

HCl（36%~38%，AR），无水 Na_2CO_3（GR），甲基橙指示剂（0.1% 水溶液）。

实验步骤

1. 0.1 mol/L HCl 溶液的配制

量取浓盐酸 4.5 ml，加水稀释至 500 ml，摇匀。

2. 0.1 mol/L HCl 标准溶液的标定

准确称取 270~300℃干燥至恒重的基准物质无水 Na_2CO_3 约 0.12 g，置于 250 ml 锥形瓶中，加 50 ml 蒸馏水溶解后，再加甲基橙指示剂 1 滴，用 0.1 mol/L HCl 溶液滴定至溶液由黄色变为橙色，记录消耗的 0.1 mol/L HCl 溶液体积。平行标定 3 次。

3. 数据记录与计算
（1）数据记录

实验数据	实验次数		
	第1次	第2次	第3次
（基准物质＋称量瓶）初重（g）			
（基准物质＋称量瓶）末重（g）			
无水 Na_2CO_3 重（g）			
HCl 初读数（ml）			
HCl 末读数（ml）			
V_{HCl}（ml）			

（2）结果计算

$$c_{HCl}=\frac{2m_{Na_2CO_3}\times 1000}{M_{Na_2CO_3}\times V_{HCl}} \qquad M_{Na_2CO_3}=105.99$$

注意事项

1. Na_2CO_3 在 270～300℃干燥，可以除去其中的水分和少量的 $NaHCO_3$。但温度不应超过 300℃，温度过高部分 Na_2CO_3 会分解为 Na_2O 及 CO_2。
2. 烘干后的无水 Na_2CO_3 易吸水，称量速度要快。

思 考 题

1. 试计算本实验滴定反应化学计量点的 pH。除了甲基橙，本实验还可选择哪些指示剂？
2. 如需消耗 0.1 mol/L HCl 标准溶液 20～30 ml，试计算基准物质无水 Na_2CO_3 的称量范围。

（彭学东）

实验五　NaOH 标准溶液的配制与标定

实验目的

1. 掌握氢氧化钠标准溶液的配制和标定方法以及酚酞指示剂终点的判断。
2. 熟悉不含碳酸钠的氢氧化钠标准溶液的配制方法。

实验原理

氢氧化钠具有很强的吸湿性，也容易吸收空气中的 CO_2，故不能直接配制氢氧化钠标准溶液。

$$2NaOH + CO_2 = Na_2CO_3 + H_2O$$

碳酸钠的存在，对于指示剂的使用影响很大，应配制不含碳酸钠的氢氧化钠标准溶液。常用方法有两种：

1. 浓碱法

这种方法最常用。因为碳酸钠在饱和氢氧化钠溶液中几乎不溶解，所以可用饱和氢氧化钠溶液（含量约为50%，含氢氧化钠约18mol/L）配制不含碳酸钠的氢氧化钠溶液。先配制饱和氢氧化钠溶液，待碳酸钠沉淀后，吸取上层澄清溶液，用无 CO_2 蒸馏水（新制的蒸馏水或实验前煮沸数分钟，冷却后即可使用）稀释至所需浓度。

2. $BaCl_2$ 法

预先配制较浓的 NaOH 溶液（如 1mol/L），在该溶液中加 $BaCl_2$ 使 Na_2CO_3 沉淀为 $BaCO_3$。放置后，取上层澄清溶液，用无 CO_2 蒸馏水稀释。

标定氢氧化钠溶液的基准物质常用的有邻苯二甲酸氢钾（$HOOCC_6H_4COOK$）、草酸（$H_2C_2O_4 \cdot 2H_2O$）、苯甲酸（C_6H_5COOH）等。最常用的是邻苯二甲酸氢钾，反应式为：

$$\text{邻苯二甲酸氢钾} + NaOH = \text{邻苯二甲酸钾钠} + H_2O$$

计量点时由于强碱弱酸盐的水解，溶液呈微碱性，可用酚酞做指示剂。

仪器与试剂

碱式滴定管（50ml）、锥形瓶（250ml）、量筒（100ml）、刻度吸量管（5ml）、烧杯（500ml）、试剂瓶（500ml）、橡皮塞、分析天平、称量瓶。

氢氧化钠（AR）、邻苯二甲酸氢钾（GR）、酚酞指示剂（0.1%乙醇溶液）。

实验步骤

1. NaOH 标准溶液的配制

（1）NaOH 饱和溶液的配制　称取 NaOH 约 120g，置烧杯中，加入 100ml 蒸馏水，搅拌使其溶解成饱和溶液。冷却后，储存于塑料瓶中，放置数日，澄清备用。

（2）0.1mol/L NaOH 溶液的配制　移取澄清的饱和 NaOH 溶液 2.80ml 于试剂瓶中，加入新煮沸过的冷蒸馏水 500ml，摇匀即可。

2. NaOH 标准溶液的标定

准确称取 105~110℃ 干燥至恒重的基准物质邻苯二甲酸氢钾约 0.50g 置于 250ml 锥形瓶中，加 50ml 新煮沸过的冷蒸馏水，旋摇锥形瓶使其完全溶解。加酚酞指示剂 2 滴，用 0.1mol/L

NaOH 溶液滴定至溶液由无色变为微红色 30 s 不退为终点。根据消耗的 NaOH 溶液体积和邻苯二甲酸氢钾的质量计算 NaOH 标准溶液的浓度。平行标定 3 次。

3. 数据记录与计算

（1）数据记录

实验数据	实验次数		
	第1次	第2次	第3次
（基准物质＋称量瓶）初重（g）			
（基准物质＋称量瓶）末重（g）			
邻苯二甲酸氢钾重（g）			
NaOH 初读数（ml）			
NaOH 终读数（ml）			
V_{NaOH}（ml）			

（2）结果计算

$$c_{NaOH} = \frac{m_{KHC_8H_4O_4} \times 1000}{M_{KHC_8H_4O_4} \times V_{NaOH}} \qquad M_{KHC_8H_4O_4} = 204.2$$

注意事项

1. 固体 NaOH 应在烧杯中或表面皿上称量，不能在称量纸上称量。

2. 一般要求标准溶液的标定平行操作不少于 3 次，盛装基准物质的多个锥形瓶应编号，记录好数据，切忌张冠李戴。

3. 滴定管在装标准溶液前，应洗涤干净后，再用待装溶液少量润洗内壁 3 次，以免改变标准溶液浓度。

4. 基准物质邻苯二甲酸氢钾的烘干温度为 105~110 ℃，不能过高。温度超过 125 ℃，会生成少量酸酐。

思 考 题

1. 能否用称量纸称取固体 NaOH？为什么？用台秤称取固体 NaOH 配制标准碱溶液，是否会影响溶液浓度的准确度？

2. 盛装基准物质的锥形瓶需要干燥吗？溶解基准物质邻苯二甲酸氢钾的蒸馏水体积是否需要准确？为什么？

3. 称量约 0.5 g 基准物质邻苯二甲酸氢钾是根据什么原则确定的？若称取约 0.1 g 基准物质邻苯二甲酸氢钾来标定 NaOH 溶液会有什么影响？

（彭学东）

实验六　EDTA标准溶液的配制与标定

实验目的

1. 掌握EDTA标准溶液的配制和标定方法。
2. 熟悉使用铬黑T和钙指示剂的条件和滴定终点的判断。

实验原理

EDTA标准溶液的配制可以用纯$Na_2H_2Y \cdot 2H_2O$直接准确称量来配制，但一般用间接法先配成近似浓度的溶液，再用基准物质进行标定。标定EDTA溶液的基准物质有Zn、Cu、ZnO、$CaCO_3$、$MgSO_4 \cdot 7H_2O$、$ZnSO_4 \cdot 7H_2O$等。

如用$CaCO_3$作基准物质标定EDTA溶液浓度时，调节溶液pH≥12.0，采用钙指示剂，滴定到溶液由酒红色变为纯蓝色为终点。如有Mg^{2+}共存，变色更敏锐。但一般多采用Zn或ZnO为基准物质，EDTA溶液既能在pH=9~10的$NH_3 \cdot H_2O-NH_4Cl$缓冲溶液中用铬黑T做指示剂进行标定，又能在pH=5~6的HAc-NaAc缓冲溶液中用二甲酚橙做指示剂进行标定，终点均很敏锐。

滴定中所用的纯水应不含Fe^{3+}、Al^{3+}、Cu^{2+}、Mg^{2+}等杂质离子。

仪器与试剂

酸式滴定管（50ml）、锥形瓶（250ml）、量筒（100ml）、容量瓶（250ml）、试剂瓶（500ml）。$Na_2H_2Y \cdot 2H_2O$（AR）、$CaCO_3$（GR）、ZnO（GR）、镁溶液（将1g $MgSO_4 \cdot 7H_2O$溶于水中，稀释至200ml）、6mol/L HCl溶液、10% NaOH溶液、钙指示剂（固体）、0.025%甲基红指示剂、2mol/L $NH_3 \cdot H_2O$溶液、$NH_3 \cdot H_2O-NH_4Cl$缓冲溶液（pH=10）、1%铬黑T指示剂。

实验步骤

1. 0.05mol/L EDTA溶液的配制

称取$Na_2H_2Y \cdot 2H_2O$约9.5g，置小烧杯中，用少量蒸馏水溶解后，转入聚乙烯塑料瓶中，加蒸馏水稀释至500ml，摇匀。

2. $CaCO_3$为基准物质标定EDTA溶液

（1）钙标准溶液的配制　准确称取在110℃干燥至恒重的基准物质$CaCO_3$约0.50g，置于250ml烧杯中，盖上表面皿，加水润湿，再从烧杯嘴边逐滴加入数毫升HCl至完全溶解，加热至沸腾，用蒸馏水将可能溅到表面皿上的溶液洗入烧杯中，待冷却后移入250ml容量瓶中，用水稀释至刻度线，摇匀。

（2）标定　准确移取25.00ml钙标准溶液于250ml锥形瓶中，加25ml蒸馏水、2ml镁溶液、

10 ml 10%NaOH 溶液及约 10 mg（约米粒大小）钙指示剂，摇匀后，用 EDTA 溶液滴定至溶液由红色变为蓝色即为终点。

3. 用 ZnO 为基准物质标定 EDTA 溶液

准确称取在 800 ℃灼烧至恒重的基准物质 ZnO 约 0.12 g，置 250 ml 锥形瓶中，加稀 HCl 溶液 3 ml 使溶解，加蒸馏水 25 ml 和 0.025% 甲基红指示剂 1 滴，缓慢滴加 2 mol/L $NH_3 \cdot H_2O$ 溶液至溶液呈微黄色。再加蒸馏水 25 ml、$NH_3 \cdot H_2O-NH_4Cl$ 缓冲溶液 10 ml 及铬黑 T 指示剂 6 滴，用 EDTA 溶液滴定至溶液由紫红色变为纯蓝色即为终点。

4. 数据记录（表格自拟）与计算

（1）用 $CaCO_3$ 为基准物质标定 EDTA 溶液时

$$c_{EDTA} = \frac{m_{CaCO_3} \times 1000}{V_{EDTA} \times M_{CaCO_3}} \qquad M_{CaCO_3} = 100.09$$

（2）用 ZnO 为基准物质标定 EDTA 溶液时

$$c_{EDTA} = \frac{m_{ZnO} \times 1000}{V_{EDTA} \times M_{ZnO}} \qquad M_{ZnO} = 81.38$$

注意事项

1. 配合反应的速度较慢（不像酸碱反应能在瞬间完成），故滴定时加入 EDTA 的速度不能太快。特别是临近终点时，应逐滴加入，并充分振摇。
2. 用 ZnO 为基准物质标定 EDTA 溶液时，终点一定要控制在溶液颜色恰好为纯蓝色。

思考题

1. 用 HCl 溶液溶解 $CaCO_3$ 基准物质时，操作中应注意什么？
2. 为什么在用 ZnO 为基准物质标定 EDTA 溶液时要加 $NH_3 \cdot H_2O-NH_4Cl$ 缓冲溶液？
3. 如果用 HAc-NaAc 缓冲溶液，能否用铬黑 T 做指示剂？为什么？

（曾　明）

实验七　$KMnO_4$ 标准溶液的配制与标定

实验目的

1. 掌握用 $Na_2C_2O_4$ 标定 $KMnO_4$ 标准溶液的原理和方法。
2. 熟悉 $KMnO_4$ 标准溶液的配制和保存方法。

3. 了解自身指示剂指示终点的方法。

实验原理

高锰酸钾是一种强氧化剂,在酸性溶液(通常在 1~2 mol/L H_2SO_4 溶液中)中,按下式反应:

$$MnO_4^- + 8H^+ + 5e \Longrightarrow Mn^{2+} + 4H_2O$$

固体高锰酸钾中常含有少量的 MnO_2 和其他杂质;配制溶液时,所用水中微量的还原性物质能使高锰酸钾还原;高锰酸钾在水溶液中也会慢慢分解析出 MnO_2 沉淀,MnO_2、光等对上述反应有催化作用。因此,应采用标定法配制高锰酸钾标准溶液。配制后的 $KMnO_4$ 溶液要在暗处放置数天,待 $KMnO_4$ 浓度稳定后,将溶液中的沉淀(主要是 MnO_2)滤去,并置于棕色瓶中避光保存。

标定高锰酸钾溶液的基准物质有 $Na_2C_2O_4$、$(NH_4)_2C_2O_4$、$FeSO_4 \cdot 7H_2O$、As_2O_3、纯铁丝等。其中以 $Na_2C_2O_4$ 使用较多。标定反应式如下:

$$2MnO_4^- + 5C_2O_4^{2-} + 16H^+ \Longrightarrow 2Mn^{2+} + 10CO_2\uparrow + 8H_2O$$

该反应速度较慢,需要加热,反应后生成的 Mn^{2+} 对反应有催化作用,使反应速度加快。溶液中 MnO_4^- 浓度约为 2×10^{-6} mol/L 时,人眼即可观察到高锰酸钾的粉红色。因此,可用高锰酸钾做自身指示剂,利用稍过量的 MnO_4^- 的粉红色的出现来指示终点。

仪器与试剂

酸式滴定管(50 ml)、锥形瓶(250 ml)、量筒(500 ml、100 ml)、量杯(10 ml)、棕色试剂瓶(500 ml)、垂熔玻璃漏斗、台秤、分析天平、称量瓶、恒温水浴锅。

$KMnO_4$(AR)、$Na_2C_2O_4$(GR)、浓硫酸(AR)。

实验步骤

1. $KMnO_4$ 标准溶液(0.02 mol/L)的配制

称取 $KMnO_4$ 1.6 g,溶于 500 ml 新煮沸放冷的蒸馏水中,置于棕色试剂瓶中,摇匀,避光放置 7~14 天,然后用垂熔玻璃漏斗过滤,滤液保存于另一棕色试剂瓶中。

2. $KMnO_4$ 标准溶液(0.02 mol/L)的标定

准确称取在 105℃ 干燥至恒重的 $Na_2C_2O_4$ 约 0.17 g 置锥形瓶中,加新煮沸放冷的蒸馏水 100 ml 使其溶解,再加浓硫酸 5 ml,摇匀,水浴上加热到 75~85℃,趁热用 $KMnO_4$ 溶液滴定。开始时缓慢加入数滴 $KMnO_4$ 溶液,并充分振摇,待紫红色退去后,可加快滴定速度,近终点时又须放慢滴定速度,至溶液显淡粉红色并保持 30 s 不退即为终点。当滴定完成时,溶液温度应不低于 55℃。

3.数据记录与计算

（1）数据记录

实验数据	实验次数		
	第1次	第2次	第3次
（$Na_2C_2O_4$+称量瓶）初重（g）			
（$Na_2C_2O_4$+称量瓶）末重（g）			
$Na_2C_2O_4$ 重（g）			
$KMnO_4$ 初读数（ml）			
$KMnO_4$ 终读数（ml）			
V_{KMnO_4}（ml）			

（2）结果计算

$$c_{KMnO_4} = \frac{2m_{Na_2C_2O_4} \times 1000}{5M_{Na_2C_2O_4} \times V_{KMnO_4}} \qquad M_{Na_2C_2O_4} = 134.00$$

注意事项

1. $KMnO_4$ 溶液受热或受光照会慢慢分解，其反应为：

$$4MnO_4^- + 2H_2O = 4MnO_2\downarrow + 3O_2\uparrow + 4OH^-$$

分解产物 MnO_2 会加速此分解反应。因此，配制好的 $KMnO_4$ 溶液应贮存于棕色试剂瓶中，并置于阴暗处保存。

2. 为了提高反应速度，须将 $Na_2C_2O_4$ 的酸性溶液加热到 75~85℃，但不能高于 90℃，否则形成的 $H_2C_2O_4$ 分解，使标定的结果偏高。

3. 滴定完成时，溶液的温度应不低于 55℃，否则反应速度过慢而影响终点的判断和滴定的准确性。

4. $KMnO_4$ 在酸性介质中是强氧化剂，滴定到达终点后的粉红色溶液在空气中放置时，由于和空气中的还原性气体和灰尘作用而逐渐退色。

思 考 题

1. 怎样配制 $KMnO_4$ 标准溶液？为什么配制好的 $KMnO_4$ 溶液必须放置数日过滤后才能标定？

2. 用 $Na_2C_2O_4$ 标定 $KMnO_4$ 溶液时，应注意哪些重要的反应条件？

3. 本实验用 H_2SO_4 控制溶液酸度，可以用 HCl 或 HNO_3 代替吗？为什么？

（彭学东）

实验八　硫代硫酸钠标准溶液的配制与标定

实验目的

1. 掌握标定 $Na_2S_2O_3$ 标准溶液的原理和方法。
2. 熟悉配制 $Na_2S_2O_3$ 标准溶液的操作方法。

实验原理

通常 $Na_2S_2O_3 \cdot 5H_2O$ 含有 S、Na_2SO_3、Na_2SO_4 等微量杂质，容易风化或潮解，所以只能用间接法配制。配制 $Na_2S_2O_3$ 溶液时，要用新煮沸放冷的蒸馏水并加入少量的 Na_2CO_3 做为稳定剂[1]。配制好的 $Na_2S_2O_3$ 溶液贮存于棕色瓶中避光保存 8~14 天，待其浓度稳定后再进行标定。

标定 $Na_2S_2O_3$ 的基准物质有 $K_2Cr_2O_7$、KIO_3、$KBrO_3$ 及碘升华等，其中最常用的基准物质是 $K_2Cr_2O_7$。首先将 $K_2Cr_2O_7$ 与过量的 KI 反应，再用 $Na_2S_2O_3$ 溶液滴定析出 I_2。反应式如下：

$$Cr_2O_7^{2-} + 14H^+ + 6I^- = 3I_2 + 2Cr^{3+} + 7H_2O \qquad (1)$$

$$2S_2O_3^{2-} + I_2 = S_4O_6^{2-} + 2I^- \qquad (2)$$

上述两个反应中，反应（1）要在较强酸性介质中放置 10 min 才能完成反应。而反应（2）只能在中性或弱酸性介质中才能进行。为先后满足两个反应条件，在反应（1）之后，反应（2）开始之前，应加水稀释溶液[2]。

仪器与试剂

棕色试剂瓶（500 ml）、碘量瓶（250 ml）、碱式滴定管（50 ml）、量筒（10 ml、100 ml）、烧杯（500 ml）。

Na_2CO_3（AR）、$Na_2S_2O_3 \cdot 5H_2O$（AR）、$K_2Cr_2O_7$（GR）、KI（AR）、6 mol/L HCl 溶液、淀粉指示剂。

实验步骤

1. $Na_2S_2O_3$ 标准溶液（0.1 mol/L）的配制

称取 Na_2CO_3 0.1 g，置 500 ml 烧杯中，加新煮沸放冷的蒸馏水约 200 ml，搅拌使 Na_2CO_3 溶解。再加入 $Na_2S_2O_3 \cdot 5H_2O$ 13 g，搅拌使完全溶解后加入新制放冷的蒸馏水 300 ml，混匀，转入棕色试剂瓶中放置 8~14 天后标定其浓度。

2. $Na_2S_2O_3$ 标准溶液的标定

将基准物质 $K_2Cr_2O_7$ 在 120 ℃ 干燥至恒重后，精确称取约 0.12 g，置于 250 ml 碘量瓶中，加入 50 ml 蒸馏水,溶解后再加入 KI 2 g,6 mol/L HCl 溶液 5 ml,塞紧塞子,将溶液摇匀后水封。

将碘量瓶放置在暗处 10 min 后,加蒸馏水 50 ml,用 $Na_2S_2O_3$ 标准溶液滴定至浅黄绿色即为接近终点,滴加淀粉指示剂 2 ml,再继续用 $Na_2S_2O_3$ 标准溶液滴定至溶液由蓝色变为亮绿色即为终点。

3. 数据记录与计算

(1) 数据记录

实验数据	实验次数		
	第1次	第2次	第3次
($K_2Cr_2O_7$+称量瓶)初质量(g)			
($K_2Cr_2O_7$+称量瓶)末质量(g)			
$K_2Cr_2O_7$ 质量(g)			
$Na_2S_2O_3$ 终读数(ml)			
$Na_2S_2O_3$ 初读数(ml)			
$Na_2S_2O_3$ 体积(ml)			

(2) 结果计算

$$c_{Na_2S_2O_3} = \frac{m_{K_2Cr_2O_7} \times 1000 \times 6}{M_{K_2Cr_2O_7} \times V_{Na_2S_2O_3}} \qquad M_{K_2Cr_2O_7} = 294.18$$

注意事项

1. 反应过程中酸性越强反应越快,但酸度太大时,I^- 容易被氧化,故要注意控制酸度。

2. 实验结束后由于空气中 O_2 氧化会使溶液变蓝色。如果变蓝速度很快,说明 $K_2Cr_2O_7$ 和 KI 反应不完全。遇此情况,实验应该重做并适当延长反应时间。如果放置时间 5 min 以上才变蓝则不影响结果。

3. 滴定开始时要快滴慢摇,以减少 I_2 的挥发。加淀粉指示剂后,要慢滴并用力旋摇以减小淀粉对 I_2 吸附的影响。

4. 三次平行实验所用的样品在暗处所放置的时间要相同。

注　释

[1] 空气中的 CO_2 溶解于溶液中,可促使 $Na_2S_2O_3$ 分解:

$$Na_2S_2O_3 + H_2CO_3 \Longrightarrow NaHCO_3 + S\downarrow + NaHSO_3$$

若加入 Na_2CO_3 则能与 H_2CO_3 反应生成 $NaHCO_3$,使 $Na_2S_2O_3$ 的分解受到抑制。

[2] 加水稀释既可降低溶液酸度,又可使溶液中 Cr^{3+} 的颜色不至于太深,以免影响终点观察。

思 考 题

1. Na_2CO_3 在配制和保存 $Na_2S_2O_3$ 的过程中充当稳定剂的原理是什么？
2. 在用 $Na_2S_2O_3$ 溶液滴定之前，析出 I_2 溶液未加 50 ml 水稀释，对滴定结果有何影响？

（胡小建）

实验九　I_2 标准溶液的配制与标定

实验目的

1. 掌握 I_2 标准溶液的配制及标定方法。
2. 熟悉 I_2 量法的基本原理、反应条件和操作过程。

实验原理

碘可以通过升华法制得纯试剂，但因其升华对天平有腐蚀性，故不宜用直接法配制 I_2 标准溶液而采用间接法。

碘在水中的溶解度很小（0.02 g/100 ml），但有大量 KI 存在时，I_2 与 KI 形成可溶性的 I_3^-，这样既增大了 I_2 的溶解度，又降低了 I_2 的挥发性，所以配制 I_2 标准溶液时都要加入过量 KI。

可以用基准物质 As_2O_3 来标定 I_2 溶液的准确浓度。As_2O_3 难溶于水，可溶于碱溶液中，与 NaOH 反应生成亚砷酸钠（Na_3AsO_3）而溶解，用 I_2 溶液进行滴定。反应式为：

$$As_2O_3 + 6OH^- \rightleftharpoons 2AsO_3^{3-} + 3H_2O$$

$$AsO_3^{3-} + I_2 + H_2O \rightleftharpoons As_3O_4^{3-} + 2I^- + 2H^+$$

该反应为可逆反应，在中性或弱碱性溶液中（pH 约为 8），反应能定量地向右进行，加固体 $NaHCO_3$ 以中和反应生成的 H^+，保持 pH 在 8 左右。

由于 As_2O_3 为剧毒物，实际工作中常用已知浓度的 $Na_2S_2O_3$ 标准溶液标定 I_2 溶液，即用 I_2 溶液滴定一定体积的 $Na_2S_2O_3$ 标准溶液比较而求得。

仪器与试剂

酸式滴定管（50 ml）、移液管（25 ml）、容量瓶（50 ml）、锥形瓶（50 ml）2 个、分析天平、乳钵、碘量瓶。

浓盐酸、KI、1 mol/L H_2SO_4 溶液、I_2、1 mol/L NaOH 溶液、酚酞指示剂。

实验步骤

1. 0.05 mol/L I_2 标准溶液的配制

称取 13 g I_2 和 36 g KI 置于小乳钵中,加 30 ml 蒸馏水,研磨或搅拌至 I_2 全部溶解后,转移入棕色瓶中,加蒸馏水稀释至 1 000 ml,加入 3 滴浓盐酸,塞紧瓶塞,摇匀后放置过夜待标定。

2. 0.05 mol/L I_2 标准溶液的标定

取在 105 ℃ 干燥至恒重的基准物质 As_2O_3 约 0.11 g,精密称量,加 1 mol/L NaOH 溶液 4 ml,使其溶解。加蒸馏水 20 ml,酚酞指示剂 1 滴,滴加 1 mol/L H_2SO_4 溶液至粉红色退去。然后再加 $NaHCO_3$ 2 g,加蒸馏水 30 ml 和淀粉指示剂 2 ml,用碘液滴定至溶液显浅蓝色即达终点。平行滴定 3~5 次。根据下面公式计算 I_2 标准溶液的准确浓度。

$$c_{I_2} = \frac{m_{As_2O_3} \times 1\,000}{V_{I_2} \times M_{As_2O_3}} \qquad M_{As_2O_3} = 197.84$$

注意事项

1. 碘必须溶解在浓 KI 溶液中,然后再稀释。
2. 碘有挥发性和腐蚀性,不便在分析天平上直接称取,所以一般用间接法配制。
3. I_2 溶液不能装在碱式滴定管中,应储存于棕色瓶内避光保存。
4. 用 NaOH 溶液溶解基准物质 As_2O_3,必须待 As_2O_3 完全溶解后再加水稀释,否则不易溶解。
5. As_2O_3 有剧毒,应统一管理;实验结束后回收多余药品,由教师统一处理。
6. 在对盛有 I_2 溶液的滴定管读数时,应注意看清液面的上沿,使其与视线在同一水平上。

思 考 题

1. 配制 I_2 标准溶液时为什么加 KI?
2. I_2 标准溶液的标定还可用什么方法?
3. I_2 标准溶液为深棕色,装入滴定管中弯月面看不清楚,应如何读数?

(陈　文)

实验十　高效液相色谱仪的性能检查与色谱参数的测定

实验目的

1. 掌握高效液相色谱法的基本原理。
2. 熟悉高效液相色谱仪的性能检查与色谱参数的测定方法。
3. 了解高效液相色谱仪的一般使用方法。

实验原理

1. 高效液相色谱法（HPLC）的定义

是以高压下的液体为流动相，利用样品中各组分在互不相溶的两相（液、液）中分配系数不同，当样品中各组分随着流动相通过色谱柱时，在两相进行反复的分配，因各组分在两相间的分配系数不同，致使在结构上有微小差异的各组分得以分离，分离后的各组分依次进入高灵敏度检测器，产生电讯号，经放大后，在记录仪上描绘出各组分的色谱图。根据色谱图可对组分进行定性和定量分析。

2. 高效液相色谱仪的性能指标

随着高效液相色谱仪的广泛应用，高效液相色谱仪的型号日益增多。在使用各种高效液相色谱仪之前，应对其技术参数有所了解，同时必须掌握其性能检查的一般方法。

高效液相色谱仪的性能指标主要包括：

（1）流量精度　指仪器流量的重复性，以流量的相对标准偏差表示。

（2）噪音　由各种未知的偶然因素所引起的基线起伏。噪音的大小用基线宽（峰－峰值）来衡量，通常以毫伏或安培为单位。

（3）漂移　基线朝一定方向的缓慢变化，用单位时间内基线水平的变化来表示。

（4）检测限　某组分所产生的信号大小等于噪音的2倍时，每毫升流动相中所含该组分的量。检测限也称为敏感度。检测限越小，检测器的性能越好。

计算公式：
$$D = \frac{2N}{S}$$

其中：
$$S = \frac{AF}{1\,000 \times 60 \times W}$$

式中，N 为噪声，mV；W 为样品质量，g；A 为峰面积，μV·s；F 为流量，ml/min；D 为检测限；S 为灵敏度，mV·ml/g。

若用记录仪记录色谱图，则

$$S = \frac{AC_1 C_2 KF}{W}$$

式中，C_1 为记录仪的灵敏度，mV/cm；C_2 为纸速的倒数，min/cm；K 为衰减指数；A 为峰面积，cm^2。

（5）定性重复性　在同一实验条件下，组分保留时间的重复性。通常以被分离组分的保留时间之差（Δt_R）的相对标准偏差来表示，RSD≤1% 通常认为合格。

（6）定量重复性　在同一实验条件下，色谱峰面积（或峰高）的重复性。通常以被分离组分的峰面积比的相对标准偏差来表示，RSD≤2% 通常认为合格。

3. 色谱参数

高效液相色谱参数包括定性参数、定量参数、柱效参数和分离参数。本实验主要测定下列色谱参数：

（1）理论塔板数　　$n_{理}=(\dfrac{t_R}{\delta})^2=5.54\times(\dfrac{t_R}{W_{1/2}})^2=16\times(\dfrac{t_R}{W})^2$

（2）理论塔板高度　$n=\dfrac{L}{n_{理}}$

（3）有效塔板数　　$n_{有效}=(\dfrac{t'_R}{\delta})^2=5.54\times(\dfrac{t'_R}{W_{1/2}})^2$

（4）容量因子　　　$K=\dfrac{t'_R}{t_0}$

（5）分配系数比　　$\alpha=\dfrac{K_2}{K_1}=\dfrac{k_2}{k_1}$

（6）分离度　　　　$R=\dfrac{2(t_{R_2}-t_{R_1})}{W_1+W_2}$

上述各式中，t_R 为保留时间；$W_{1/2}$ 为半峰宽；L 为柱长；t'_R 为调整保留时间；t_0 为死时间；W 为峰宽。

仪器与试剂

高效液相色谱仪、ODS 色谱柱、容量瓶、进样器（50 μl）、过滤膜。
苯（AR）、萘（AR）、苯磺酸钠（AR）、甲醇（色谱纯）、重蒸馏水。

实验步骤

1. 观察流动相流路

检查流动相是否够用，废液出口是否接好。

2. 流量精度的测定

（1）在指示流量为 1.0ml/min、2.0ml/min、3.0ml/min 测定流量。用 10ml 容量瓶在流动相出口处接收流出液。准确记录流出液达 10ml 时所需时间，换算成流速（ml/min），重复测定 5 次。

（2）数据记录

测定指示流量的流速

	1.0 ml/min	2.0 ml/min	3.0 ml/min
1			
2			
3			
4			
5			
RSD（%）			

3. 基线稳定性的测定（噪音和漂移）

（1）实验条件

ODS 色谱柱（15 cm×4.6 mm，5 μm）

流动相：甲醇 – 水（80∶20）

流速：0.8 ml/min

检测器：UV254 nm

（2）待仪器稳定后，将检测器灵敏度放在较高档，记录基线 1 h。基线带宽为噪音。基线带中心的结尾位置与起始位置之差为漂移。

4. 检测限和重复性的测定

（1）实验条件　同步骤 3 中的实验条件。

（2）样品　1 μg/ml 苯、0.05 μg/ml 萘及 0.02 μg/ml 苯磺酸钠（用于测定死时间 t_0）的乙醇（或流动相）溶液。

（3）待仪器基线稳定后，进样 20 μl，重复 5 次。

（4）数据记录

	1	2	3	4	5	平均值	RSD（%）
t_0							
t_R（苯）							
t_R（萘）							
Δt_R							
$A_苯$ 或 $h_苯$							
$A_萘$ 或 $h_萘$							
$W_{1/2}$（苯）							
$W_{1/2}$（萘）							
$A_苯/A_萘$ 或（$h_苯/h_萘$）							

（5）计算　以萘计算检测限，以保留时间和峰面积分别计算仪器的定性、定量重复性。

5. 色谱参数的测定

用步骤 4 中数据计算理论塔板数、理论塔板高度、有效塔板数、容量因子、分配系数比和分离度。

注意事项

1. 计算塔板数和分离度时，应注意 t_R 和 $W_{1/2}$ 单位一致。
2. 流动相使用前必须过滤，不应使用多日存放的去离子水（易长菌）。
3. 色谱柱长时间不用，存放时，柱内应充满溶剂，两端封闭。

思 考 题

1. 什么是分离度？如何提高分离度？
2. 分配系数比的意义是什么？其主要影响因素有哪些？
3. 检测限和灵敏度有什么不同？

（陈　文）

实验十一　有机化合物红外光谱的测绘及结构分析

实验目的

1. 掌握液膜法制备液体样品和溴化钾压片法制备固体样品的方法。
2. 熟悉红外光谱仪的使用方法及压片技术。
3. 了解简单有机化合物红外光谱图的解析和步骤。

实验原理

物质分子中的各种不同基团，在有选择地吸收不同频率的红外辐射后，发生振动能级之间的跃迁，形成具有鲜明特征性的红外吸收光谱。由于其谱带的数目、位置、形状和强度均随化合物及其聚集状态的不同而不同。据此，可对物质进行定性、定量分析。特别是对化合物中可能存在的某些官能团进行初步的确定，进而推断未知物的结构。当然，如果化合物分子比较复杂，还需要结合其他实验资料（如紫外光谱、核磁共振谱以及质谱等）来推断有关化合物的化学结构。最后可通过与未知样品相同测定条件下得到的标准样品的谱图或查阅标准谱图集（如"萨特勒"红外光谱图集）进行比较分析，做进一步证实。

一般图谱的解析大致步骤如下：

1. 先从特征频率区入手，找出化合物所含主要官能团。
2. 指纹区分析，进一步找出官能团存在的依据。对指纹区谱图峰的位置、强度和形状仔细分析,确定化合物可能的结构。

3.对照标准图谱,配合其他鉴定手段,进一步验证。

仪器与试剂

FTIR 红外光谱仪、可拆式液体池、压片机、玛瑙研钵、红外灯、擦镜纸。

溴化钾(色谱纯)、苯甲酸(AR)、乙苯(AR)、四氯化碳(AR)、阿司匹林。

实验步骤

1. 波数校对

将仪器所配备的聚苯乙烯薄膜插入样品光路,从 4000~600 cm^{-1} 范围慢速扫描一张红外光谱图(图 2-36),将图上吸收峰的波数与仪器说明书上的谱图相比较,以校对仪器的波数是否正确。

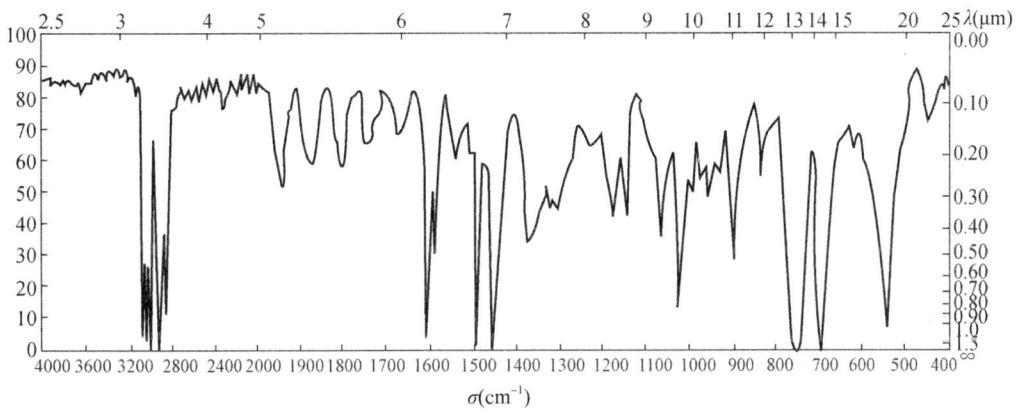

图 2-36 聚苯乙烯薄膜的红外吸收光谱

波数准确性用 2851 cm^{-1}、1601 cm^{-1}、1028 cm^{-1} 及 907 cm^{-1} 处的吸收峰对波数进行校正。在 2000~400 cm^{-1} 区间,波数精度应<±4 cm^{-1},4000~2000 cm^{-1} 区间波数精度应<±8 cm^{-1}。

2. 乙苯的红外吸收光谱的测绘

(1)液膜法 取 2 片溴化钾盐片,用四氯化碳清洗表面并晾干。在一盐片上滴 1~2 滴无水乙醇,用另一盐片压于上面,装于可拆式液体池架中。然后将液体池架插入红外光谱仪的试样安放处,在 4000~600 cm^{-1} 范围内进行扫描,得到红外吸收光谱图。

(2)夹片法 取两片溴化钾空白片,将适量液体滴在一片上,再盖上另一片,装入样品架中夹紧,置于光路中测定。

乙苯的红外吸收光谱见图 2-37。

(3)主要峰位的归属

① 甲基(—CH$_3$)与亚甲基(—CH$_2$)的相关峰

$v^s_{CH_3}$,$v^{as}_{CH_3}$,$\delta^{as}_{CH_3}$,$\delta^s_{CH_3}$

$v^{as}_{CH_2}$,$v^s_{CH_2}$,$\delta^{as}_{CH_2}$

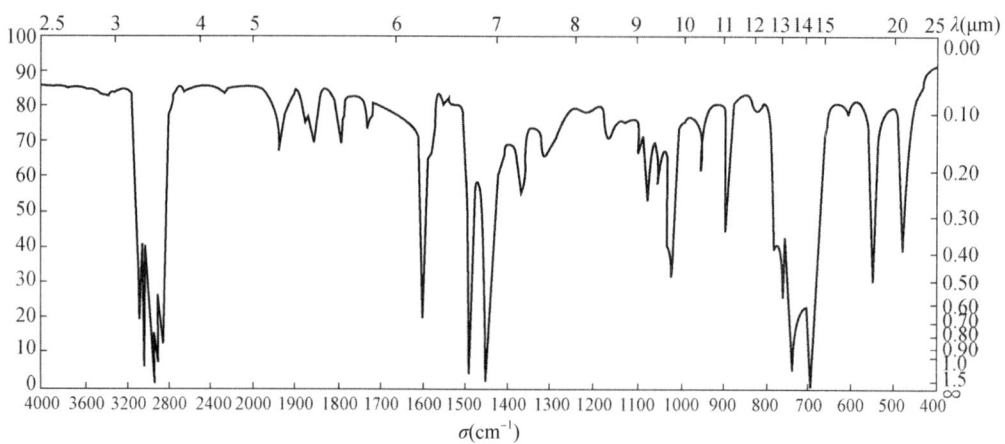

图 2-37 乙苯的红外吸收光谱图

② 苯环单取代的相关峰

$v_{\phi H}$，$v_{C=C}$，$\delta_{\phi H}$，$\gamma_{\phi H}$，泛频峰

3. 阿司匹林的红外吸收光谱的测绘

（1）压片法　称取样品阿司匹林约 1 mg 置玛瑙研钵中磨细，加入干燥的 KBr（过 200 目筛）细粉约 200 mg，继续研磨混匀，并将其在红外灯下烘 10 min 左右。将物料加到压片专用模具中，铺匀，合上模具，置油压机上，先抽气约 2 min 以除去混在粉末中的空气，再边抽气加压至 1.5~1.8 MPa，压 2~5 min，取出压成透明片状的物料，装入样品架待测。

（2）糊状法　取少量干燥样品置玛瑙研钵中磨细，滴入几滴石蜡油继续研磨至呈均匀的浆糊状。取此糊状物涂在可拆式液体池的窗片上或溴化钾空白片上，即可测定。

（3）阿司匹林的红外吸收光谱的测绘　将上述制备的样品置样品光路中，以溴化钾空白片作为空白对照，选择适当的测定条件，在 4000~600 cm^{-1} 范围内进行扫描，得到红外吸收光谱图（图 2-38）。

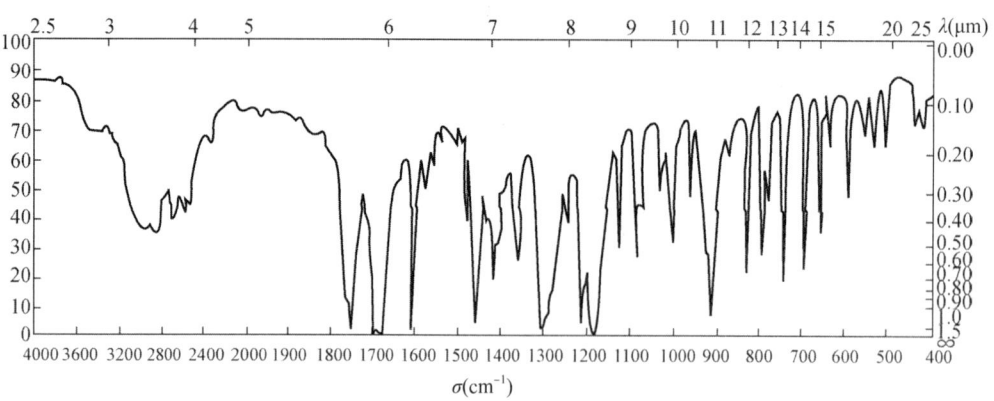

图 2-38 阿司匹林的红外吸收光谱图

主要峰位的归属：

（1）羧基（—COOH）的相关峰　γ_{OH}、δ_{OH}、1650 cm^{-1} $v_{C=O}$ 及 3100 cm^{-1} v_{O-H}。

（2）酯基（—COOR）的相关峰　$\nu_{C=O}$、$1580\,cm^{-1}\nu_{C=C}$、δ_{OH} 及 $3000\,cm^{-1}\gamma_{OH}$。

（3）甲基（—CH$_3$）的相关峰　$1375\,cm^{-1}\,\delta_{CH_3}$ 及 γ_{CH_3}。

4.未知有机化合物的结构分析

从教师处领取未知有机化合物样品，用液膜法或者溴化钾压片测绘未知有机化合物的红外吸收光谱。

5.结果处理

（1）解析乙苯、阿司匹林的红外吸收光谱图，指出各谱图上主要吸收峰的归属。

（2）根据给定的未知有机化合物的化学式及红外吸收光谱图上的吸收峰，推断未知有机化合物可能的结构式。

注意事项

1.溴化钾盐片易吸水，取盐片时需戴指套。扫描完毕，应用四氯化碳清洗盐片，并立即将盐片放回干燥器内保存。

2.盐片装入可拆式液体池架后，金属盖不宜拧得过紧，否则会压碎盐片。

3.使用可拆式液体池时，注意不要形成气泡。

4.测试完毕，应及时清洗样品池。

思考题

1.在含氧有机化合物中，如在 $1800\sim1600\,cm^{-1}$ 区域中有强吸收带出现，能否判定分子中有羰基存在？

2.压片法制样应注意哪些事项？

3.同一物质的液体或固体红外吸收光谱是否相同？

（陈　文）

实验十二　电泳和电渗

实验目的

1.掌握电泳法测量 ζ 电势的技术。

2.熟悉胶体的电泳和电渗，从而确定胶粒所带的电荷。

3.了解溶胶的制备方法。

实验原理

在外电场的作用下，胶粒在分散介质中定向移动的现象称为电泳。电泳现象说明胶粒是带电的。带电固体表面在溶液中,由于有静电吸引力的存在,它必然要吸引等电量的、与固体表面上带有相反电荷离子环绕在固体粒子周围,这样在固液两相之间形成双电层。

反离子在溶液中同时受到两个方向相反的作用;静电吸引力使其趋于靠近固体表面;热运动所产生的扩散作用又使反离子趋向于均匀分布。靠近固体表面处反离子浓度较大,随着与表面距离的增大,反离子浓度递减。

如图 2-39 所示,在固体胶粒表面吸附负离子,正离子扩散分布在胶核周围。带电表面及这些反离子构成的双电层称为扩散双电层,其厚度与溶液中离子浓度和所带电荷数有关。

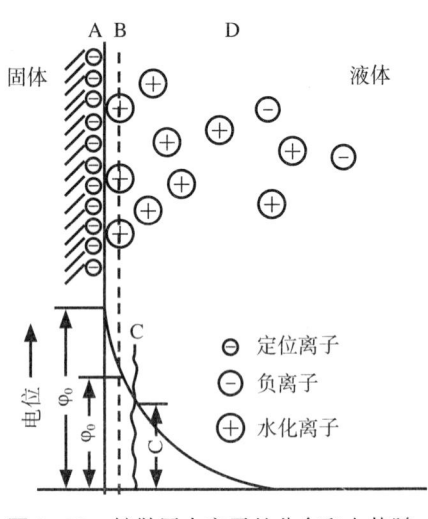

图 2-39 扩散层中离子的分布和电势随距离的变化

φ_0 是固体表面与溶液本体之间的电势差,即热力学电势。胶粒在电场作用下与介质发生的相对移动,此分界面不在固液面处,而是有一液体牢固地附在固体表面,随表面一起运动,一旦固液两相发生相对位移,滑动面便呈现出来。通过测定电泳速度计算出来的就是滑动面与溶液本体之间的电势差,称为电动电势或 ζ 电势。

由于滑动面内的反离子部分抵消了固体表面的电荷,故 ζ 电势在数值上小于热力学电势,若介质中反离子浓度增大,将压缩扩散层使其变薄,将更多的反离子挤进滑动面内,使 ζ 电势减小,当 ζ 电势为 0 时,称为等电点,此时胶粒不带电,电泳、电渗的速度为 0。

通过在电泳中胶粒的运动方向可判断胶粒所带电性。ζ 电势的大小由电泳(或电渗)速度算出。在外加电场作用下,若分散介质对分散相发生相对位移,称为电渗。

ζ 电势与溶胶的稳定性有关。ζ 值越大,溶胶越稳定(不易沉降);反之,ζ 电势趋于 0 时,溶胶有聚沉现象。因此,无论制备或破坏胶体,都需要研究胶体的 ζ 电势。

ζ 电势可根据赫姆霍兹公式计算:

$$\zeta = \frac{\eta \cdot u}{E_e e}$$

式中,E_e 为电势梯度,$V \cdot m^{-1}$,可用下式计算:

$$E_e = \frac{H}{l}$$

式中,H 为外加电场的电压,V;l 为两极间的距离,m;η 为分散介质的黏度,$Pa \cdot s$;u 为电泳速度,$m \cdot s^{-1}$;e 为分散介质的介电常数,$F \cdot m^{-1}$。

$$e = e_r \cdot e_0$$

式中,e_r 为分散介质的相对介电常数;e_0 为真空介电常数,$e_0 = 8.854 \times 10^{-12} \, F \cdot m^{-1}$($1F = 1C \cdot V^{-1} = 1A \cdot s \cdot V^{-1}$)

当 e,η,H,l 都是已知常数时,只要用电泳法测定 u,ζ 电势即可求出。

ζ 电势还可以通过电渗实验求出,从电渗实验求 ζ 电势的公式为:

$$\zeta = \frac{\eta \cdot k \cdot V}{eI}$$

式中，V 为液体流过毛细管的体积，m^3；I 为通过液体介质的电流，A；k 为液体介质的电导率，$S \cdot m^{-1}$。

当 η，k，e 为已知常数时，只要测定电流 I，并用电渗法测定 V，即可求出 ζ 电势。

仪器与试剂

电泳仪、电渗仪、电导仪、电炉、秒表、铂电极 4 支、量筒（100 ml）、刻度吸量管（2 ml）、锥形瓶（100 ml）、烧杯（1000 ml、250 ml、100 ml 各 1 个）。

0.0001 mol/L HCl 溶液、0.2 mol/L $FeCl_3$ 溶液、5% 火棉胶溶液（溶剂是乙醇与乙醚混合液，体积比为 1∶3）。

实验步骤

1. 渗析膜的制备

取 10 ml 5% 火棉胶液倒入洗净的 100 ml 锥形瓶中，倾斜锥形瓶，缓慢转动使火棉胶液刚好达到瓶口，转动几次后，使其在瓶壁形成一层均匀薄层，将多余的火棉胶液倒入回收瓶。将锥形瓶倒置在铁圈上，让剩余火棉胶流尽，并使乙醚挥发完（可借助电吹风以冷风吹），大约 15 min 后，火棉胶膜风干（不粘手）。在锥形瓶内加满蒸馏水，溶去剩余的乙醇，放置 3 min，倒出水，在瓶口剥开一部分膜，在膜与壁之间注入蒸馏水，膜就会脱离瓶壁，轻轻取出火棉胶袋。将此火棉胶袋盛满蒸馏水，检查是否漏水，然后泡在蒸馏水中备用。

2. 制备 $Fe(OH)_3$ 溶胶

在 250 ml 小烧杯中加入 100 ml 蒸馏水，加热至沸腾，慢慢滴加 0.2 mol/L $FeCl_3$ 溶液 15 ml，边加边搅拌，加完后继续煮沸 2 min，即得棕红色透明的 $Fe(OH)_3$ 溶胶。静置冷却，保留备用。

3. 溶胶的渗析

将 $Fe(OH)_3$ 溶胶倒入火棉胶袋中，用线拴住口袋，将其悬在装满蒸馏水的 1000 ml 大烧杯中，水温保持在 60～70℃ 进行热渗析。经常换水，直至蒸馏水中无 Cl^- 时，渗析结束。

4. 制备电导率与 $Fe(OH)_3$ 溶胶相同的 HCl 溶液

用电导率仪测定 $Fe(OH)_3$ 溶胶的电导率。取 50 ml 稀盐酸加入 150 ml 烧杯中，测定稀盐酸的电导率。向稀盐酸中不断滴加蒸馏水并测定其电导率，直至其电导率与 $Fe(OH)_3$ 溶胶的电导率相同为止，储存做测定辅助液备用。

5. 电泳速度的测定

（1）如图 2-40 所示，将电泳仪的两个活塞打开，在活塞下部的 U 形管中充满 $Fe(OH)_3$ 溶胶。溶胶装好后关上大活塞，将活塞上方多余的溶胶倒掉，并用蒸馏水、稀盐酸依次洗涤 2～3 次。在活塞上方及支管中充满稀盐酸溶液。将电泳仪固定好，在弯管处插入铂电极，并固定电极的位置。

（2）打开电泳仪横梁上的小活塞，使两臂液面达到同一水平，然后关上小活塞。接好线路，轻轻打开两只大活塞，注意维持界面清晰。

（3）接通电源，开始实验。电压为 100~150 V，保持电压稳定。左或右臂界面从旋钮处移到清晰可读的位置时打开秒表计时，并记录刻度位置，半小时后记录界面移动的距离，计算电泳速度 u，观察界面移动的方向，判断胶粒所带电荷的符号，切断电源。

（4）量出两电极间的准确距离。

（5）按（1）~（4）操作重复 3 次。

6. 电渗现象

（1）将实验仪器装置按图 2-41 所示安装好。将砖板固定，用水（为减少电阻，可加入少许 KCl 溶液）充满电渗仪，以没有气泡为度，在两端插入铂电极，中间插入盐桥，并记录毛细管末端水位的位置。

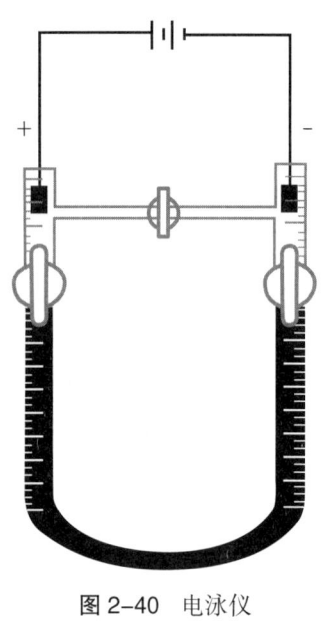

图 2-40　电泳仪

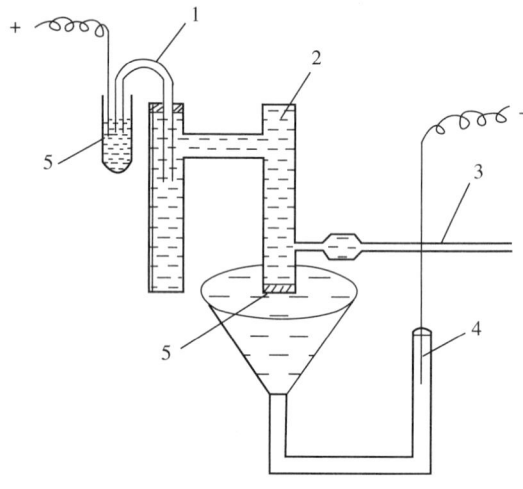

图 2-41　电渗仪装置图
1- 盐桥；2-H2O（KCl 溶液）；3- 毛细管；
4,5- 铂电极；6- 砖板

（2）接通电源，电压为 50 V 直流电，记录电流 I。

（3）从毛细管末端观察水的移动情况，记录一定时间后毛细管中水柱的移动距离，判断胶粒带何种电荷。

7. 数据记录及处理

（1）电泳速度的测定

电泳开始时电泳仪左或右臂界面的刻度位置
秒表计时半小时后界面的刻度位置
界面移动的距离
电泳速度 u
界面移动的方向
胶粒所带电荷的符号
两电极间的准确距离

（2）电渗现象的观测

电渗前毛细管末端水位的位置
电渗一定时间后毛细管末端水位的位置
毛细管中水柱的移动距离
胶粒（砖板）所带电荷符号
电压为50V直流电的电流 I

注意事项

1. 通电时，注意用电安全，切勿接触导线外露部分。
2. 火棉胶液是硝化纤维素的乙醇乙醚混合溶液，要远离火焰。
3. U形管中充满$Fe(OH)_3$溶胶时，注意管内不能停留有气泡。

思 考 题

1. 胶粒带电符号的测定方法有哪些？
2. 为什么要制备电导率与$Fe(OH)_3$溶胶相同的HCl溶液？有何作用？

（徐　超）

第四章 物理化学实验

实验一 恒温槽的装配和性能测试

实验目的

1. 掌握贝克曼温度计和恒温槽的使用方法。
2. 熟悉绘制恒温槽灵敏度曲线的方法。
3. 了解恒温槽的构造、恒温原理及基本用途。

实验原理

化学实验中所测定的数据，如旋光度、折光率、黏度、蒸气压、表面张力、电导及化学反应速率常数等都与温度有关。恒温槽是实验工作中常用的一种以液体为介质的恒温装置。用液体做介质的优点是其热容量大和导热性好，从而使温度控制的稳定性和灵敏度大为提高。根据温度控制的范围，可采用下列液体介质：

-60～30℃——乙醇或乙醇水溶液；
0～90℃　——水；
80～160℃——甘油或甘油水溶液；
70～200℃——液体石蜡、汽缸润滑油、硅油。

如图2-42所示，恒温槽通常由下列构件组成：浴槽、温度控制器、电子继电器、加热器、搅拌器、循环水泵和温度计等。其控制温度的原理如2-43所示,盛装被测物质的容器放在浴槽中，当浴槽的温度低于恒定温度时，温度控制器通过继电器的作用，使加热器加热；浴槽的温度高于恒定温度时，即停止加热，如此反复使浴槽温度仅在一微小的范围内波动，而被测物质的温度，也限制在相应的微小区间内。

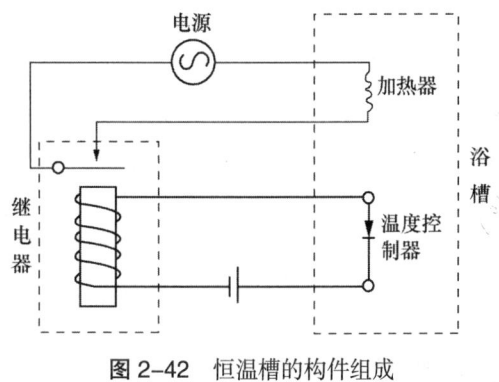

图2-42　恒温槽的构件组成

1. 槽体

如果需要恒温的温度与室温相差不是太大，用敞口大玻璃缸作为槽体是比较合适的。对于较高和较低温度，则应考虑保温问题。具有循环泵的超级恒温槽，有时仅做供给恒温液体之用，而实验则在另一工作槽中进行。

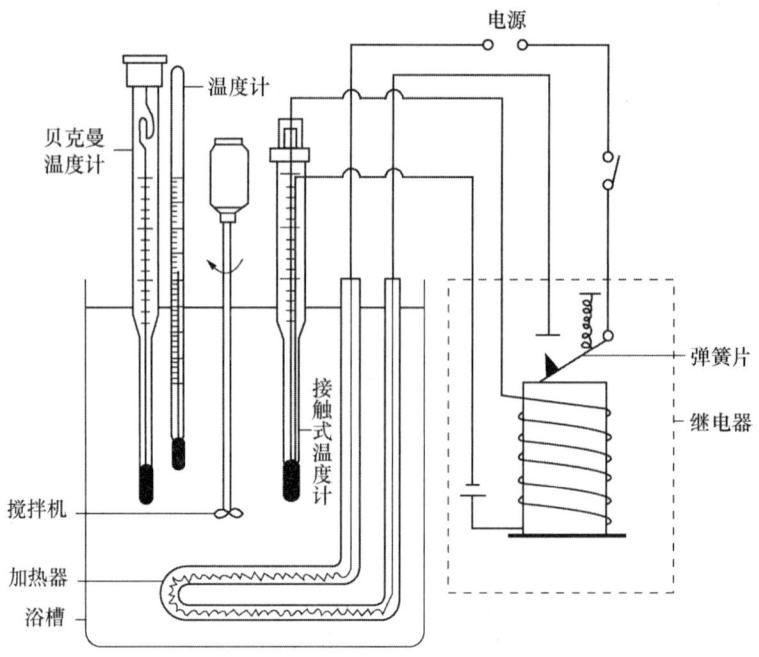

图 2-43 控温原理线路图

2. 加热器与冷却器

如果要求恒温的温度高于室温,则须不断向恒温槽中供给热量以补偿其向四周散失的热量;如果要求恒温的温度低于室温,则须不断从恒温槽取走热量,以抵偿环境向槽中的传热。在前一种情况下,通常采用电加热器间歇加热来实现恒温控制。对电加热器的要求是热容量小、导热性好、功率适当。选择加热器的功率最好能使加热和停止的时间约各占一半。

3. 温度调节器

温度调节器的作用是当恒温槽的温度被加热或冷却到指定值时发出信号,命令执行机构停止加热或冷却;离开指定温度时则发出信号,命令执行机构继续工作。

目前普遍使用的温度调节器是接触式温度计(图 2-44)。它与水银温度计不同之处在于毛细管中悬有一根可上、下移动的金属丝,金属丝再与温度控制系统连接。

4. 温度控制器

温度控制器常由继电器和控制电路组成,故又称电子继电器。从接触式温度计传来的信号,经控制电路放大后,推动继电器去开关电

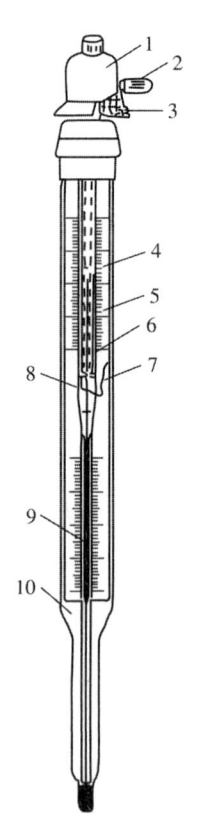

图 2-44 接触式温度计
1- 磁性螺旋调节帽;2- 锁定螺丝;3- 接触金属丝;
4- 温度计调节主尺;5- 温度计调节指示螺丝;
6- 水银柱

热器。

5. 搅拌器

加强液体介质的搅拌，对保证恒温槽温度均匀起着非常重要的作用。以小型电动机带动，功率可选为 40 W。

6. 继电器

继电器必须与加热器和温度控制器相连接，才能起到控温作用。实验室常用的继电器有电子管继电器和晶体管继电器。典型的晶体继电器电路如图 2-45，但是晶体管继电器不能在高温下工作，因此不能用于烘箱等高温场合。

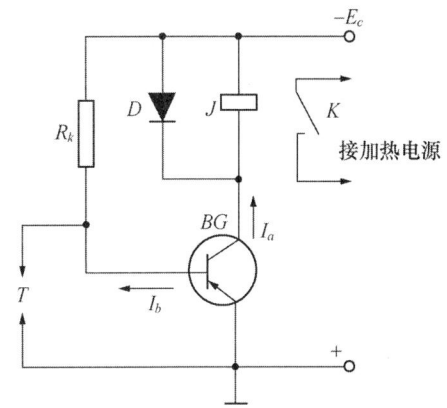

图 2-45　继电器工作原理图

设计一个优良的恒温槽应满足的基本条件是：

（1）定温计灵敏度高。

（2）搅拌强烈而均匀。

（3）加热器导热良好而且功率适当。

（4）搅拌器、接触式温度计和加热器相互接近，使被加热的液体能立即搅拌均匀并流经接触式温度计及时进行温度控制。

贝克曼温度计的操作方法——恒温水浴调节法

（1）调整　准备一恒温水浴，水浴温度可根据下式计算：$T=t+(T_0-T_C)+R$。式中 T 为水浴的温度，t 为待测液的起始温度；T_0 为贝克曼温度计刻度尺上的最高刻度读数；T_C 为要求调节水银柱所处的刻度，R 为图 2-46 中 A～D 处无刻度毛细管相当的温度数，可根据 A～D 段长度粗略估计，一般约 3℃左右。将温度计倒置，使 C 中的水银借重力作用流入 B，并与 B 中的水银柱相连（如倒立时水银不下流，可以将温度计向下小心抖动），然后慢慢直立温度计，勿使连接处断开。将温度计浸入准备好的水浴中，静置 5 min 左右，迅速将温度计取出，以左手垂直握住温度计的上部，以右手掌快速轻击左手手背，使贮槽内水银与毛细管内水银在 A 处断开。将调节好的温度计浸入起始温度为 t 的待测液中，观察水银柱面是否落在所要求的刻度 T_C 附近，如相差很多，则需要重新调节。

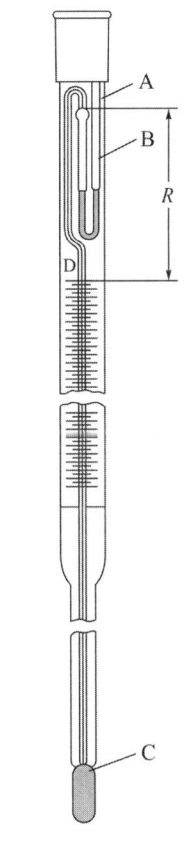

图 2-46　贝克曼温度计
A- 水银贮槽与毛细管接口；B- 水银贮槽；
C- 水银球；D- 主标尺最高刻度

（2）读数　读数时，使贝克曼温度计垂直，而且水银球应全部浸入所测温度体系中。由于毛细管中的水银面在上升或下降时有黏滞现象，所以读数前必须先用手指轻敲水银面处，消除黏滞现象，用放大镜读取数值。读数时应注意眼睛视线要与水银柱凸液面水平，而且使最靠近水银面的刻度线中部不呈弯曲现象。

（3）校正　当测定精确度要求高时，对贝克曼温度计还要进行校正，校正一般包括两项，即由于调整温度不同所引起的校正及水银柱露出体系外的校正。

仪器与试剂

秒表、贝克曼温度计、超级恒温槽、放大镜、0~50℃温度计、250ml 烧杯。

实验步骤

1. 调节仪器

向恒温槽与恒温筒加入适量的蒸馏水（槽内水面必须离盖板 3~4cm，筒内水量可酌情减少）。盖好盖子，用橡皮管连接靠近超级恒温器的水泵进、出水口，装好水银温度计和接触式温度计，并将温度计的引出线与控制箱上的接线相连。接通电源，使槽内的水循环对流。旋转接触式温度计顶端的帽形磁铁至接触式温度计内温度示标比所需控制的温度低 1~2℃，开启开关。当指示灯时明时熄时，观察槽内的水银温度计，如所示温度与所需温度不同，可再调节接触式温度计，直至达到所需温度为止。

2. 调整贝克曼温度计

使其在浴槽温度（如 30℃）时，毛细管内水银面处于所在刻度的中间部分。将其水银球穿过恒温槽加入口浸入浴槽中，垂直固定温度计，用放大镜连续几次读取贝克曼温度计上的最高（T_{max}）及最低（T_{min}）值，以（$T_{max}-T_{min}$）/2 表示在该温度下浴槽的控制温度。再将贝克曼温度计水银球穿过恒温筒的加水口浸入水中，如上述方法求出恒温筒的控温精度。

3. 恒温槽灵敏度的测定

待恒温槽的温度已经调节到 30℃恒温后，观察贝克曼温度计的读数，利用秒表，每隔 2min 记录一次贝克曼温度计的读数，测定约 60min。然后以时间为横坐标，温度为纵坐标，绘制温度-时间曲线。如图 2-47 所示，图中（a）表示恒温槽灵敏度较高；（b）表示恒温槽灵敏度较差；（c）表示加热器功率太小或散热太快。恒温槽灵敏度 T_E 与最高温度 T_1、最低温度 T_2 的关系式为：

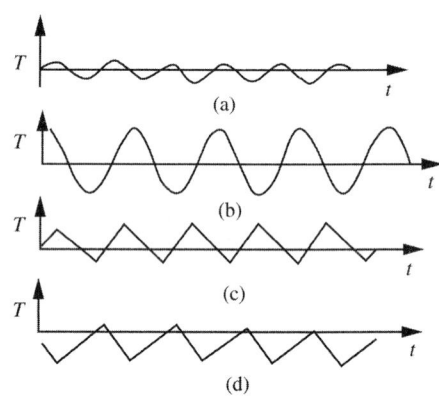

图 2-47 恒温槽灵敏度曲线

$$T_E = \pm \frac{T_1 - T_2}{2}$$

且 T_E 值越小，恒温槽灵敏度的性能越佳，恒温槽精度随槽中区域不同而不同。一般要求灵敏度温度变化范围在 ±0.15℃之内。

实验完毕，关闭电源，并将贝克曼温度计装入盒内。

4.数据记录及处理

（1）数据记录　所需要控制的温度：30℃。

时间（min）	2	4	6	8	10	12	14	16
温度（℃）								
时间（min）	18	20	22	24	…	…	58	60
温度（℃）								

（2）数据处理　根据所测得的温度在坐标纸上以温度为纵坐标，时间为横坐标，描出温度变化曲线，分析实验结果。

注意事项

1.调整贝克曼温度计时，勿使过多水银进入槽内。
2.在使毛细管内水银断开的操作中，应注意敲击的动作不可用力过猛。敲击时要远离试验台等硬物，防止温度计碰撞损坏。
3.对于调节的贝克曼温度计，应注意勿使毛细管内的水银再与槽内水银相接。

思考题

1.恒温槽恒温的原理是什么？
2.要想提高恒温槽的灵敏度，应该从哪些方面进行改进？

（胡小建）

实验二　折光率的测定

实验目的

1.掌握有机化合物折光率的测定方法。
2.熟悉折光率测定的基本原理与意义。
3.了解阿贝折光仪的基本构造。

实验原理

折光率是有机化合物最重要的物理常数之一，可用来定量地分析溶液的组成，鉴定液体的纯度。同时物质的摩尔折射度、摩尔质量、密度、极性分子的偶极矩等也都可与折光率数据相关联，因此它也是物质结构研究工作的重要工具。折光率的测量，所需样品量少，测量精度高（折光率可精确到 1×10^{-4}），重现性好。

光在不同介质中的传播速度是不同的。当光从一种介质进入另一种介质时，其传播方向会发生改变，这一现象称为光的折射。当光线从真空射入某介质时的入射角和折射角的正弦之比，称为该介质的绝对折光率。

根据折射定律，光线从介质 A 进入介质 B，入射角 α 与折射角 β 的正弦之比和两介质的折光率成反比：

$$\sin\alpha / \sin\beta = n_B / n_A$$

如果介质 A 为光疏介质，B 为光密介质，即 $n_A < n_B$，则折射角 β 必小于入射角 α，当入射角为 90° 时，$\sin\alpha_0 = 1$。此时折射角达到最大值，称为临界角，用 β_0 表示，如图 2-48 所示。通常测定折光率都采用空气（$n_{空气} = 1.00027$）作为近似真空（$n_{真空} = 1$）标准状态，即 $n_A = 1$，上式成为：$n = 1/\sin\beta_0$。但在精密测定时，必须进行校正。由此可见，如果测定了临界角 β_0，就可以求得介质的折光率。

折光率以符号 n 表示，由于 n 与波长有关，因此在其右下角注以字母表示测定时所用单色光的波长，D、F、G、C 分别表示钠的 D（黄）线、氢的 F（蓝）线、G（紫）线、C（红）线等。另外，折光率又与介质温度有关，因而在 n 的右上角注以测定时的介质温度（摄氏温标）。例如 n_D^{20} 表示在 20℃ 时该介质对钠光 D 线的折光率。通常用阿贝（Abbe）折光仪测定物质的折光率。

折光仪的主要部件是两块直角折射棱镜：下棱镜为 P_1、上棱镜为 P_2，被测液体则置于两棱镜之间的斜面上，铺展成一薄层。光线通过棱镜的折射情况如图 2-49 所示。当光线由平面反光镜 N 反射入棱镜 P_1 之内，由于表面 ED 是粗糙半透明的，所以通过液层所射出的光线向各方向散射，即光线在液层中以各种不同的入射角射入 P_2 中。因 P_2 的折光率大于待测液体样品的折光率，所以光线由液层射至棱镜 P_2，即相当于光线从光疏介质射入光密介质。当光线沿液层与 P_2 的表面 AB 平行方向入射于 P_2 中时，其入射角为 90°，与此入射角对应的折射角即为 P_2 对液层的临界角。光线经 AC 面射出，这时在望远镜的视场中，出现一明暗区域，对应的折射角为 ϕ，明暗两区域分界线的位置随各种物质临界角的大小而变化，而临界角的大小又因各物质（液体或溶液）的折光能力而异。所以在测定时，将明暗分界线对准于视场中

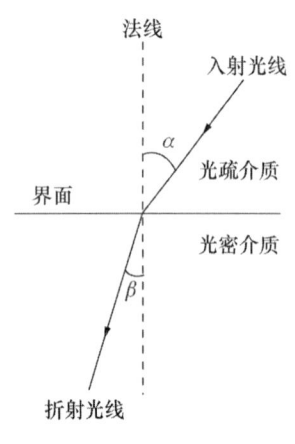
图 2-48 光的折射现象

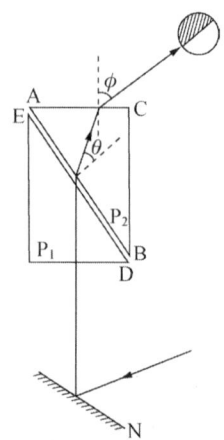
图 2-49 光线通过棱镜的折射情况

十字交叉线的交点上。位置确定后,就可求出临界角的大小。由临界角计算得到对应的折光率,已刻在刻度盘上。所以,从刻度盘上就能直接读出液体的折光率。

仪器与试剂

阿贝折光仪、超级恒温槽。
重蒸馏水、丙酮、乙酰乙酸乙酯、松节油。

实验步骤

1. 了解阿贝折光仪的构造

阿贝折光仪的主要组成部分是两块直角折射棱镜,上面一块是光滑的,下面一块是磨砂的,可以开启。阿贝折光仪的构造见图2-50所示,左面有一个镜筒和刻度盘,上面刻有1.3000~1.7000的格子。右面有一个镜筒,是测量望远镜,用来观察折光情况。筒内装消色散镜。光线由反射镜射入下面的棱镜(P_1),以不同入射角射入两个棱镜之间的液层,然后再射到上面的棱镜(P_2)的光滑表面上,由于其折射率很高,一部分光线可以再经折射进入空气而达到测量镜1,另一部分光线则发生反射。调节螺旋以使测量镜中的视场如图2-51,即明暗面的界线恰好落在"+"字的交点上,记录读数。

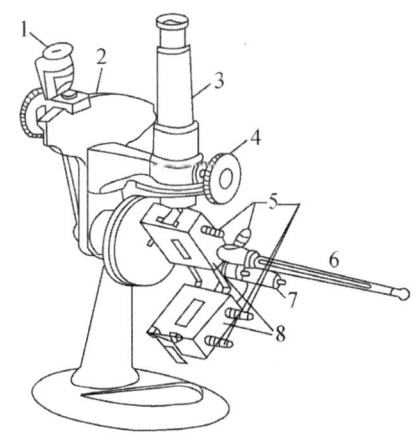

图2-50 阿贝折光仪
1-读数镜筒;2-刻度盘;3-望远镜;4-消色散镜调节器;
5-恒温槽接头;6-温度计;7-反射镜臂;8-直角棱镜

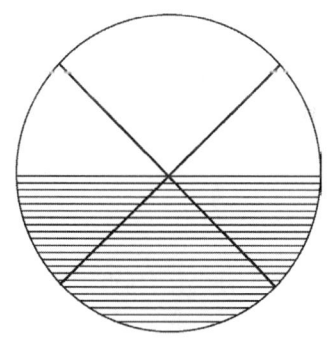

图2-51 阿贝折光仪在临界角
时的目镜视场图

2. 阿贝折光仪的使用

(1)将阿贝折光仪置于靠窗口的桌上或白炽灯前,但避免阳光直射,用超级恒温槽通入所需温度的恒温水于两棱镜夹套中,棱镜上的温度计应指示所需温度,否则应重新调节恒温槽的温度。

(2)松开锁钮,打开棱镜,滴1~2滴丙酮在玻璃面上,合上两棱镜,待镜面全部被丙酮湿润后再打开,用擦镜纸轻轻擦拭干净。

(3)校正 打开棱镜,滴1滴蒸馏水于下面镜面上,在保持下面镜面水平情况下关闭棱镜,转动刻度盘罩外手柄（棱镜被转动），使刻度盘上的读数等于蒸馏水的折光率（$n_D^{20}=1.33299$，$n_D^{20}=1.3325$），调节反射镜使入射光进入棱镜组，并从测量望远镜中观察，使视场最明亮，调节测量镜（目镜），使视场十字线交点最清晰。

转动消色散镜调节器，消除色散，得到清晰的明暗界线，然后用仪器附带的小旋棒旋动位于镜筒外壁中部的调节螺丝，使明暗线对准"十"字交点，校正即完毕。

（4）测定　用丙酮清洗镜面后，滴加1~2滴乙酰乙酸乙酯或松节油于毛玻璃面上，闭合两棱镜，旋紧锁钮。

转动刻度盘罩外手柄（棱镜被转动），使刻度盘上的读数为最小，调节反射镜使光进入棱镜组，并从测量望远镜中观察，使视场最明亮，再调节目镜，使视场十字线交点最清晰。

再次转动罩外手柄，使刻度盘上的读数逐渐增大，直至观察到视场中出现半明半暗现象，并在交界处有彩色光带，这时转动消色散镜手柄，使彩色光带消失，得到清晰的明暗界线，继续转动罩外手柄使明暗界线正好与目镜中的十字线交点重合。从刻度盘上直接读取折光率。重复测定3次，取平均值。

注意事项

1. 阿贝折光仪用完后，要使金属套中恒温水流尽。
2. 阿贝折光仪在使用前，棱镜均需要用丙酮或乙醚洗净，并干燥。滴管或其他硬物均不得接触镜面。擦洗镜面时只能用丝巾或擦镜纸，且不能用力擦，以防把玻璃面擦花。
3. 不得使用阿贝折光仪测量酸、碱等腐蚀性液体的折光率，可用浸入式折光仪测定。
4. 若无恒温槽，所得数据要加以修正，通常温度每升高1℃，液态化合物折光率降低$(3.5 \sim 5.5) \times 10^{-4}$。
5. 在每次滴加样品前应洗净镜面；在使用完毕后，也应用丙酮或95%乙醇洗净镜面，待晾干后再闭合棱镜。

思考题

1. 测定有机化合物的折光率有什么意义？
2. 用阿贝折光仪只能测定折光率在什么范围内的化合物？

（陈　文）

实验三　液体饱和蒸气压的测定

实验目的

1. 掌握液体饱和蒸气压、正常沸点的概念。
2. 熟悉液体饱和蒸气压与温度的关系以及克拉贝龙–克劳修斯方程及动态法测定蒸气压

的基本原理。

3. 了解真空泵、气压计的使用。

实验原理

在一定温度下，气液两态处于动态平衡状态时的蒸气压力称为液体饱和蒸气压。某一温度下，被测液体处于密闭真空容器中，液体分子从表面逃逸成蒸气，同时蒸气分子因碰撞而凝结成液体，当两者的速率相等时的状态，称为动态平衡状态，此时气相中的蒸气密度不再改变。

摩尔气化热：动态平衡状态时，具有一定饱和蒸气压的液体蒸发 1 摩尔需要吸收的热量，即为该温度下液体的摩尔气化热。

它们的关系可用克拉贝龙－克劳修斯方程表示：

$$d\ln p/dT = \Delta_{vap}H_m/RT^2 \qquad (1)$$

式中，ΔH_m 为摩尔气化热（$J \cdot mol^{-1}$），R 为气体常数（$8.314 \, J \cdot mol^{-1} \cdot K^{-1}$）。

若温度改变的区间不大，ΔH 可视为为常数（实际上 ΔH 与温度有关）。将上式求积分得：

$$\ln p = A' - \Delta H_m/RT \qquad (2)$$

或

$$\lg p = A - B/T \qquad (3)$$

常数 $A = A'/2.303$，$B = \Delta_{vap}H_m/2.303RT$。

式（3）表明 $\lg p$ 与 $1/T$ 有线性关系，做图可得一直线，斜率为 $-B$。因此，可得实验温度范围内液体的平均摩尔气化热 ΔH_m：

$$\Delta H_m = 2.303RB \qquad (4)$$

当外压为 101.325 kPa（760 mmHg）时，液体的蒸气压与外压相等时的温度称为液体的正常沸点。在图上，也可以求出液体的正常沸点。

液体饱和蒸气压的测量方法主要有三种：

（1）静态法　在某一固定温度下直接测量饱和蒸气的压力。

（2）动态法　在不同外部压力下测定液体的沸腾温度。

（3）饱和气流法　在液体表面上通过干燥的气流，调节气流速度，使之能被液体的蒸气所饱和，然后进行气体分析，计算液体的蒸气压。

本实验利用第二种方法。此法基于在沸点时液体的饱和蒸气压与外压达到平衡。只要测得在不同外压下的沸点，也就可测得在这一温度下的饱和蒸气压。

沸点和沸腾温度，原始概念和初略测量本是一回事，但精确考查则是两回事。沸点是液体饱和蒸气压等于外压时的温度，在一定外压下有唯一确定值，而沸腾温度则是液体内部发生气化的温度，在一定外压、一定范围内有任意值。前者是一个平衡概念，后者是一个动态概念。沸点是沸腾温度的极限值、极小值，只能接近，不能相等。了解沸点与沸腾温度的区别，对于正确运用动态法，精确测定液体饱和蒸气压是十分重要的，可以指导我们如何选择实验条件，使沸腾温度能代表沸点。

仪器与试剂

液体饱和蒸气测定仪、抽气泵、福廷式压力计、加热电炉、搅拌马达、温度计。

实验步骤

1. 安装实验装置

按图 2-52 所示安装好实验装置，熟悉系统各部分及活塞的作用，读取当日大气压。

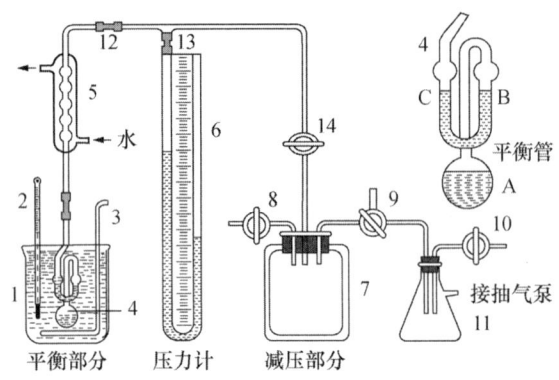

图 2-52 液体饱和蒸气压测定装置图

1-盛水大烧杯；2-温度计(分度值为0.1℃)；3-搅拌；4-平衡管；5-冷凝管；6-开口U形水银压力计；7-具有保护罩的缓冲瓶；8-进气活塞；9-抽气活塞；10-放空活塞；11-安全瓶；12、13-橡皮管；14-三通活塞

2. 装液

取下平衡管 4，洗净、烘干，装入待测液，使 A 球内有 2/3 体积的液体，并在 B、C 管中也加入适量液体，将平衡管接在冷凝管的下端。

平衡管中液体的装法有两种：

（1）烘烤 A 管，赶走空气，迅速在 C 管中加入液体，冷却 A 管，将液体吸入。

（2）将 C 管中加入液体，将平衡管与一水泵相连接，抽气，并突然与水泵断开，让 C 管的水流入 A 管。

3. 系统检漏

关闭活塞 8 和 9，将三通活塞 14 旋转至与大气相通，关闭活塞 10，插上真空泵电源，启动真空泵，将活塞 14 再转至与安全瓶 11 相通，抽气 5min，再将活塞 14 旋至与大气相通，拔掉真空泵电源，停止抽气。这样做是为了防止真空泵油倒吸。用活塞 9 调节缓冲瓶的真空度，使 U 形压力计两臂水银柱高低差为 20～40mm，关闭活塞 9。仔细观察压力计两臂的高度，在 10min 内不变化，证明不漏气，可开始做实验。否则应该认真检查各接口，直到不漏气为止。

4. 不同温度下液体饱和蒸气压的测定

（1）将平衡管浸入盛有蒸馏水的大烧杯中，并使其全部浸没在液体中。插上电炉加热，同时开冷却水，开启搅拌马达，使水浴中的温度均匀。

（2）关闭活塞 9，使活塞 8 与大气相通。此时平衡管、压力计、缓冲瓶处于开放状态。将活塞 14 通大气，打开真空泵，把活塞 14 旋转至与安全瓶相通，抽 5 min，再将活塞 14 通大气。拔下电源，此时安全瓶内为负压，待用。

（3）随着水浴中液体的温度不断升高，A 球上面的待测液体的蒸气压逐渐增加，使 C 管中逐渐有气泡逸出。本实验所测的液体为纯净水，所以待测水浴中的水沸腾后仍需继续煮沸 5~10 min，把 A 球中的空气充分赶尽，使待测水上面全部为纯液体的蒸气。停止加热，让水浴温度在搅拌中缓慢下降，C 管中的气泡逐渐减少至消失，液面开始下降，B 管液面开始上升，认真注视两管液面，一旦处于同一水平，立即读取此时的温度。这个温度便是实验大气压条件下液体的沸点。

（4）关闭活塞 8，用活塞 9 调节缓冲瓶 7 中的真空度，从而降低平衡管上端的外压，U 形压力计两水银柱相差约 40 mm，这时 A 管中的待测液又开始沸腾，C 管中的液面高于 B 管的液面，并有气泡快速逸出，随着温度的不断下降，气泡逐渐消失，B 管液面慢慢升高，在 B、C 两管液面相平时，说明 A、B 之间的蒸气压与外压相等。立即记录此时的温度和 U 形压力计上的读数。此时的温度即外压为大气压减去两水银柱差的情况下液体的沸点。继续用活塞 9 调节缓冲瓶的压力，体系产生新的沸腾，再次测量蒸气压与外压平衡时的温度，反复多次，约读取 10 个点。温度控制在 80 ℃ 以上，压差计的水银柱相差约 400 mm 左右为止。

为了测量的准确性，可将缓冲瓶放空，重新加热，按上述步骤重复测量 2 次。实验结束时，再读取大气压，把两次记录的值取平均值。

5．数据记录及处理

（1）自行设计实验数据记录表格，正确记录全套原始数据并填入演算结果。

（2）以测得的蒸气压对温度 T 作图。

（3）由 p-T 曲线均匀读取 10 个点，列出相应的数据表，然后给出 $\ln p$ 对 $1/T$ 的直线图，由直线斜率计算出被测液体在实验温度范围内的平均摩尔气化热。

（4）由曲线求得待测液体的正常沸点，并与文献值比较。

注意事项

1．平衡管 A 管和 B 管之间的空气必须除尽。
2．抽气和放气的速度不能太快，以免 C 管中的水被抽掉或 B 管中的水倒流到 A 管。
3．读数时应同时读取温度和压差。
4．使用真空泵时，特别是关真空泵时，一定要防止真空泵中的真空油被吸入大真空瓶中，要保证真空泵的出口连通大气时才能关真空泵。就本实验而言，要保证大真空瓶上的三通活塞处于"⊥"状态时才能切断真空泵的电源。

思考题

1．什么是饱和蒸气压？什么是沸点？它们与温度和压力有何联系？
2．克拉贝龙 – 克劳修斯方程式的应用条件是什么？
3．产生误差的原因有哪些？

附：液体饱和蒸气压测定装置

图 2-52 中，平衡管由三个相连通的玻璃球构成，顶部与冷凝管相连。冷凝管与 U 形压力计 6 和缓冲瓶 7 相接。在缓冲瓶 7 和安全瓶 11 之间，接一活塞 9，用来调节测量体系的压力。安全瓶中的负压通过真空泵抽真空来实现。安全瓶和真空泵之间有一三通阀，通过它可以正确地操作真空泵的启动和关闭。A 球中装待测液体，当 A 球的液面上纯粹是待测液体的蒸气，并且当 B 管与 C 管的液面处于同一水平时，表示 B 管液面上的蒸气压（即 A 球面上的蒸气压）与加在 C 管液面上的外压相等。此时体系气液两相平衡的温度称为液体在此外压下的沸点。用当时读取的大气压减去压差计两水银柱的高度差，即为该温度下液体的饱和蒸气压。

（付薪菱）

实验四　液体表面张力的测定

实验目的

1. 掌握最大气泡压力法（列宾捷尔法）测定表面张力的原理和技术。
2. 熟悉表面张力的性质、表面吉布斯能的意义。
3. 了解表面张力和吸附的关系。

实验原理

溶剂中加入溶质后，溶剂的表面张力会发生变化，若加入的物质能显著降低溶剂的表面张力则称其为表面活性剂（如去污剂、乳化剂、润湿剂以及起泡剂等），它们在表面层的浓度要大于溶液内部的浓度；反之，则称为非表面活性剂，它们在表面层的浓度比溶液内部低。这种表面浓度与溶液内部浓度不同的现象称为溶液的表面吸附。显然，在指定的温度和压力下，溶质的吸附量与溶液的表面张力及溶液的浓度有关。从热力学可知，它们之间的关系遵守吉布斯吸附方程：

$$\Gamma = -\frac{c}{RT}\left(\frac{\mathrm{d}\sigma}{\mathrm{d}c}\right)$$

式中，Γ 为溶质在单位面积表面层中的吸附量，mol/m^2；σ 为溶液的表面张力，J/m^2；T 为热力学温度；c 为溶液浓度，mol/L；R 为气体常数，其值为 $8.314\ J\cdot mol^{-1}\cdot K^{-1}$。

当 $\left(\dfrac{\mathrm{d}\sigma}{\mathrm{d}c}\right)<0$ 时，$\Gamma>0$，称为正吸附；当 $\left(\dfrac{\mathrm{d}\sigma}{\mathrm{d}c}\right)>0$ 时，$\Gamma<0$，称为负吸附。通过实验测得不同浓度溶液的表面张力 σ_1、σ_2 … 即可求得吸附量 Γ。

本实验采用最大气泡压力法测定正丁醇水溶液的表面张力。实验装置如图 2-53 所示。将欲测表面张力的液体装入试管中，使毛细管的端面与液面相切，液体即沿毛细管上升，直到液柱的压力等于因表面张力所产生的上升力为止。若管内增加一个与此相等的压力，毛细管内液面就会下降,直到在毛细管端面形成一个稳定的气泡;若所增加的压力稍大于毛细管口液体的表面张力,气泡就会从毛细管口被压出。可见毛细管口冒出气泡所需要增加的压力(Δp)与液体的表面张力σ成正比:

$$\sigma = K\Delta p$$

式中,K与毛细管的半径有关,对同一支毛细管是常数,称为仪器常数,可由已知表面张力的液体求得。例如已知水在实验温度下的表面张力σ_0,测得Δp_0,则$K = \dfrac{\sigma_0}{\Delta p_0}$,求出该毛细管的$K$值,就可用它测定其他液体的表面张力了。

$$\sigma = K\Delta p = \frac{\sigma_0}{\Delta p_0}\Delta p = \frac{\Delta h}{\Delta h_0}\sigma_0$$

式中,Δh与Δh_0分别为U形管压力计中两边液柱的高度差。

由实验测得不同浓度时的表面张力σ,以浓度c为横坐标,σ为纵坐标,得σ-c曲线(图2-54)。过曲线上任一点做曲线的切线,曲线与纵坐标相交于b_1点,切点的纵、横坐标分别为b_2、c_1,则曲线在该点的斜率为

$$\frac{\mathrm{d}\sigma}{\mathrm{d}c} = \frac{b_1 b_2}{0-c} = -\frac{b_1 b_2}{c}$$

故

$$b_1 b_2 = -c\frac{\mathrm{d}\sigma}{\mathrm{d}c}$$

代入吉布斯吸附方程,得到该浓度时的吸附量为$\varGamma = -\dfrac{c}{RT}\left(\dfrac{\mathrm{d}\sigma}{\mathrm{d}c}\right)_T = \dfrac{b_1 b_2}{RT}$。求算出各浓度的吸附量则可绘出吸附量与浓度的关系图。

$\varGamma$与c之间的关系也可用Langmuir吸附等温式表示为:

$$\frac{c}{\varGamma} = \frac{c}{\varGamma_\infty} + \frac{1}{k\varGamma_\infty}$$

做$\dfrac{c}{\varGamma}$-c图可得一直线,斜率为$\dfrac{1}{\varGamma_\infty}$,可求得$\varGamma_\infty$。$\varGamma_\infty$是表面盖满一层被吸附物的分子时的饱和吸附量,其单位是$\mathrm{mol/cm^2}$。设$1\,\mathrm{cm^2}$表面上被吸附的分子数为N,则有$N = \varGamma_\infty N_A$,

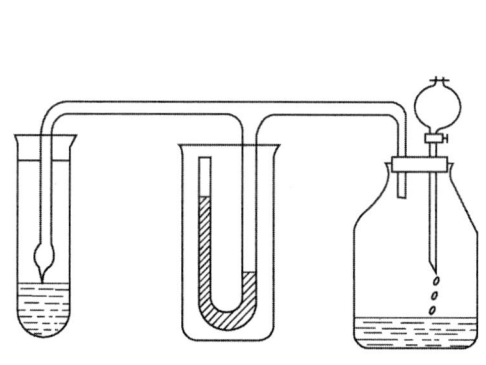

图2-53 测定表面张力的实验装置图

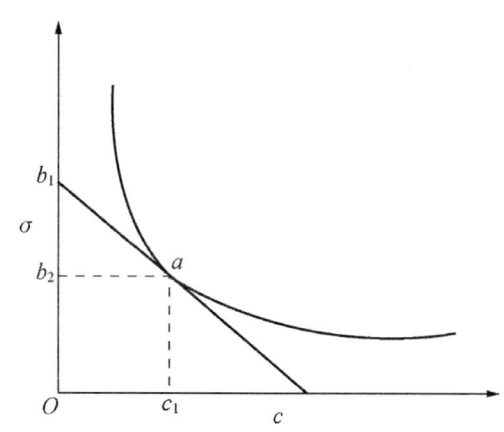

图2-54 表面张力与浓度的关系

N_A 为阿伏伽德罗常数。由此可以计算出当饱和吸附时,每个分子在表面上所占据的面积 $A_s = \dfrac{1}{N_A \Gamma_\infty}$,此面积也可看作是分子的截面积。

试剂和仪器

蓄水瓶、毛细管、试管、烧杯、U 形水柱压力计、温度计、分液漏斗。

0.050 mol/L、0.100 mol/L、0.200 mol/L、0.300 mol/L、0.400 mol/L、0.500 mol/L、0.600 mol/L 正丁醇水溶液。

实验步骤

1. 安装实验装置

按图 2-53 所示安装好实验装置,检查仪器是否漏气,检查方法为:由分液漏斗向蓄水瓶中加水,使压力计产生一定的压力差,停止加水,如压力差维持 3~5 min 不变,则可认为不漏气。

2. 洗涤毛细管

仔细用热洗液洗涤毛细管,再用蒸馏水冲洗数次。

3. 仪器常数 K 的测定

在清洁的试管中加入约 1/4 体积的蒸馏水,装上清洁的毛细管,使其端面恰好与液面相切。打开分液漏斗使水缓缓滴出,控制滴水速度,使气泡均匀稳定地逸出(每分钟约 20 个气泡)。观察压力计两个柱的高度,记录最高和最低读数各 3 次,求平均值,即为 Δh,测量水温,查得该温度下水的表面张力 σ_0(表 2-3),即可求得仪器常数 K。

4. 正丁醇溶液表面张力的测定

将试管中的水倒出,用待测溶液将试管和毛细管仔细洗涤 3 次,在试管中装入待测溶液,用上述方法测定浓度为 0.050、0.100、0.200、0.300、0.400、0.500、0.600 mol/L 正丁醇溶液的压力差(Δh),分别测 3 次,取其平均值。

5. 数据记录及处理

(1)将实验数据记录在下表中

浓度 c	$h_{左}$	$h_{右}$	Δh	σ	$\Delta \sigma$	Γ	c/Γ

(2)利用水的表面张力求出仪器常数。

(3)计算各浓度正丁醇溶液的表面张力,计算时,注意各量的单位。

(4)做 σ-c 图,并在曲线上选取 6 点做切线和水平线段,求 $b_1 b_2$ 值。

(5)计算各浓度的 Γ 和 $\dfrac{c}{\Gamma}$。

(6)做 Γ-c 图和图 $\dfrac{c}{\Gamma}$-c。

（7）由 $\frac{c}{\Gamma}$-c 图曲线的斜率求出 Γ_∞ 和 q 值。

思 考 题

1. 为什么液体的表面张力随温度的升高而减小？
2. 仪器的清洁与否对所测数据有无影响？
3. 将一毛细管插入水中，管内液面可以上升至一定高度，设想在一定的高度处把毛细管下弯，则水会下滴吗？

附：

表 2-3　不同温度下水的表面张力（$N \cdot m^{-1}$）

温度（℃）	$\sigma \times 10^3$	温度（℃）	$\sigma \times 10^3$	温度（℃）	$\sigma \times 10^3$	温度（℃）	$\sigma \times 10^3$
0	75.64	17	73.19	26	71.82	60	66.18
5	74.92	18	73.05	27	71.66	70	64.42
10	74.22	19	72.90	28	71.50	80	62.11
11	74.07	20	72.75	29	71.35	90	60.75
12	73.93	21	72.59	30	71.18	100	58.85
13	73.78	22	72.44	35	70.38	110	56.89
14	73.54	23	72.28	40	69.56	120	54.89
15	73.49	24	72.13	45	68.14	130	52.84
16	73.34	25	71.97	50	67.91		

（周建波）

实验五　化学反应焓变的测定

实验目的

1. 掌握精密温度计的正确使用方法以及利用外推法处理实验数据的方法。
2. 熟悉化学反应焓变的测定原理和方法。

实验原理

化学反应过程中，除了发生物质的变化外，还有能量的变化，这种能量变化表现为反应热效应，而化学反应通常是在恒压条件下进行的，此时的反应热效应称为等压热效应 Q_p。在化学热力学中，Q_p 则是用反应体系的摩尔反应焓变 $\Delta_r H_m$（放热反应为负值，吸热反应为正值）

表示，在标准状态下化学反应的焓变称为化学反应的标准焓变，用 $\Delta_r H_m^\ominus$ 表示。反应热效应的测量方法很多，本实验采用普通保温杯和精密温度计做为简易量热计来测量。

假设反应物在量热计（图 2-55）中进行的化学反应是在绝热条件下进行的，即反应体系（量热计）与环境不发生热量传递。从反应体系前后的温度变化和量热计的热容及有关物质的质量等，就可以按（1）式计算出反应的热效应。本实验是以锌粉和硫酸铜溶液发生置换反应，在 298.15 K 和标准状态下，1 mol 锌置换硫酸铜溶液中的铜离子，放出 218.7 kJ 的热量。

$$Zn(s) + Cu^{2+}(aq) \Longrightarrow Cu(s) + Zn^{2+}(aq)$$
$$\Delta_r H_m^\ominus = -218.7 \text{ kJ} \cdot \text{mol}^{-1}$$

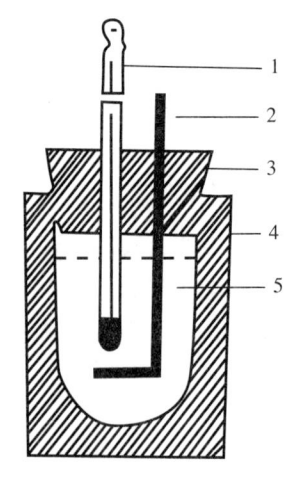

图 2-55 保温杯式简易量热计装置
1- 温度计；2- 搅拌棒；3- 胶塞；
4- 保温杯；5-$CuSO_4$ 溶液

由溶液的比热和反应前、后溶液的温度变化，可求得上述反应的焓变。计算公式如下：

$$\Delta_r H_m(T) = -\Delta T \cdot c \cdot V \cdot \rho \cdot \frac{1}{n} \times \frac{1}{1000} \quad (1)$$

式中，$\Delta_r H_m$ 为反应的焓变（kJ·mol^{-1}）；ΔT 为反应前、后溶液的温度变化（K）；c 为溶液的热容（4.18 J·g^{-1}·K^{-1}）；V 为溶液的体积（ml）；ρ 为溶液的密度（g/ml）；n 为溶液中溶质的物质的量（mol）。

由于此系统非严格绝热，在反应液温度升高的同时，量热计的温度也相应升高，而计算时又忽略此项，故会造成 ΔT 的偏差。因此，在处理数据时可采用外推法，按图 2-56 中虚线外推至反应开始的时间，图解求得反应系统的最大温升值 T，这样可较客观地反映由反应热效应引起的真实温度变化值。

由上述可见，本实验的关键在于能否测得准确的温度值。为获得准确的温度变化 ΔT，除精细观察反应时的温度变化外，还要对影响 ΔT 的因素进行校正。其校正的方法是：在反应过程中，每隔 30 s 记录一次温度，然后以温度（T）对时间（t）做图，绘制 T-t 曲线（图 2-56）。如图所示，将曲线 AB 和 CD 线段分别延长，再做垂线 EF，与曲线交于 G 点，且使 CEG 和 BFG 所围两块面积相等，此时 E 和 F 对应的 T 值之差即为校正后的温差 ΔT。

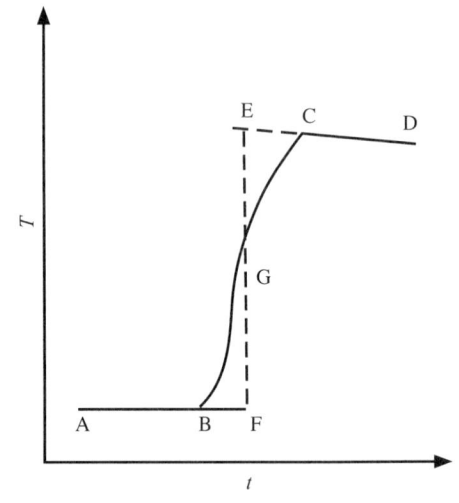

图 2-56 温度校准曲线

仪器与试剂

台秤、分析天平、保温杯、精密温度计（-5～+50℃，0.1℃刻度）、搅拌棒、烧杯、量筒、移液管（50 ml）、洗耳球、容量瓶（1000 ml）、称量纸、秒表。

CuSO₄·5H₂O（s）、Zn（s）、蒸馏水。

实验步骤

1. 准确浓度的硫酸铜溶液的配制

用分析天平准确称取 5 g 左右 CuSO₄·5H₂O（s）置于一只洁净的 50 ml 烧杯中，取适量蒸馏水加入烧杯中，用玻璃棒充分搅拌，使 CuSO₄·5H₂O（s）充分溶解。将小烧杯中的溶液用玻璃棒引流，转移至 100 ml 容量瓶中，用蒸馏水润洗烧杯 3 次，定容备用。

2. 锌与硫酸铜反应摩尔焓的测定

将上述配制的 CuSO₄ 溶液注入已经洗净、擦干的量热计中，盖紧盖子，在盖子中央插入最小刻度为 0.1℃的精密温度计。双手扶正，握稳量热计的外壳，不断摇动搅拌棒，每隔 30 s 记录一次温度，直至量热计中的 CuSO₄ 溶液与量热计温度达到平衡且温度计指示的数值保持不变为止（一般需要 3 min 以上）。

用台秤称取 Zn 粉 3 g，开启量热计的盖子，迅速将称量好的 Zn 粉全部倒入 CuSO₄ 溶液中，立即盖紧量热计的盖子，不断摇动搅拌棒，同时每隔 30 s 记录一次温度，一直记录到温度上升到最高值，仍继续进行测定，直至温度下降或不变后，再测定 3 min，测定才能停止。

3. 实验记录及处理

（1）反应时间与温度的变化（每 0.5 min 记录一次）

室温 $t =$ _____℃

CuSO₄ 溶液的浓度 $c =$ _____mol/L

CuSO₄ 溶液的密度 $\rho =$ _____g/ml

时间 t（min）	0.5	1.0	1.5	2.0	2.5	3.0	3.5	4.0	4.5	5.0	5.5	6.0	6.5
温度 T（℃）													
时间 t（min）	7.0	7.5	8.0	8.5	9.0	9.5	10.0	10.5	11.0	11.5	12.0	…	
温度 T（℃）													

（2）做图求 ΔT 根据上述记录的反应时间与温度变化，以温度（T）对时间（t）做图，在坐标纸上绘制如图 2-56 所示 T-t 曲线，用外推法求出 ΔT。

（3）代入公式求 $\Delta_r H_m$

$$\Delta_r H_m(T) = -\Delta T \cdot c \cdot V \cdot \rho \cdot \frac{1}{n} \times \frac{1}{1000}$$

思考题

1. 为什么本实验所用的 CuSO₄ 溶液的体积和浓度必须准确，而 Zn 粉则可用台秤称量？

2. 在计算化学反应焓变时，温度变化 ΔT 为什么不采用反应前（CuSO₄ 溶液和 Zn 粉混合前）的平衡温度值与反应后的最高温度值之差，而必须采用 T-t 曲线外推法得到的 ΔT 值？

（陶 璐）

第三篇

综合性实验

第一章　无机化学实验

实验一　冰点降低法测定葡萄糖的相对分子质量

实验目的

1. 掌握用溶液的冰点降低法测定溶质的相对分子质量方法。
2. 熟悉分析天平、移液管的使用和最小刻度为 0.1℃温度计的读数方法。
3. 了解冰点降低原理的其他应用。

实验原理

冰点（即凝固点）是溶液（或溶剂）的蒸气压等于其纯溶剂的固相的蒸气压时的温度。而溶液的冰点降低是由于溶液的蒸气压小于同温度下纯溶剂的蒸气压而造成的。对理想溶液来说，冰点降低与溶液质量摩尔浓度成正比：

$$T_0 - T = K_f \cdot b \tag{1}$$

若称取一定量的溶质 $W(g)$ 和溶剂 $W_0(g)$ 配成一稀溶液，则此溶液的质量摩尔浓度为：

$$b = \frac{W/M}{W_0} \times 1000 \tag{2}$$

式（2）中，M 为溶质的摩尔质量。若已知纯溶剂的 K_f 值，通过溶液冰点降低值的测定，运用式（3）即可计算出溶质的摩尔质量 M，由溶质的摩尔质量即可求得溶质的相对分子质量（M_r）。

$$M = \frac{K_f}{T_0 - T} \times \frac{W \times 1000}{W_0} \tag{3}$$

式（3）中，K_f 为溶剂的摩尔冰点降低常数；T_0、T 分别为纯溶剂和溶液的冰点。

溶液的冰点降低原理还有许多实际应用，如利用冰点降低法对药液进行等渗调节，以及利用体液冰点下降值来比较和衡量体液的渗透压。此外，冬天里汽车水箱中加入甘油或乙二醇可防止水结冰，也是基于这一原理。

仪器与试剂

0.1℃分度温度计（记录到小数点后第二位，可用放大镜帮助读数）、烧杯（400ml）、移液管（50ml）、大试管（40×150）、放大镜、搅拌器、粗玻棒、细玻棒、分析天平、量筒（500ml）。

食盐、冰、葡萄糖、蒸馏水。

实验步骤

1. 测定葡萄糖的冰点（图3-1）

（1）冰盐水浴的准备 将碎冰和少量水装入厚玻璃烧杯中（两者约占烧杯总体积的3/4），然后加入适量食盐做降温冷却用。

（2）称取葡萄糖 在分析天平上先准确称量油光纸的质量，再用加重法称取葡萄糖2.3~2.5g（精密称量至小数点后三位），用油光纸包好（注意不要散失）。

（3）葡萄糖冰点的测定 将称好的葡萄糖小心倒入洁净、干燥的大试管（以下称为测定管）中，并注意使油光纸上的葡萄糖完全进入管内（不残留、不散失），然后用25ml移液管准确移取25.00ml蒸馏水沿管壁加入，轻轻振荡，待葡萄糖完全溶解后，用粗玻棒搅动冰水浴，同时以细搅棒轻轻地搅拌溶液，但不要碰到温度计，以免摩擦生热影响实验结果。在降温过程中，会产生过冷现象（即到冰点时并不结冰），当温度继续下降至某一温度后又迅速上升至某一点而达到稳定，此时的温度即为冰点，可通过放大镜读出准确读数。冰点的测定须重复2次，2次测定结果的差值不得超过0.02℃（否则测第三次），溶液的冰点取2次测定结果的平均值。

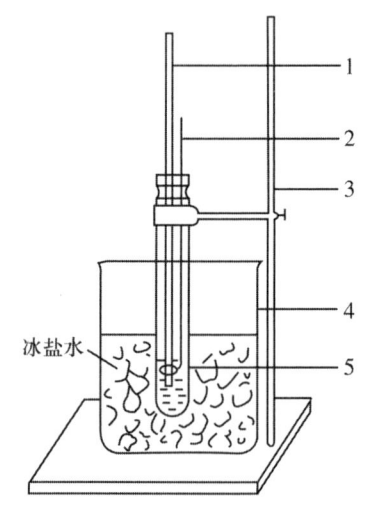

图3-1 冰点降低法测定装置示意图
1-温度计；2-搅拌棒；3-铁架台；4-烧杯；5-测定管

2. 测纯溶剂的冰点

该实验中的溶剂为水，所以要测定的就是蒸馏水的冰点。将测定管内液体倒出，先以自来水洗净测定管，再用少量蒸馏水洗涤，然后加入25.00ml蒸馏水，同上法测定水的冰点（取测定结果的平均值）。

3. 数据记录及结果处理

数据记录在下表中，将数据代入公式（3）中计算葡萄糖的相对分子质量 M_r。由实验所得摩尔质量与理论值比较，计算相对误差。

测定次数	冰点（℃）		溶质质量（g）	溶剂质量（g）	ΔT_f
	蒸馏水	葡萄糖溶液			
1					
2					
3					

注意事项

1. 测定溶液冰点时必须准确定量溶剂体积及溶质质量，所以应用洁净、干燥的大试管先测定溶液冰点，再洗净试管，测定溶剂的冰点；且测定溶液冰点时，溶剂、溶质均须完全转入试管，不能溅出。
2. 0.1℃分度温度计需用放大镜读数。切勿将温度计当搅拌棒，测定过程中如与溶剂冻结在一起，须融化后再取出，切勿硬拉，谨防温度计前端的球玻璃破裂。

思 考 题

1. 冰中加入食盐为什么可以做制冷剂？
2. 溶液的浓度越大，冰点下降值越大，实验误差值越小，所以实验时溶液的浓度越大越好，是否正确？为什么？

（胡小建）

实验二　去离子水的制备及检验

实验目的

1. 掌握离子交换法制备去离子水的基本原理和方法。
2. 熟悉水质的检验方法。

实验原理

用离子交换法制备的纯水通常称为去离子水。离子交换法的优点是操作与设备简单，出水量大，成本低，在大量用水的场合有代替蒸馏法制备纯水的趋势。离子交换法去离子效果好，但不能完全除去有机物和非电解质。纯水质量的主要指标是电导率（或换算成电阻率），水的纯度越高，所含的杂质离子就越少，其电导率越小，一般的化学实验可参考这项指标选择适用的纯水（参见第一篇表1-3实验室用水的级别及主要指标）。

实验室常用含有磺酸基团的强酸型阳离子交换树脂和含有季铵盐基团的强碱型阴离子交换树脂。取自来水，使其首先经过强酸型阳离子交换树脂，再经过强碱型阴离子交换树脂，即得到去离子水。交换反应如下：

$$M^{n+} + nR\text{-}SO_3H \rightleftharpoons (R\text{-}SO_3)_nM + nH^+$$
$$nH^+ + X^{n-} + nR\text{-}N(CH_3)_3^+OH^- \rightleftharpoons [R\text{-}N(CH_3)_3]_nX + nH_2O$$

仪器与试剂

离子交换柱（50 ml，可用碱式滴定管）、电导率仪、T形管、螺旋夹、pH 试纸。

强酸型离子交换树脂、强碱型离子交换树脂、0.02 mol/L EDTA 标准溶液、硝酸银、1% 铬黑 T 指示剂、pH＝10 的 $NH_3 \cdot H_2O$–NH_4Cl 缓冲溶液、pH 试纸或 pH 计、2 mol/L 氨水、钙指示剂、2 mol/L HNO_3、0.1 mol/L $AgNO_3$、1 mol/L $BaCl_2$。

实验步骤

1. 制柱

（1）阴离子交换树脂柱的制备　取强碱型阴离子交换树脂 28 g 置于烧杯中，以 80 ml 2 mol/L NaOH 溶液浸泡过夜使转化为 R–OH 树脂。吸出上层清液后，以少量去离子水多次洗涤树脂至中性。在交换柱的下方装上一块脱脂棉，先加入数毫升去离子水，再将树脂悬浮液转移至交换柱中，同时，放松螺旋夹使交换柱中的水溶液缓缓流出，树脂即沉降到柱底，尽可能使树脂填装紧密，不留气泡。交换柱液面应始终高于树脂柱面，剩余的树脂留（3）用。

（2）阳离子交换树脂柱的制备　取强酸型阳离子交换树脂 28 g 置于烧杯中，以 80 ml HCl 溶液浸泡过夜使转化变为 R–H 树脂，洗至中性，然后按（1）的方法装柱，剩余的树脂留（3）用。

（3）阴阳离子交换树脂柱的制备　取已转型的阴阳离子树脂等量混合，按（1）的方法装柱。

2. 仪器安装

按图 3-2 所示装配离子交换装置。

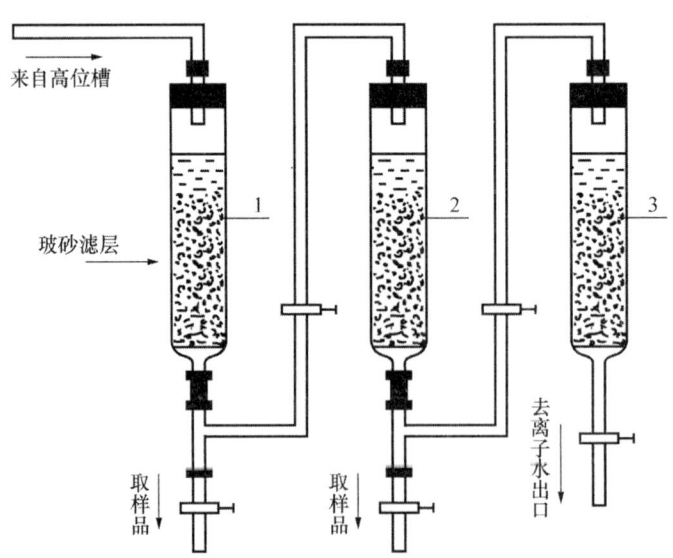

图 3-2　离子交换装置图
1- 阳离子交换树脂柱；2- 阴离子交换树脂柱；3- 阴阳离子交换树脂柱

3. 去离子水的制备

打开各交换柱间的螺旋夹，通入自来水。调节混合交换柱下边的螺旋夹，控制流速在每秒 1~2 滴，下面用去离子水洗净的锥形瓶接收。当接收水约 100 ml 以后，从各取样口收集水样做水质检验。

4. 水质检验

（1）电导率测定法　用电导率仪分别测量上述各水样的电导率。水的电导率与其所含无机酸、碱、盐的量有一定关系，当它们的浓度较低时，电导率随着浓度的增大而增加，因此，该指标常用于推测水中离子的总浓度或含盐量。

（2）离子检验法

① pH　用 pH 试纸测定各水样的 pH。

② Ca^{2+} 检验　取水样 1 ml，加 8 滴 2 mol/L 氨水，并加少量钙指示剂，溶液颜色转为红色，表示有 Ca^{2+}。

③ Mg^{2+} 检验　取水样 1 ml，加 1 滴 2 mol/L 氨水，并加少量铬黑 T，溶液颜色转为红色，表示有 Mg^{2+}。

④ Cl^- 检验　取水样 1 ml，加 1 滴 2 mol/L HNO_3 使之酸化，然后加入 1 滴 0.1 mol/L $AgNO_3$ 溶液，若出现白色混浊，表示有 Cl^-。

⑤ SO_4^{2-} 检验　取水样 1 ml，加入 4 滴 1 mol/L $BaCl_2$ 溶液，若出现白色混浊，表示有 SO_4^{2-}。

思 考 题

1. 经各离子交换柱交换后的水与自来水有哪些区别？
2. 简述离子交换法制备去离子水的原理。

附：电导率仪的使用

（一）电导率仪的测定原理

电导率是以数字表示溶液传导电流的能力。电导率仪的测量原理是将两块平行的极板放到被测溶液中，在极板的两端加上一定的电势（通常为正弦波电压），然后测量极板间流过的电流。根据欧姆定律，电导率（G）是电阻（R）的倒数，是由导体本身决定的。电导率的基本单位是西门子（S），因为电导池的几何形状影响电导率值，标准的测量中用单位电导率 S/cm 来表示，以补偿各种电极尺寸造成的差别。

（二）电导率仪的结构和使用

1. 电导率仪的结构

以 DDS-12A 型数字电导率仪为例，见图 3-3。

2. 电导电极规格常数和选用方法

常用电导电极规格常数（J_0）有四种：0.01、0.1、1 和 10。其实际电导池常数（$J_实$）允许

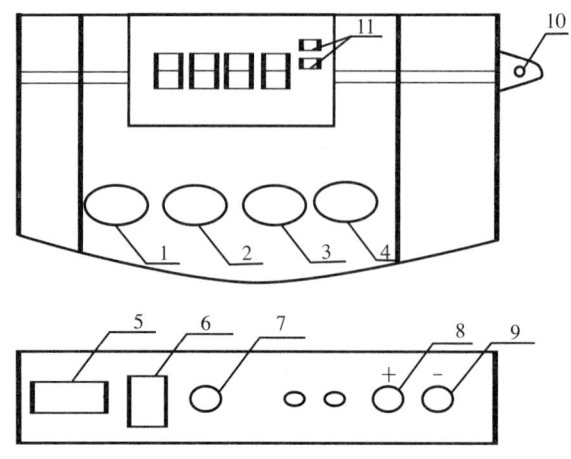

图 3-3　DDS-12A 型电导率仪结构图
1-量程开关；2-温度补偿旋钮；3-常数校正旋钮；4-选择开关；5-电源插座；
6-电源开关；7-保险丝座；8-信号输出；9-电极插座；10-电极杆孔；11-指示灯

差为≤±20%，即同一规格常数的电导电极，其实际电导池常数的存在范围为 $J_{实}=(0.8\sim1.2)J_0$。

测量液体介质时，选用何种规格的电导电极，应根据被测液体介质电导率范围而定。一般地，4 种规格的电导电极，适用电导率测量范围参照表 3-1。

表 3-1　选用电极规格常数对应被测液体介质电导率量程

电极规格常数	0.01	0.1	1（光亮）	1（铂黑）	10
适用测量范围（μS/cm）	0~3	0.1~30	1~100	100~3000	1000 以上

3. 仪器量程显示范围

本仪器设有 4 档量程。当选用电极规格常数 $J_0=1$ 电极测量时，其量程显示范围如表 3-2。

表 3-2　$J_0=1$ 时仪器各量程段对应量程显示范围

序号	量程开关位置	仪器显示范围	对应量程显示范围（μS/cm）
1	20 μS	0~19.99	0~19.99
2	200 μS	0~199.9	0~199.9
3	2 mS	0~1.999	0~1999
4	20 mS	0~19.99	0~19990

注：量程 1、2 档，单位 μS/cm；量程 3、4 档，单位 mS/cm，$1\,\mu S=10^{-3}\,mS=10^{-6}\,S$

选用其他规格常数的电极时，有：

$$K_{测}=D_{表}\cdot J_0$$

式中，$K_{测}$ 为被测液体电导率；$D_{表}$ 为仪器显示值；J_0 为电导电极规格常数。

4. 电导率仪的使用

（1）第一种方法——不采用温度补偿（基本法）

① 常数校正：同一规格常数的电极，其实际电导池常数的存在范围 $J_{实}=(0.8\sim1.2)J_0$。为消除这一实际存在的偏差，仪器设有常数校正功能。选择合适规格常数电极，根据电极实际电导池常数，对仪器进行常数校正。经校正后，仪器可直接测量液体电导率。

操作：打开电源开关，仪器预热 15 min，待测溶液等温 25 ℃，温度补偿钮置 25 ℃ 刻度值。将仪器测量开关置校正档，调节常数校正钮，使仪器显示电导池实际常数（系数）值，即当 $J_{实}=J_0$ 时，仪器显示 1.000；$J_{实}=0.95J_0$ 时，仪器显示 0.950；$J_{实}=1.05J_0$ 时，仪器显示 1.050。电极是否接上，仪器量程开关在何位置，不影响进行常数校正。新电极出厂时，其 $J_{实}$ 一般标在电极相应位置上。

② 测量：将测量开关置"测量"档，选用适当的量程档（参照表 3-2），将清洁的电极插入被测液中，仪器显示该被测液在溶液温度下的电导率。

（2）第二种方法——采用温度补偿（温度补偿法）

① 常数校正：调节温度补偿旋钮，使其指示的温度值与溶液温度相同，将仪器测量开关置校正档，调节常数校正钮，使仪器显示电导池实际常数值，其要求和方法与第一种情况（基本法）一样。

② 测量：操作方法同第一种方法（基本法），这时仪器显示被测液的电导率为该液体标准温度（25 ℃）时的电导率（温度自动补偿）。一般情况下，所指液体电导率是指该液体介质标准温度（25 ℃）时的电导率。当介质温度不在 25 ℃ 时，其液体电导率会有一个变量。为等效消除这个变量，仪器设置了温度补偿功能。

仪器不采用温度补偿时，如果将温度补偿选择为温度数值"25 ℃"时，测得液体电导率为该液体在其测量时液体温度下的电导率。

仪器采用温度补偿时，测得的液体电导率已换算为该液体在 25 ℃ 时的电导率值。

仪器温度补偿系数为每度（℃）2%，所以在做高精密测量时，尽量不采用温度补偿。而采用测量后查表或将被测液等温在 25 ℃ 时测量，以求得液体介质 25 ℃ 时的电导率值。

5. 仪器维护和注意事项

（1）电极应置于清洁、干燥的环境中保存。

（2）电极在使用和保存过程中，因受介质、空气侵蚀等因素的影响，其电导池常数会有所变化。电导池常数发生变化后，需重新进行电导池常数校正。

（3）测量时，为保证样液不被污染，电极应用去离子水（或二次蒸馏水）冲洗干净，并用样液适量冲洗。

（4）当样液介质电导率小于 1 μS/cm 时，应加测量槽做流动测量。

（5）选用仪器量程档应参照表 3-2。能在低一档量程内测量的，不放在高一档测量。在低档量程内，若已超量程，仪器显示屏左侧第一位显示 1（溢出显示）。此时，应选高一档量程测量。

（三）电导池常数常用测定方法

1. 标准溶液测定法

（1）配制电导率标准溶液　电导率溶液标准物质用氯化钾，按表 3-3 要求配制。

表 3-3　电导率标准溶液浓度及其电导率值（15～35℃）

溶液编号	KCl 标准溶液（g/1000ml）	电导率（S/cm）				
		5℃	18℃	20℃	25℃	35℃
1	74.2457	0.09212	0.09780	0.10170	0.11131	0.13110
2	7.4365	0.010455	0.011162	0.011644	0.012852	0.015353
3	0.7440	0.0011414	0.0012200	0.0012737	0.0014083	0.0016876
4	取 3 号溶液 100ml 稀释至 1000ml	0.0001185	0.0001267	0.0001322	0.0001465	0.0001765

应用上述标准溶液时应遵守如下条件：电导率标准物质需在 110℃下烘干 4h 后才能配制标准溶液；配制标准溶液要用去离子水或二次蒸馏水。

（2）清洗、清洁待测电极，并接入仪器，插入溶液。

（3）仪器操作　温度补偿钮置 25℃刻度线，测量开关置"校正"档，调节常数校正钮，使仪器显示 1.00。测量开关置"电导"档，读出仪器读数 $D_表$。按以下公式计算：

$$J_待 = K_标 / D_表$$

式中，$J_待$ 为待测电极的电导池常数，cm^{-1}；$K_标$ 为标准溶液电导率，S/cm（计算时，应统一单位，用 μS/cm 或 mS/cm）；$D_表$ 为仪器显示读数，μS 或 mS，由仪器所用量程档得到。

2. 与标准电极（已知常数电极）比较法

用一已知常数的电极与未知常数电极测量同一种溶液的方法求得未知电极电导池常数。由公式：

$$J_待 \cdot D_待 = J_标 \cdot D_标$$

得

$$J_待 = J_标 \frac{D_标}{D_待}$$

式中，$J_待$ 为未知电极待测常数；$D_待$ 为未知电极测得仪器读数；$J_标$ 为标准电极（已知电极）常数；$D_标$ 为已知电极测得仪器读数。

注意：已知电极电导池常数要准确。

（彭学东）

实验三 从海带中提取单质碘

实验目的

1. 掌握利用碘升华技术从海带中提取单质碘的方法。
2. 熟悉溶解、减压过滤、蒸发等基本操作。
3. 了解碘在医、药学方面的应用。

实验原理

碘在常温下呈固态,紫黑色,具有较高的蒸气压,在加热时容易升华。利用碘的这一性质可将粗碘进行精制。海带中含有大量的碘,主要以碱金属和碱土金属碘化物形式存在。由于碘离子(I^-)具有明显的还原性,可用重铬酸钾氧化碘离子,使其以碘单质的形式从海带中提取出来。

高温下灼烧干燥的海带使之灰化,由于碱金属和碱土金属碘化物受热不分解,可溶于水,过滤后与杂质分开。调节滤液的pH至呈微酸性,然后将溶液蒸干。干燥的碘化物与重铬酸钾固体共热,碘即游离出来且被蒸发为碘蒸气,遇冷即生成紫黑色晶体,从而得到较纯的单质碘。反应如下:

$$2NaI + H_2O_2 + H_2SO_4 \stackrel{\triangle}{=\!=\!=} I_2 + 2H_2O + Na_2SO_4$$

碘不仅用于制取药物、碘皂、碘酒、试剂和碘化合物,还是人体必需的微量元素。缺碘会出现甲状腺肿大和克汀病(呆小病),造成智力低下。防治碘缺乏最简单、有效的方法是食用加碘盐。

仪器与试剂

烧杯、试管、坩埚、坩埚钳、铁架台、三脚架、泥三角、玻璃棒、酒精灯、量筒、胶头滴管、托盘天平、刷子、漏斗、滤纸、火柴、剪刀。

干海带、H_2O_2(质量分数为3%)、3 mol/L H_2SO_4、NaOH 溶液、乙醇、淀粉溶液、CCl_4。

实验步骤

1. 称取3g干海带,用刷子把干海带表面的附着物刷净(不要用水洗)。将海带剪碎,用乙醇润湿(便于灼烧)后,放在坩埚中。
2. 用酒精灯灼烧盛有海带的坩埚,至海带完全成灰(图3-4a),停止加热,冷却。
3. 将海带灰转移到小烧杯中,再向烧杯中加入10ml蒸馏水,搅拌,煮沸2~3min,使可溶物溶解,过滤(图3-4b)。

a.将海带灼烧成灰

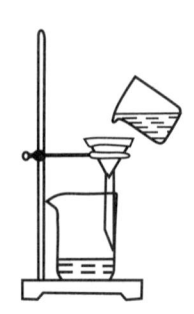
b.过滤得含I⁻溶液

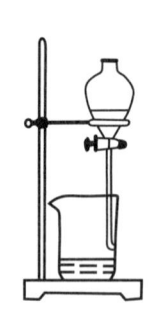
c.放出碘的苯溶液

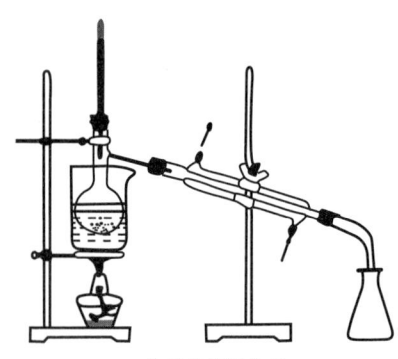
d.分离碘并回收苯

图 3-4　海带中提取碘的各步骤装置图

4. 提取少许滤液，向其中滴入几滴硫酸，再加入约 1 ml H_2O_2 溶液。观察现象。
5. 向步骤 4 所得溶液中滴加几滴淀粉溶液。观察现象。
6. 向步骤 3 剩余滤液中加入 1 ml CCl_4，振荡，静置，用分液漏斗分离。
7. 把含碘的有机溶液放入蒸馏烧瓶中，进行蒸馏，回收有机溶剂。

思考题

1. 本实验中哪些现象可以说明海带的成分中含有碘？
2. 试举例说明碘在医、药学领域中有何应用。

（胡小建）

实验四　硫酸铜的制备和结晶水的测定

实验目的

1. 掌握硫酸铜的制备及结晶水含量测定的基本原理和方法以及扭力天平的使用。
2. 熟悉无机物制备中蒸发、结晶、过滤、干燥等基本操作。
3. 了解温度变化对固体物质溶解度的影响情况。

实验原理

硫酸铜又称胆矾。其制备方法有以下几种：
1. 用 H_2SO_4 与 CuO 反应制备硫酸铜晶体

$$H_2SO_4 + CuO \xlongequal{\quad\quad} CuSO_4 + H_2O$$

2. 用纯铜制备硫酸铜晶体

纯铜属不活泼金属，不能溶于非氧化性酸中。因此，可先用浓硝酸做氧化剂，以废铜屑与硫酸、浓硝酸作用来制备硫酸铜：

$$Cu + 2HNO_3 + H_2SO_4 =\!=\!= CuSO_4 + 2NO_2 + 2H_2O$$

溶液中除硫酸铜外，还含有一定量的可溶性和不可溶性杂质（方法2中还含有硝酸铜）。不溶性杂质可过滤除去。硝酸铜溶解性大，与可溶性杂质一起留在母液中。$CuSO_4$的溶解度随温度的改变有较大的变化（硫酸铜在水中的溶解度见表3-4），故浓缩、冷却溶液后，就可得到硫酸铜晶体。以上方法所得硫酸铜含有结晶水，加热至250℃可使其脱水变成无水硫酸铜。根据加热前、后的质量变化，可求得硫酸铜晶体中结晶水的含量。

表3-4　硫酸铜在水中的溶解度（g/100g 水）

温度	0℃	20℃	40℃	60℃	80℃
$CuSO_4 \cdot 5H_2O$	23.3	32.3	46.2	61.1	83.8

仪器与试剂

量筒（10ml）、蒸发皿、玻璃棒、漏斗、烧杯、石棉网、铁架台、瓷坩埚、台秤、扭力天平、干燥器、酒精灯、滤纸。

3mol/L H_2SO_4、CuO 或废铜屑、浓硝酸。

实验步骤

1. 制备硫酸铜晶体

（1）方法1　用量筒量取 10ml 3mol/L H_2SO_4 溶液，倒入洁净的蒸发皿中，将蒸发皿放在石棉网上用小火加热。一边搅拌，一边用药匙缓慢撒入 CuO 粉末，直到不再反应为止。如出现结晶，可随时加入少量蒸馏水。

趁热过滤 $CuSO_4$ 溶液，再用少量蒸馏水冲洗蒸发皿，将洗涤液过滤，并收集滤液。将滤液转入洗净的蒸发皿中，置于石棉网上缓慢加热。在加热过程中用玻璃棒不断搅动，至液面出现结晶膜时停止加热。取下蒸发皿，待冷却后，析出蓝色硫酸铜晶体。用药匙将晶体取出放在表面皿上，用滤纸吸干晶体表面的水分。

（2）方法2　向盛有铜屑的蒸发皿中加入 15ml 3mol/L H_2SO_4，然后缓慢地分批加入 7ml 浓硝酸（必须在通风柜内进行，因产生的 NO_2 气体有毒！），待反应缓和后盖上表面皿，放在水浴上加热，加热过程中补加 8ml 3mol/L H_2SO_4，待反应完全后，趁热将溶液倾入一小烧杯中，留下不溶性杂质。然后再将硫酸铜溶液转回洗净的蒸发皿中，置于石棉网上缓慢加热。在加热过程中用玻璃棒不断搅动，至液面出现结晶膜时停止加热。取下蒸发皿，待冷却后，析出蓝色硫酸铜晶体。用药匙将晶体取出放在表面皿上，用滤纸吸干晶体表面的水分。

2. 重结晶提纯硫酸铜晶体

将以上粗产品按 1g 需 1.2ml 水的比例溶于蒸馏水中，加热使之完全溶解，趁热过滤，滤液收集于小烧杯中，使其慢慢冷却，即有晶体析出。待完全冷却后，倾出其母液，晶体用滤纸吸干。

3. 硫酸铜结晶水含量的测定

在台秤上粗称干燥、洁净的瓷坩埚质量，再用扭力天平精确称量（读至小数点后3位）。然后向瓷坩埚中加约2g上述方法制得的硫酸铜晶体（在台秤上粗称后，再在扭力天平上精确称量），记录数据。多余的硫酸铜晶体统一回收。

将盛有硫酸铜晶体的瓷坩埚置于石棉网上小心加热（防止晶体溅出），直至硫酸铜晶体的蓝色转变为灰白色，且不逸出水蒸气为止。然后将瓷坩埚放入干燥器中冷却，待冷却至室温后，取出瓷坩埚，迅速在台秤上粗称后再在扭力天平上精确称量，记录数据。

4. 数据记录及处理

瓷坩埚的质量 m_1（g）	瓷坩埚+硫酸铜的质量		结晶水		无水硫酸铜		$n_{CuSO_4}:n_{H_2O}$
	加热前 m_2（g）	加热后 m_3（g）	质量（m_2-m_3）（g）	物质的量 n_{H_2O}（mol）	质量（m_3-m_1）（g）	物质的量 n_{CuSO_4}（mol）	

设1 mol 硫酸铜晶体中含 x mol 结晶水，则 $m(CuSO_4)/M(CuSO_4):m(H_2O)/M(H_2O)=1:x$，式中 M 表示摩尔质量〔$M(H_2O)=18$ g/mol，$M(CuSO_4)=160$ g/mol〕。

注意事项

1. 当反应完成后必须迅速趁热过滤。
2. 加热脱结晶水必须缓慢操作，且控制好温度。待蓝色硫酸铜晶体全部变成灰白色后，方能准确测出其结晶水含量。

思考题

怎样判断硫酸铜晶体制备中硫酸已完全反应？

（曾 明）

实验五　药用氯化钠的制备

实验目的

1. 掌握用化学方法制备药用氯化钠的原理和方法。
2. 熟悉无机物制备中称量、溶解、沉淀、过滤、蒸发、浓缩等基本操作。

3. 了解氯化钠纯度检验的方法。

实验原理

药用氯化钠是以粗食盐为原料进行提纯而制得的。粗食盐中通常含有泥沙等不溶性杂质和 Ca^{2+}、Mg^{2+}、SO_4^{2-} 等盐的可溶性杂质。除去这些杂质，便可制得药用氯化钠。

1. 泥沙等不溶性杂质采用过滤方法除去。
2. SO_4^{2-} 用稍过量的 $BaCl_2$ 除去：

$$Ba^{2+} + SO_4^{2-} \longrightarrow BaSO_4\downarrow$$

3. Ca^{2+}、Mg^{2+} 及为沉淀 SO_4^{2-} 而带入的 Ba^{2+}，用 NaOH 和 $NaHCO_3$ 除去：

$$Ca^{2+} + CO_3^{2-} =\!=\!= CaCO_3\downarrow$$
$$Mg^{2+} + 2OH^- =\!=\!= Mg(OH)_2\downarrow$$
$$Ba^{2+} + CO_3^{2-} =\!=\!= BaCO_3\downarrow$$

4. 过量的 OH^- 和 CO_3^{2-} 用 HCl 除去：

$$OH^- + H^+ =\!=\!= H_2O$$
$$CO_3^{2-} + 2H^+ =\!=\!= H_2O + CO_2\uparrow$$

5. K^+、Br^-、I^- 等可溶性杂质因含量少，溶解度又很大，可在浓缩结晶时仍残留在母液之中而得到分离。

仪器与试剂

台秤、烧杯、玻璃漏斗、布氏漏斗、抽滤瓶、真空泵、蒸发皿、酒精灯、石棉网、铁架台、药匙、pH 试纸、滤纸。

粗食盐、1mol/L $BaCl_2$ 溶液、2mol/L HCl 溶液、2mol/L 和 1mol/L NaOH 溶液、饱和 Na_2CO_3 溶液、3mol/L H_2SO_4 溶液、0.5mol/L $(NH_4)_2C_2O_4$ 溶液、镁试剂（二甲苯胺蓝Ⅱ）。

实验步骤

1. 粗食盐的提纯

（1）在台秤上称取 8g 粗食盐，放入 100ml 小烧杯中，加 30ml 蒸馏水，边加热边搅拌，使其溶解。继续加热至沸腾，在不断搅拌下逐滴加入 1mol/L $BaCl_2$ 溶液至沉淀完全,停止加热，静置半小时。

（2）取少许上层清液于试管中，加入 2 滴 $BaCl_2$ 溶液，观察是否有混浊现象。若没有混浊，则说明 SO_4^{2-} 沉淀完全。如有混浊，表示 SO_4^{2-} 尚未除尽，需再滴加 $BaCl_2$ 至所取清液经检验再无混浊为止。继续加热 5~10min，用玻璃漏斗过滤，弃去沉淀。

（3）在上述滤液中加入 1ml 2mol/L NaOH 溶液和 3ml 饱和 Na_2CO_3 溶液，加热至沸腾。待沉淀沉降后，吸取上层清液于试管中，加入几滴 3mol/L H_2SO_4 溶液，振荡试管，观察有无混浊产生。若无白色混浊，表明 Ba^{2+} 已除尽。若仍有白色混浊，则需再加饱和 Na_2CO_3 溶液直至所取清液经检验再无混浊为止。静置片刻，用玻璃漏斗过滤。

（4）向滤液中滴加 2 mol/L HCl 溶液，调节 pH 为 3~4，以除去过量的 OH^- 和 CO_3^{2-}。

（5）将调节好 pH 的滤液倒入蒸发皿中，小火加热蒸发，并不断搅拌，浓缩至糊状，但切不可蒸干。适当冷却后，用布氏漏斗抽滤，尽量抽干，用少许蒸馏水洗涤 2 次，每次洗涤后尽量抽干。

（6）将结晶重新置于干净的蒸发皿中，在石棉网上用小火加热烘干，冷却，称重，计算产率。

2. 产品的纯度检验

各取约 1 g 提纯前、后的粗食盐和精食盐，用少许蒸馏水溶解之后，分别装入 3 支试管中，形成 3 个对照组。

（1）SO_4^{2-} 的检验　在第一组的两溶液试管中分别加入 2 滴 1 mol/L $BaCl_2$ 溶液，比较沉淀产生情况。

（2）Ca^{2+} 的检验　在第二组的两溶液试管中分别加入 2 滴 0.5 mol/L $(NH_4)_2C_2O_4$ 溶液，分别观察有无白色沉淀产生。

（3）Mg^{2+} 的检验　在第三组的两溶液试管中分别加入 2~3 滴 1 mol/L NaOH 溶液，使溶液呈微碱性，再加入 2~3 滴镁试剂，比较产生蓝色沉淀的情况。

注意事项

1. 在第 1（5）步骤，蒸发时不能蒸干，否则可溶性杂质无法分离。
2. 在第 1（6）步骤，NaCl 晶体必须用小火慢慢烘干，否则会造成 NaCl 晶体溅出。

思 考 题

1. 中和过量的 NaOH 和 Na_2CO_3 为什么只用 HCl 溶液，用其他酸是否可以？
2. 怎样检查杂质离子是否沉淀完全？

（曾　明）

实验六　硫酸铝的制备

实验目的

1. 掌握碱法制备硫酸铝的方法。
2. 熟悉氢氧化铝的两性性质。

实验原理

1. 金属铝的性质

铝是银白色轻金属,密度为 2.699 g/cm³。在空气中,铝表面容易形成一层致密的氧化膜,且在水及冷、热硝酸中都不被腐蚀。因此,铝在工业及日常生活用品中有着广泛的用途。

2. $Al_2(SO_4)_3 \cdot 18H_2O$ 的制备

本实验以金属铝为原料制备硫酸铝晶体。首先利用金属铝可以溶于氢氧化钠溶液的特性制备铝酸钠溶液。

$$2Al + 2NaOH + 6H_2O = 2Na[Al(OH)_4] + 3H_2\uparrow$$

再用碳酸氢铵调节溶液的 pH 至 8~9,将其转化为氢氧化铝沉淀。

$$2Na[Al(OH)_4] + NH_4HCO_3 = 2Al(OH)_3\downarrow + Na_2CO_3 + NH_3\uparrow + 2H_2O$$

氢氧化铝溶于硫酸并生成硫酸铝溶液。

$$2Al(OH)_3 + 3H_2SO_4 + 12H_2O = Al_2(SO_4)_3 \cdot 18H_2O$$

加热浓缩并冷却结晶,即得硫酸铝晶体。

硫酸铝为白色六角形鳞片或针状结晶,易溶于水,难溶于乙醇,在空气中易潮解,加热至赤热即分解成 SO_3 和 Al_2O_3。

仪器与试剂

台秤、布氏漏斗、抽滤瓶、生物显微镜(60倍)、铝片、pH 试纸、滤纸、100 ml 和 250 ml 烧杯。6 mol/L H_2SO_4、饱和 NH_4HCO_3 溶液、无水乙醇、NaOH(固体,AR)。

实验步骤

1. 制备铝酸钠溶液

在 100 ml 烧杯中加入 2.0 g NaOH(s)和 15 ml 蒸馏水,微热搅拌使其充分溶解,将 0.5 g 铝片分少量多次加入并搅拌(防止浓碱溅出),完全溶解后加 20 ml 水,常压过滤,用 5 ml 水荡洗烧杯,过滤,滤液盛接于 250 ml 烧杯中。

2. 氢氧化铝的生成和洗涤

将上述铝酸钠溶液转入 250 ml 烧杯中,加 75 ml 水,加热至沸腾状态,不断搅拌下缓慢加入 40 ml 饱和 NH_4HCO_3 溶液,调 pH 约为 9,沉淀物煮沸 5 min(不断搅拌),检查沉淀是否完全,沉淀完全后趁热减压抽滤。再用 30 ml 沸水淋洗沉淀,抽干得氢氧化铝沉淀。

3. 制备硫酸铝

将氢氧化铝沉淀置于 100 ml 蒸发皿中,加热条件下边搅拌边滴加 6 mol/L 硫酸约 10 ml,待沉淀溶解,浓缩至原来体积的 1/2 左右,在空气中缓慢冷却结晶。

4. 观察硫酸铝晶体

取少量硫酸铝晶体置玻片上,加1滴无水乙醇将晶体散开,在60倍显微镜下观察晶体形状,后取两滴硫酸铝过饱和溶液,在显微镜下观察晶体的形成和长大过程。

注意事项

实验步骤3中如果出现结块而没有母液,可加入少量蒸馏水重新溶解,再冷却结晶。若冷却至室温仍无结晶出现,可滴加少量无水乙醇,即有大量结晶出现。

思 考 题

1. 将铝酸钠转为氢氧化铝时,所加的 NH_4HCO_3 起什么作用?
2. 氢氧化铝生成过程中,为什么要加热并充分搅拌?
3. 浓缩硫酸铝溶液进行结晶时,为什么不要过分浓缩?

(阳 科)

第二章 有机化学实验

实验一 乙酰乙酸乙酯的制备

实验目的

1. 掌握克莱森缩合反应制备乙酰乙酸乙酯的基本原理和方法
2. 熟悉减压蒸馏操作及污水处理方法。

实验原理

含有 α-H 的酯在碱催化作用下能发生 Claisen（克莱森）缩合反应，生成 β-酮酸酯。利用乙酸乙酯在醇钠作用下发生此类反应可以制备乙酰乙酸乙酯。其中乙醇钠可以由金属钠和乙酸乙酯中残留的乙醇作用得到。

反应式：

$$CH_3COOC_2H_5 \xrightarrow{NaOC_2H_5} Na^+[CH_3COCHCOOC_2H_5]^-$$

$$\xrightarrow{H_2O,\ HAc} CH_3COCH_2COOC_2H_5 + NaAc$$

乙酰乙酸乙酯在有机合成上有重要应用，工业上主要由乙烯酮的二聚体通过乙醇醇解得到。

仪器与试剂

三颈烧瓶（50 ml）、球形冷凝器、分液漏斗、磨口锥形瓶、减压蒸馏装置。
无水乙酸乙酯、金属钠、50% 乙酸溶液、饱和氯化钠水溶液、无水硫酸镁。

实验步骤

1. 乙酰乙酸乙酯烯醇式钠盐的制备

50 ml 三颈瓶上装有机械搅拌器及一个带有氯化钙干燥管的回流冷凝管（图 3-5）。将蒸馏处理过的乙酸乙酯 28 ml 加到三颈瓶中，并快速加入干净并切成薄片的金属钠 2.5 g。开动搅拌，保持瓶内溶液呈微沸状态。若反应太猛，则用冷水浴冷却，反应稍微缓和时，可在油浴上加热，使反应溶液始终保持微沸状态，油浴温度不宜过高，以免乙酸乙酯溢出。直至金属钠全部作

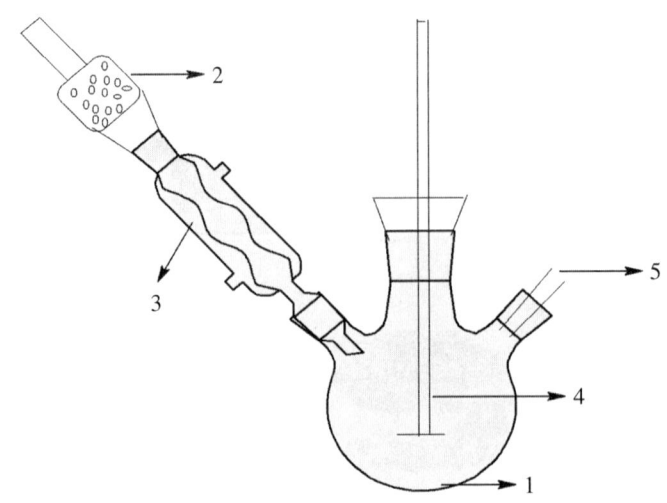

图 3-5　带机械搅拌和干燥管的冷凝回流装置
1- 三颈烧瓶；2- 氯化钙干燥管；3- 冷凝管；4- 聚四氯乙烯搅拌头；5- 连接减压抽气系统

用完（一般要求金属钠全部消失，但极少量未反应的金属钠并不妨碍进一步操作，约需 1h）。此时反应混合物应为红色透明液体，但有时会由于乙酰乙酸乙酯烯醇式钠盐饱和后析出，从而使溶液夹带少量黄白色沉淀。

2. 乙酰乙酸乙酯的纯化和提取

反应液稍冷后，在搅拌下缓缓加入 50% 乙酸，直至反应液呈弱酸性（约需 14ml），注意乙酸加入不宜过量，否则过量乙酸会使乙酰乙酸乙酯水解而降低其产量。若有固体析出，可加入少量水使之溶解。将反应液倒入分液漏斗中，加入等体积的饱和氯化钠溶液，用力振摇后，静置分层。分出脂层，用无水硫酸镁干燥，然后滤入蒸馏瓶中，并以少量乙酸乙酯洗涤干燥剂，洗液与分离出来的脂层合并及得粗产品。在沸水浴上常压蒸馏，除去乙酸乙酯，再进行减压蒸馏，收集 100℃/10.66kPa，88℃/4kPa，78℃/2.4kPa 的馏分，称重，计算产率。

注意事项

1. 本实验采用乙酸乙酯和金属钠为原料，因乙酸乙酯中夹杂少量乙醇，乙醇与金属钠作用生成乙醇钠。

2. 乙酸乙酯的纯度非常重要，必须绝对无水，含醇量应小于 3%，故普通的乙酸乙酯需经过处理后进行蒸馏方能使用。处理乙酸乙酯的方法是：用等体积的饱和氯化钙溶液洗涤，分出水层，脂层用无水硫酸镁（用量 3%）干燥过夜，过滤后蒸馏，收集 76~78℃ 馏分。

3. 反应产率可以按照金属钠的用量计算。

思考题

1. 为什么乙酰乙酸乙酯的产率要以钠的量来计算？
2. 为什么所用试剂和仪器必须干燥？

（胡小建）

实验二 葡萄糖酸锌的制备

实验目的

1. 掌握葡萄糖酸锌的制备方法。
2. 熟悉浓缩、重结晶、真空过滤操作技术。
3. 了解葡萄糖酸锌的生理、药理功能以及葡萄糖酸锌的质量检查方法。

实验原理

葡萄糖酸锌由葡萄糖酸直接与锌的氧化物或盐制得。实验室一般用葡萄糖酸钙与等摩尔的硫酸锌反应，制得葡萄糖酸锌。其反应式如下：

$$[CH_2OH(CHOH)_4COO]_2Ca + ZnSO_4 \Longleftrightarrow [CH_2OH(CHOH)_4COO]_2Zn + CaSO_4\downarrow$$

生成的 $CaSO_4$ 沉淀可过滤除去。葡萄糖酸锌易溶于水而不溶于乙醇，可使葡萄糖酸锌在乙醇中结晶析出。

葡萄糖酸锌在制成药物前，要经过多个项目的检测。本实验只对产品质量进行初步分析，采用 EDTA 配位滴定法检测所制产物锌的含量，采用比浊法检测杂质硫酸根离子的含量。《中华人民共和国药典》（2010年版）规定葡萄糖酸锌含量应为 97.0%~102%。

葡萄糖酸锌在体内解离成锌离子和葡萄糖酸，参与核糖核酸和脱氧核糖核酸的合成，可促进伤口愈合，促进生长，对人体是必需的。锌具有促进生长发育，改善味觉的作用。锌缺乏时出现味觉和嗅觉差、厌食、生长与智力发育低于正常水平等现象。在很多增强记忆的保健品中都添加了葡萄糖酸锌，但是，到目前为止并没有确凿的证据证明它一定可以增加记忆力。

葡萄糖酸锌为补锌药，具有见效快、吸收率高、副作用小等优点，是儿童、老年人、孕妇等人群补锌的常见保健品药物。

仪器与试剂

抽滤装置、水浴锅、天平、温度计、150ml 烧杯、25ml 比色管、电子天平、50ml 酸式滴定管、250ml 锥形瓶。

葡萄糖酸钙（固体）、$ZnSO_4 \cdot 7H_2O$（固体）、95% 乙醇、蒸馏水、稀盐酸、标准硫酸钾溶液、25% 氯化钡、氨-氯化铵缓冲液（pH=10.0）、铬黑 T 指示剂、0.05mol/L EDTA 标准溶液。

实验步骤

1. 制备与提纯

（1）葡萄糖酸锌粗品的制备 量取 80ml 蒸馏水于 150ml 烧杯中，加热至 85~90℃，加入 14.3g $ZnSO_4·7H_2O$，搅拌使之完全溶解，将烧杯放在 90℃恒温水浴中，再缓慢加入葡萄糖酸钙 21.5g，并不断搅拌。在 90℃水浴上保温 20min 后趁热抽滤（用两层滤纸），将滤液转移至烧杯中并在沸水浴上浓缩至原体积的 1/2（如果浓缩液有沉淀，需再次过滤）。滤液冷却至室温后，加 95% 乙醇 20ml，并不断搅拌，此时会有大量的胶状葡萄糖酸锌析出。充分搅拌后，用倾析法除去乙醇液。再在沉淀上加 95% 乙醇 20ml，充分搅拌后，沉淀慢慢转变成晶体状，抽滤至干，即得粗品（母液回收）。

（2）提纯　将粗品转移至一小烧杯中，加水 20ml，加热至溶解，趁热抽滤，滤液转移至一小烧杯中，冷却至室温，加 95% 乙醇 20ml 充分搅拌，结晶析出后，抽滤至干，即得葡萄糖酸锌晶体纯品。

（3）计算产率　晾干晶体，称重，计算产率。

2. 质量检测

（1）硫酸盐的检查　取纯品 0.5g，加入 18ml 水溶解（如果溶液显碱性，可滴加盐酸使成中性；如果溶液不澄清，应滤过），置 25ml 比色管中，加稀盐酸 2ml，摇匀，即得供试溶液。另取标准硫酸钾溶液 2.5ml，置 25ml 比色管中，加水配成约 20ml，加稀盐酸 2ml，摇匀，即得对照溶液。在供试溶液与对照溶液中，分别加入 25% 氯化钡溶液 2ml，用水稀释至 25ml，充分摇匀，放置 10min，同置黑色背景上，从比色管上方向下观察、比较，如发生混浊，与标准硫酸钾溶液制成的对照液比较，不得更浓（0.05%）。

（2）锌含量的测定　准确称取纯品约 0.7g，加水 100ml，微热使其溶解，加氨-氯化铵缓冲液（pH=10.0）5ml 与铬黑 T 指示剂少许，用 EDTA 标准溶液（0.05mol/L）滴定至溶液自紫红色变为纯蓝色，平行测定 3 份，计算锌的含量。

注意事项

1. 反应需在 90℃恒温水浴中进行，温度太高，葡萄糖酸锌会分解；温度太低，则葡萄糖酸锌的溶解度降低。
2. 加葡萄糖酸钙时，应分批少量地加入，有助于葡萄糖酸钙尽可能转变为葡萄糖酸锌。
3. 滤液需在沸水浴中浓缩。
4. 制备粗品和重结晶过程中一定要不断搅拌。

思考题

1. 在制备葡萄糖酸锌的过程中，$CaSO_4$ 是用什么方法除去的？
2. 在制备葡萄糖酸锌的过程中，加入乙醇的目的是什么？
3. 为什么葡萄糖酸钙和硫酸锌的反应需保持在 90℃恒温水浴中？

（王翠琼）

实验三　1-溴丁烷的制备

实验目的

1. 掌握以溴化钠、浓硫酸和正丁醇制备1-溴丁烷的原理和方法。
2. 熟悉带有害气体吸收装置的回流加热操作方法。

实验原理

由正丁醇制备1-溴丁烷，反应式如下：

$$NaBr + H_2SO_4 \longrightarrow HBr + NaHSO_4$$

$$CH_3CH_2CH_2CH_2OH + HBr \rightleftharpoons CH_3CH_2CH_2CH_2Br + H_2O$$

可能发生的副反应为：

$$CH_3CH_2CH_2CH_2OH \xrightarrow[加热]{浓\ H_2SO_4} H_2C=CHCH_2CH_3 + H_2O$$

$$2CH_3CH_2CH_2CH_2OH \xrightarrow[加热]{浓\ H_2SO_4} C_4H_9OC_4H_9$$

$$2HBr + H_2SO_4 \longrightarrow Br_2 + SO_2 + H_2O$$

溴化钠与浓硫酸反应生成溴化氢，过量的硫酸使反应平衡向正反应方向移动。

仪器与试剂

圆底烧瓶、石棉网、酒精灯、分液漏斗、锥形瓶、蒸馏瓶、漏斗、滤纸。
正丁醇、溴化钠（固体）、浓硫酸、无水氯化钙、饱和碳酸氢钠溶液、沸石。

实验步骤

1. 在100ml圆底烧瓶加入5ml水，在搅拌下缓慢加入6ml H_2SO_4（浓），然后混合均匀，使反应物冷却至室温，再向反应物中加入4ml正丁醇和5g溴化钠（研碎），振摇后加入几颗沸石。装上带吸收有害气体（用5%氢氧化钠吸收）的回流冷凝管，注意漏斗勿完全浸入水中，以免发生倒吸。

2. 将圆底烧瓶放在石棉网上小火加热，保持微沸，回流约半小时。停止回流，使反应物冷却，改成蒸馏装置，再补加几颗沸石。蒸出粗产物（残馏液趁热倒至有害废物桶中，并洗涤）。加入等体积的水洗涤，小心从分液漏斗中分出粗产品并将粗产物倒入另一干燥的分液漏斗中，用等体积的浓 H_2SO_4 洗涤除去醇、醚，尽量分去硫酸层。有机层依次用5ml水、饱和

NaHCO₃ 溶液 5ml 洗涤，有机层加 5ml H₂O 洗涤至中性，再加入无水 CaCl₂ 干燥至透明。

将干燥好的产物转入蒸馏瓶中，但是 CaCl₂ 不能加入蒸馏瓶中。加入几颗沸石，加热蒸馏，提纯，收集 99～103℃的馏分。

注意事项：

1. 注意药品加入的顺序，冷却后才能加溴化钠。
2. 溴化钠先研碎再称量。
3. 应小火加热回流，否则易炭化。
4. 粗产物的洗涤分离过程中，注意产物在哪一层以及每步洗涤的作用。
5. 蒸出粗产物后，应趁热倒出残馏液，否则结块后很难倒出。（倒出时有大量 HBr 气体放出，应在通风橱内进行，磁搅子回收。）

思 考 题

1. 浓 H_2SO_4 的作用是什么？
2. 加料时，先将溴化钠与浓硫酸混合，再加入正丁醇和水可以吗？
3. 反应后洗涤的目的是什么？

（郭丽娟）

实验四　正丁醛的制备

实验目的

1. 掌握正丁醇氧化法制备正丁醛的原理和方法。
2. 熟悉分馏反应装置的基本操作。
3. 了解正丁醛的性质及主要用途。

实验原理

制备醛类化合物的方法很多，常用方法有氧化脱氢法、羧酸及其衍生物还原法、偕二卤代物水解法、芳环甲酰化法、炔烃水化法等。

本实验利用正丁醇与重铬酸钠在浓硫酸的条件下反应制取正丁醛。反应如下：

$$CH_3CH_2CH_2CH_2OH \xrightarrow[H_2SO_4]{Na_2Cr_2O_7} CH_3CH_2CH_2CHO + H_2O$$

由于重铬酸钠具有强氧化性，所以反应产物正丁醛容易被进一步氧化生成正丁酸，而且正丁醇在浓硫酸的催化条件下容易发生分子内脱水生成 1-丁烯和分子间脱水生成正丁醚，所以这一实验的反应产率较低。

正丁醛为无色透明液体，有窒息性气味，用于制树脂、增塑剂、硫化促进剂等。

仪器与试剂

三颈烧瓶、温度计及温度计套管、冷凝管、分馏装置等。

正丁醇（AR）、无水 $MgSO_4$、$Na_2Cr_2O_7$、浓 H_2SO_4。

实验步骤

1. 制备

按图 3-6 安装好制备装置。在 250 ml 烧杯，溶解 30.5 g 重铬酸钠于 165 ml 水中。在仔细搅拌和冷却下，缓缓加入 22 ml 浓硫酸。将配制好的氧化剂溶液倒入滴液漏斗中（可分数次加入）。向 250 ml 三颈烧瓶中放入 28 ml 正丁醇及几粒沸石。

在石棉网上将正丁醇加热至微沸，待蒸气上升刚好达到分馏柱底部时，开始滴加氧化剂溶液，约在 20 min 内加完。注意滴加速度，使分馏柱顶部的温度不超过 78℃。同时，生成的正丁醛不断馏出。氧化反应是放热反应，在加料时要注意温度变化，控制柱顶温度不低于 71℃，又不高于 78℃。

当氧化剂全部加完后，继续用小火加热 15～20 min。收集所有在 95℃以下馏出的粗产物。

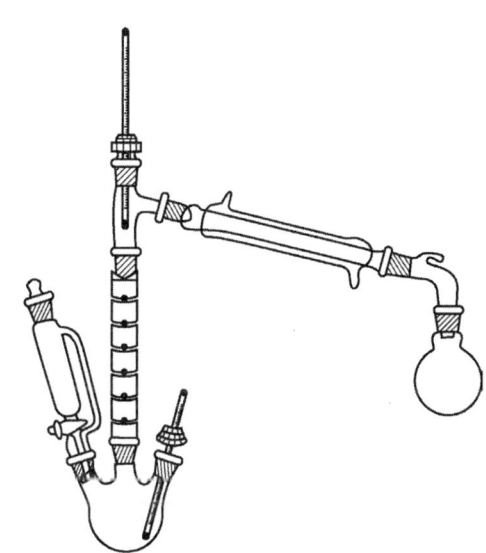

图 3-6　正丁醛制备的分馏反应装置

2. 提纯

将此粗产物倒入分液漏斗中，分去水层。将上层的油状物倒入干燥的小锥形瓶中，加入 1～2 g 无水硫酸镁或无水硫酸钠干燥。

将澄清透明的粗产物倒入 30 ml 蒸馏烧瓶中，投入几粒沸石。安装好蒸馏装置，在石棉网上缓慢地加热蒸馏，收集 70～80℃的馏出液。继续蒸馏，收集 80～120℃的馏分以回收正丁醇。

注意事项

1. 整个操作在通风柜内进行，接收瓶要冷却。
2. 多数正丁醛在 73～76℃馏出，醛容易被氧化，必须用棕色瓶保存。

思考题

1. 本实验产率低的原因是什么？

2. 为什么是将氧化剂滴加进反应瓶，而不是将正丁醛滴加到氧化剂中？

（郭保收）

实验五　乙酸乙酯的制备

实验目的

1. 掌握有机制备中蒸馏、干燥等基本操作。
2. 熟悉有机酸合成酯的一般原理和方法。
3. 了解乙酸乙酯的主要性质和用途。

实验原理

羧酸和醇作用生成酯和水，这个反应是典型的酸催化的可逆反应。为了使平衡向生成酯的方向移动，可以增加反应物之一的酸或醇的量，以提高另一种反应物的转化率。也可以将反应生成物及时蒸出。本实验采用过量乙醇（因为乙醇价格比较便宜）和乙酸反应，用浓硫酸做催化剂，控制温度在 110～120℃。反应方程式如下：

$$CH_3COOH + CH_3CH_2OH \underset{\triangle}{\overset{H^+}{\rightleftharpoons}} CH_3COOC_2H_5 + H_2O$$

初馏液中除含有乙酸乙酯外，还含有少量的乙醇、水和乙酸等。因此，需要用碳酸钠溶液洗涤除去酸，饱和氯化钙溶液洗涤除去醇，然后用无水硫酸镁干燥。

乙酸乙酯有果子香气，易水解和皂化，用做清漆稀释剂、人造革、塑料等的溶剂，也用做染料、药物、香料等的原料。

仪器与试剂

分液漏斗、冷凝管、三颈烧瓶、温度计、滴液漏斗、蒸馏头、圆底烧瓶、锥形瓶、量筒。
95% 乙醇、冰醋酸、浓硫酸、饱和碳酸钠溶液、饱和食盐水、饱和氯化钙溶液、无水硫酸镁。

实验步骤

1. 用量筒量取 12ml 95% 乙醇于三颈烧瓶中，边摇动边分批将 12ml 浓硫酸加入，使反应物混合均匀，再加几粒沸石。三颈烧瓶的另两个孔分别插入滴液漏斗和温度计，装好仪器。温度计的水银球插入液面以下，距离烧瓶底部 0.5～1cm。

2. 在滴液漏斗中加入 12ml 95% 乙醇溶液和 12ml 冰醋酸的混合溶液，先滴 7～8ml 入蒸馏烧瓶内，然后将烧瓶放在石棉网上小火加热到 110～120℃，当蒸馏管口有液体蒸出时，再将滴液漏斗中剩余的乙醇和冰醋酸混合液慢慢滴入蒸馏烧瓶中。控制加料的速度和馏出速度大致相等,并控制温度在 110~120℃。滴加完毕后,继续加热,直至温度升高到 130℃不再有液体馏出时,停止加热。

3. 将大约 10 ml 饱和碳酸钠溶液慢慢加入到馏出液中,边加边摇动,直至没有气体逸出,用 pH 试纸检验,脂层呈中性。将混合液移入分液漏斗,充分振摇后静置分层,弃去水层。脂层先用 10 ml 饱和食盐水洗涤一次,再用 10 ml 饱和氯化钙溶液洗涤,并重复 2 次。弃去水层,脂层从分液漏斗上口倒入干燥的锥形瓶中,加入无水硫酸镁干燥。

4. 将干燥好的粗产品滤入圆底烧瓶中,加入几颗沸石,装好蒸馏装置,在水浴中加热蒸馏。收集 73~78℃的馏分。称重,计算产率。

注意事项

1. 应将浓硫酸慢慢加入烧瓶,并充分振摇,使其与乙醇混合均匀,避免造成局部酸过浓引起有机物炭化,发生副反应。
2. 控制好加料的速度,滴加速度过快会使大量乙醇来不及反应就被蒸出,并引起混合物温度下降,从而降低反应速率,影响产率。
3. 温度不宜过高,否则副产物乙醚含量增加。
4. 必须洗去碳酸钠,否则用饱和氯化钙溶液洗去醇时会产生碳酸钙絮状沉淀,使分离困难。

思 考 题

1. 粗产品中有哪些杂质?如何除去这些杂质?
2. 实验中的浓硫酸起什么作用?

(郭保收)

实验六　无水乙醇的制备

实验目的

1. 掌握回流装置的安装和使用方法。
2. 熟悉实验室制备无水乙醇的原理和方法。

实验原理

乙醇是实验中最常用的有机溶剂。由于普通的工业酒精是含 95.5% 乙醇和 4.5% 水的恒沸混合物,其沸点为 78.15℃,用蒸馏的方法不能将乙醇中的水进一步除去。若要得到含量较高的乙醇,在实验室中可加入氧化钙(生石灰)后加热回流,使乙醇中的水与生石灰作用,结合生成难挥发的氢氧化钙后再进行蒸馏。这样制备的无水乙醇,纯度最高可达到 99.5%。如果要得到纯度更高的绝对乙醇，则可加入金属钠或者金属镁进行处理。

仪器与试剂

100 ml 圆底烧瓶、回流冷凝管、氯化钙干燥管、蒸馏装置、量筒、500 ml 烧杯（代替水浴锅）。95.5% 工业乙醇、无水氯化钙、氧化钙、沸石。

实验步骤

1. 回流

用量筒量取 40 ml 95.5% 工业乙醇加入 100 ml 圆底烧瓶中，慢慢加入 8.0 g 氧化钙和几粒沸石。安装回流冷凝管（图 3-7），其上端接一无水氯化钙干燥管，在水浴上加热回流 1~2h。

2. 蒸馏

回流完毕，稍冷后取下冷凝管，换上 0~100℃ 温度计，改为蒸馏装置。在烧瓶中再加入几粒沸石，在水浴上加热蒸馏。蒸馏去掉前馏分（因为最初蒸出的乙醇可能由于仪器中附有少量水分会使蒸出的乙醇含有少量水分）后，用干燥的蒸馏瓶做接收器，其支管端连接一无水氯化钙干燥管，使整套蒸馏装置与大气相通。蒸馏至几乎无液滴流出时，停止加热，立即用空心塞密封，称量无水乙醇的重量，计算无水乙醇的回收率。实验后的无水乙醇统一回收。

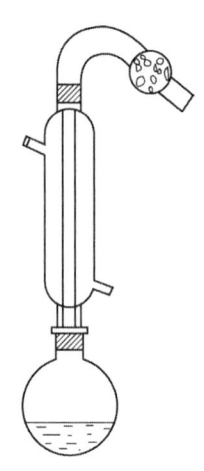

图 3-7 回流装置

注意事项

1. 本实验要求所有回流和蒸馏仪器洗净后均彻底干燥。由于无水乙醇具有极强的吸水性，故操作过程和保存时必须防止水分侵入。
2. 回流过程中，蒸馏烧瓶中的溶液应全部侵入水浴中，即水浴液面的高度应超过烧瓶内的液面。这样才能达到受热均匀，防止暴沸。
3. 回流结束时，要快速将回流装置改为蒸馏装置。需两人分工合作，动作要迅速。改装时需要注意两点：一是将冷凝管末端可能因为暴沸溅出来的石灰水用纸擦干净；二是接收器支管处要连接一无水氯化钙干燥管。
4. 蒸馏完毕，接收器应立即插上原来的木塞后称重。
5. 前馏分和无水乙醇应分别回收，不要倒错。

思 考 题

1. 制备无水乙醇时应注意哪些事项？为什么在回流装置和蒸馏装置的顶端和接收器支管处要连接一无水氯化钙干燥管？
2. 回流在有机制备中有何优点？

（肖 荣）

实验七　阿司匹林的制备

实验目的

1. 掌握阿司匹林的制备方法。
2. 熟悉酚羟基酰化反应的原理及酚羟基的性质和鉴别方法。
3. 了解阿司匹林的药用功能以及在医药方面的应用。

实验原理

制备阿司匹林（乙酰水杨酸）最常用的方法是将水杨酸与乙酸酐作用，使水杨酸分子中酚羟基上的氢原子被乙酰基取代，生成乙酰水杨酸。为了加速反应的进行，通常加入少量浓硫酸做催化剂。具体反应式如下：

$$\underset{}{\text{水杨酸}} \xrightarrow[H^+]{(CH_3CO)_2O} \text{乙酰水杨酸} + CH_3COOH$$

在生成的粗产物乙酰水杨酸中含有未反应的水杨酸，本实验采用乙醇–水混合溶剂重结晶的方法除去水杨酸和其他杂质。

阿司匹林是常用的解热镇痛药 APC 的主要成分，用于解热、镇痛、抗风湿，促进痛风患者尿酸的排泄，抗血小板聚集及用于胆道蛔虫病治疗。

仪器与试剂

锥形瓶（125 ml）、布氏漏斗、温度计、玻璃棒、水浴锅、真空泵、烧杯。
水杨酸、乙酸酐、浓硫酸、乙醇、1% $FeCl_3$ 溶液。

实验内容

1. 制备

称取 6.3 g（约 0.045 mol）水杨酸放入 100 ml 锥形瓶（应干燥无水）中，小心地滴加 9 ml（约 0.09 mol）乙酸酐，不断搅拌下加入 10 滴浓硫酸，旋摇锥形瓶，使锥形瓶内的混合物充分混合。然后将锥形瓶在热水浴上加热 15 min，保持温度 70～80℃，从热水浴中移去锥形瓶，稍冷却，再加 50 ml 蒸馏水，并用冰水浴冷却，直到大量白色晶体析出为止。

用布氏漏斗进行真空过滤，收集产品，在漏斗上用 15 ml 冰水冲洗产物，然后压干。取少量粗产品，溶于几滴乙醇中，再滴加 1～2 滴 1% $FeCl_3$ 溶液，观察颜色变化。

2. 提纯

将粗产品转移到干燥烧杯中,加入 10ml 无水乙醇,水浴加热使其溶解,再加入 30ml 蒸馏水,搅拌,放入冰水中冷却约 15min,待晶体全部析出,再抽气过滤,即得纯产品。

取少量纯产品,溶于几滴乙醇中,再滴加 1~2 滴 1% $FeCl_3$ 溶液,观察颜色变化。称量纯品,计算产率。

注意事项

1. 反应器应干燥无水,否则乙酸酐容易分解成乙酸。
2. 水杨酸能形成分子内氢键,阻碍酚羟基的酰基化反应,加入少量浓硫酸或磷酸破坏水杨酸的氢键,使酰基化反应容易进行。
3. 反应温度不宜太高,否则将增加副产物的生成。同时水杨酸受热易发生分解。

思考题

1. 在制得的阿司匹林样品中最可能含有的杂质是什么?
2. 鉴别比较两支试管中的现象后,可得出什么结论?
3. 阿司匹林在临床中主要有哪些应用?

(周建波)

实验八　苯甲醇和苯甲酸的制备

实验目的

1. 掌握洗涤、蒸馏及重结晶等纯化技术。
2. 熟悉苯甲醛由 Cannizzaro 歧化反应制备苯甲醇和苯甲酸的原理和方法。
3. 了解低沸点、易燃有机溶剂的蒸馏操作和有机酸的分离方法。

实验原理

芳醛和其他无 α-氢原子的醛在浓强碱溶液作用下,发生 Cannizzaro 反应,一分子醛被氧化成羧酸(在碱性溶液中成为羧酸盐),另一分子醛则被还原成醇。

本实验以苯甲醛为反应物,在浓氢氧化钠作用下生成苯甲醇和苯甲酸。其反应式如下:

$$2\underset{}{\text{C}_6\text{H}_5\text{CHO}} \xrightarrow{\text{浓 NaOH}} \text{C}_6\text{H}_5\text{CH}_2\text{OH} + \text{C}_6\text{H}_5\text{COONa} \xrightarrow{\text{H}^+} \text{C}_6\text{H}_5\text{COOH}$$

由于苯甲醇易溶于乙醚，采用乙醚萃取苯甲酸。分液后水相用无机酸酸化后，水溶性苯甲酸钠转化为苯甲酸，从水中析出。

仪器与试剂

锥形瓶、圆底烧瓶、直形冷凝管、尾接管、接收器、蒸馏头、温度计、分液漏斗、烧杯、短颈漏斗、玻璃棒、布氏漏斗、抽滤瓶、刚果红试纸。

苯甲醛、氢氧化钠、浓盐酸、乙醚、饱和亚硫酸氢钠、10%碳酸钠、无水硫酸镁。

实验步骤

向 250 ml 锥形瓶中加入 20 g 氢氧化钠和 20 ml 水，振荡，使氢氧化钠完全溶解配成水溶液并冷却至室温。在振荡下，分批加入 20 ml 新蒸馏过的苯甲醛，开始出现白色混浊物时，装上回流冷凝管，间歇振摇直至苯甲醛油层消失，反应物变透明，加热回流反应 1 h。

停止加热后向反应物中加入足够量的水（约 50 ml），不断振荡，使其中的苯甲酸盐全部溶解。将溶液倒入分液漏斗中，每次用 20 ml 乙醚萃取，萃取 3 次。合并上层的乙醚提取液，分别用 8 ml 饱和亚硫酸氢钠、16 ml 10% 碳酸钠和 16 ml 水洗涤，最后用无水硫酸镁或无水碳酸钾干燥。

干燥后的乙醚溶液，倒入 100 ml 圆底烧瓶，装上蒸馏装置，水浴蒸馏除去乙醚，再改用油浴或空气浴蒸馏苯甲酸，收集 204~206℃ 的馏分，称重，测定折光率。

乙醚萃取后的水溶液，用浓盐酸酸化至刚果红试纸变蓝色，充分搅拌溶液，冷却使苯甲酸析出完全，抽滤。粗产物用水重结晶，重结晶步骤如下：用沸水溶解产品，稍冷却，加活性炭加热煮沸，同时为防止水挥发，应该在烧杯表面盖一个表面皿，趁热过滤，冷却抽滤。

最后将产品干燥，称重，测定折光率。

注意事项

1. 原料苯甲醛易被空气氧化，所以保存时间较长的苯甲醛，使用前应重新蒸馏；否则苯甲醛已氧化成苯甲酸而使苯甲醇的产率降低。

2. 在反应时充分摇荡的目的是让反应物充分混合，否则对产率的影响很大。

3. 在第一步反应时加水后，苯甲酸盐如不能溶解，可稍微加热。

4. 合并的乙醚层用无水硫酸镁或无水碳酸钾干燥时，振荡后要静置片刻至澄清，并充分静置约 30 min。干燥后的乙醚层慢慢倒入干燥的蒸馏烧瓶中，应用棉花过滤。

5. 蒸馏乙醚时严禁使用明火,乙醚蒸完后应立刻回收,直接用电热套加热,温度上升到 140℃,用空气冷凝管蒸馏苯甲醇。

6. 水层如果酸化不完全,会使苯甲酸不能充分析出,导致产物损失。

思 考 题

1. 本实验根据什么原理来分离和提纯苯甲酸和苯甲醇这两种产物?用饱和亚硫酸氢钠及 10% 碳酸钠洗涤的目的是什么?
2. 经乙醚萃取后的水溶液为什么要酸化到使刚果红试纸由红色变蓝色,而不是酸化到中性?
3. 苯甲酸和苯甲醛是哪些重要药物的合成原料?

(张青芳)

实验九　甲基橙的制备

实验目的

1. 掌握重氮化反应和偶联反应的条件和实验操作。
2. 熟悉盐析和重结晶的实验操作。
3. 了解甲基橙的变色范围和基本应用。

实验原理

甲基橙是酸碱指示剂的一种,制备甲基橙一般是先将对氨基苯磺酸重氮化制成对氨基苯磺酸重氮盐,再与 N,N-二甲基苯胺的醋酸盐在弱酸性缓冲介质中偶联。对氨基苯磺酸是一种两性化合物,其酸性比碱性强,能形成酸性内盐,但是不溶于酸,因为它容易与碱作用生成易溶的钠盐而难与酸作用成盐。由于它不溶于酸而重氮化反应又须在酸性介质中完成,因此,进行重氮化反应时,首先将对氨基苯磺酸与氢氧化钠作用,变成可溶的对氨基苯磺酸钠。在酸性条件下,使对氨基苯磺酸钠转变为对氨基苯磺酸从溶液中以细粒状沉淀析出,并立即与亚硝酸钠在酸性条件下转变成的亚硝酸作用,发生重氮化反应,生成粉末状的重氮盐,再与 N,N-二甲基苯胺发生反应,生成甲基橙。

反应方程式如下:

$$\xrightarrow{C_6H_5(CH_3)_2,\ HAc} \left[HO_3S--\overset{H}{\underset{}{N^+}}=N--N(CH_3)_2\right]^+ Ac^-$$

酸式甲基橙（红色）

$$\xrightarrow{NaOH} NaO_3S--N=N--N(CH_3)_2 + NaAc + H_2O$$

碱式甲基橙（黄色）

仪器与试剂

烧杯、量筒、托盘天平、温度计、水浴锅、抽滤装置、滤纸。

对氨基苯磺酸晶体、亚硝酸钠、N,N-二甲基苯胺、浓盐酸、5%氢氧化钠、乙醇、乙醚、冰醋酸、淀粉-碘化钾试纸。

实验步骤

1. 重氮盐的制备

在烧杯中放置 2.1g 对氨基苯磺酸晶体及 10ml 5% 氢氧化钠溶液，如果不能溶解则稍微加热。另称取 0.8g 亚硝酸钠溶解于 6ml 水中，加入上述烧杯内，在冰盐浴中冷却，使其温度不超过 5℃ [1]，将 3ml 浓盐酸与 10ml 水配制成的溶液缓缓滴加到上述混合溶液中（同时不断搅拌），并控制温度不超过 5℃。滴加完后用淀粉-碘化钾试纸检验，如果试纸不显蓝色，还需要补充亚硝酸钠溶液，直到淀粉-碘化钾试纸显蓝色为止。将上述反应液在冰盐浴液中放置 15min 以保证反应完全 [2]。

2. 偶合

将 1.2g N,N-二甲基苯胺和 1ml 冰醋酸加到同一支试管内，在不断搅拌下，将此溶液慢慢加到上述冷却的重氮盐溶液中，继续搅拌 10min，再慢慢加入 25ml 5% 氢氧化钠溶液，直至反应液呈碱性（反应物变为橙色），此时粗制的甲基橙呈细粒状沉淀析出。将反应物在沸水浴上加热 5min，待试管冷却到接近室温后再在冰水浴中冷却，使甲基橙晶体尽量析出完全。抽滤，收集结晶，依次用少量水、乙醇、乙醚洗涤，压干（用乙醇、乙醚洗涤的目的是使其迅速干燥。湿的甲基橙在空气中受光照射后，颜色很快变深而使产物为紫红色粗产物）。

如果要得到较纯产品，可用溶有少量氢氧化钠（0.1~0.2g）的沸水，按每克初产物 25ml 此沸水的用量进行重结晶。

溶解少许甲基橙于水中，加几滴稀盐酸溶液，再用稀氢氧化钠溶液中和，观察颜色变化。

注意事项

1. 对氨基苯磺酸和 N,N-二甲基苯胺对皮肤有刺激作用，要小心使用。
2. 粗制甲基橙时如果反应物中含有未作用的 N,N-二甲基苯胺醋酸盐,在加入氢氧化钠后,会有难溶于水的 N,N- 二甲基苯胺析出,可影响产物的纯度。

3. 对初产品进行重结晶的操作要迅速,否则由于产物呈碱性,在温度高时易使产物变质,颜色太深。

注　释

[1] 重氮化反应过程中,反应温度如果高于5℃,则生成的重氮盐水解成酚,会降低产率。

[2] 在此时往往析出对氨基苯磺酸的重氮盐。这是因为重氮盐在水中可以电离,形成中性内盐,在低温时难溶于水而形成细小晶体。

思 考 题

1. 什么叫偶联反应?简述偶联反应的条件。
2. 试解释甲基橙的变色原理,并用反应式表示。

（胡小建）

实验十　从茶叶中提取咖啡因

实验目的

1. 掌握萃取、蒸馏、升华等基本操作以及从茶叶中提取咖啡因的基本原理和方法。
2. 熟悉索氏提取器的构造原理和使用方法。
3. 了解咖啡因的药理功能和用途。

实验原理

咖啡因（1,3,7-三甲基-2,6-二氧嘌呤）,又称咖啡碱,是一种生物碱,存在于茶叶、咖啡、可可等植物中。茶叶中含有1%~5%咖啡因,同时还含有单宁酸、色素、纤维素等物质。

咖啡因是弱碱性化合物,可溶于氯仿、丙醇、乙醇和热水中,难溶于乙醚和苯（冷）。纯品咖啡因的熔点为235~236 ℃,含结晶水的咖啡因为无色针状晶体,在100 ℃时失去结晶水,并开始升华,120 ℃时显著升华,178℃时迅速升华。利用这一性质可纯化咖啡因。咖啡因的结构式为:

提取咖啡因的方法有碱液提取法和索氏提取器提取法。本实验以乙醇为溶剂，用索氏提取器提取，再经浓缩、中和、升华，得到含结晶水的咖啡因。

咖啡因工业上主要是通过人工合成制备。它具有刺激心脏、兴奋大脑神经和利尿等作用。故可以作为中枢神经兴奋药，也是复方阿司匹林（APC）等药物的组分之一。

仪器与试剂

索氏提取器、蒸馏装置、抽滤装置、蒸发皿、玻璃漏斗、烧杯。

茶叶、氯仿、95% 乙醇、10% 盐酸、碘–碘化钾试剂、30% H_2O_2、5% 鞣酸、浓氨水、生石灰。

实验步骤

1. 咖啡因的提取

称取 5g 干茶叶，装入滤纸筒内，轻轻压实，滤纸筒上口塞一团脱脂棉，置于索氏提取器抽提筒中（装置如图 3-8 所示），圆底烧瓶内加入 60～80ml 95% 乙醇，加热乙醇至沸，连续抽提 1h，待冷凝液刚刚虹吸下去时，立即停止加热。将仪器改装成蒸馏装置，加热回收大部分乙醇。然后将残留液（10～15ml）倾入蒸发皿中，烧瓶用少量乙醇洗涤，洗涤液也倒入蒸发皿中，蒸发至近干。加入 4g 生石灰粉，搅拌均匀，用电热套加热（100～120 V），蒸发至干，除去全部水分。冷却后，擦去沾在边上的粉末，以免升华时污染产物。

2. 升华提纯

将一张刺有许多小孔的圆形滤纸盖在蒸发皿上，取一只大小合适的玻璃漏斗罩于其上，漏斗颈部疏松地塞一团棉花（装置如图 3-9 所示）。用电热套小心加热蒸发皿，慢慢升高温度，使咖啡因升华。咖啡因通过滤纸孔遇到漏斗内壁凝为固体，附着于漏斗内壁和滤纸上。当滤纸上出现白色针状晶体时，暂停加热，冷至 100℃ 左右，揭开漏斗和滤纸，仔细用小刀将附着

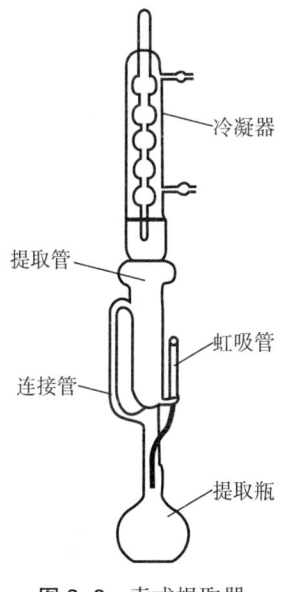

图 3-8 索式提取器

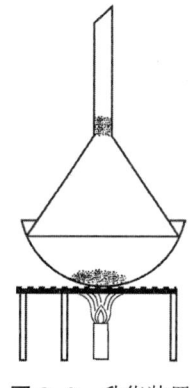

图 3-9 升华装置

于滤纸及漏斗壁上的咖啡因刮入表面皿中。将蒸发皿内的残渣加以搅拌,重新放好滤纸和漏斗,用较高的温度再加热升华一次。此时温度也不宜太高,否则蒸发皿内大量冒烟,产品既受污染又遭损失。合并两次升华所收集的咖啡因,测定熔点。

3. 咖啡因的鉴定

(1)与生物碱试剂反应 取咖啡因结晶的一半于小试管中,加 40 ml 水,微热,使固体溶解,分装于 2 支试管中,在一支试管加入 1~2 滴 5% 鞣酸溶液,记录现象。在另一支试管加 1~2 滴 10% 盐酸(或 10% 硫酸),再加入 1~2 滴碘 - 碘化钾试剂,记录现象。

(2)氧化 在表面皿剩余的咖啡因中,加入 30% H_2O_2 8~10 滴,置于水浴上蒸干,记录残渣颜色。再加一滴浓氨水于残渣上,观察并记录颜色有何变化。

注意事项

1. 滤纸筒的直径要略小于抽提筒的内径,其高度一般要超过虹吸管,但是样品不得高于虹吸管。如没有现成的滤纸筒,可自行制作。其方法为:取脱脂滤纸一张,卷成圆筒状(其直径略小于抽提筒内径),底部折起而封闭(必要时可用线扎紧),装入样品,上口盖脱脂棉,以保证回流液均匀地浸透被萃取物。

2. 索式提取器的虹吸管极易折断,装配和取拿时必须特别小心。

3. 提取时,如烧瓶中有少量水分,升华开始时,将产生一些烟雾,污染器皿和产品。

4. 蒸发皿上覆盖刺有小孔的滤纸是为了避免已升华的咖啡因回落入蒸发皿中,滤纸上的小孔应保证蒸气通过。漏斗颈塞棉花,是为了防止咖啡因蒸气逸出。

5. 在升华过程中必须始终严格控制加热温度,温度太高,将导致被烘物和滤纸炭化,一些有色物质也会被带出来,影响产品的质和量。进行再升华时,加热温度也应严格控制。

思 考 题

1. 索式提取器的工作原理是什么?它有什么优点?
2. 生石灰的作用是什么?
3. 咖啡因具有哪些药理作用?

(胡小建)

实验十一 银杏叶中黄酮类有效成分的提取

实验目的

1. 掌握银杏叶的主要有效成分的提取和索氏提取器的使用方法。
2. 熟悉银杏叶提取物的药用功效。

实验原理

银杏树又称白果树、公孙树，是我国古老的树种之一，具有"活化石"的美称。由于其生长规律特殊，抗病能力强而受到国、内外的重视。银杏的果、叶、皮等具有很高的药用价值和保健价值。银杏叶的提取物对于治疗心脑血管病和周围血管疾病、神经系统障碍、头晕、耳鸣、记忆损伤等有显著效果。

银杏叶中的化学成分很多，主要有黄酮类、萜内酯类、聚戊烯醇类。此外，还有酚类、生物碱和多糖等药用成分。目前银杏叶的开发主要是提取银杏内酯和黄酮类等药用成分。黄酮类化合物由黄酮醇及其苷、双黄酮、儿茶素三类组成，它们具有广泛的生理活性。黄酮类化合物的结构较复杂，其中黄酮醇及其苷的结构表示如下：

R＝H 坎非醇；R＝OH 戊羟黄酮；R＝OCH$_3$ 异鼠李亭衍生物

黄酮类化合物广泛分布在自然界中，它们是苯并 γ-吡喃酮（色酮）最重要的一类衍生物。黄酮分子中 C-3 位上的氢被羟基取代，得到 3-羟基黄酮，它是黄酮类色素，存在于许多种植物色素中。黄酮与黄烷酮是具有显著生理活性和药物价值的化合物，具有杀菌和消炎作用，在植物体内具有抗病作用，相当于植物卫士，但有的是植物的毒素成分。

目前提取银杏叶有效成分的方法主要有水蒸气蒸馏法、有机溶剂萃取法和超临界流体萃取法。本实验采用溶剂萃取法。

仪器与试剂

索氏提取器、圆底烧瓶、分液漏斗、减压蒸馏装置。
银杏叶、95% 乙醇、无水硫酸钠、二氯甲烷、1% 三氯化铁。

实验步骤

1. 黄酮类化合物的粗提取

称取干燥的银杏叶粉末 25 g，放入索氏提取器的滤纸袋中，轻轻压实，滤纸筒上塞一团脱脂棉，置于索氏提取器抽提筒中，圆底烧瓶中加入 130 ml 60% 乙醇，加热乙醇至沸腾，连续提取 3 h，待银杏叶颜色变浅时，停止提取。将提取物转入减压蒸馏装置中，减压蒸去溶剂乙醇，得膏状粗提取物。

2. 萃取提纯

将粗提取物加 120 ml 水搅拌，转入分液漏斗中，用 180 ml 二氯甲烷分三次萃取，萃取液用无水硫酸钠干燥，加热蒸去二氯甲烷（二氯甲烷沸点为 39.8℃），残留物干燥，称量，计算产率[1]。

3. 黄酮类化合物的鉴别

取少量提纯后产品，加乙醇溶解后，再加入 1% 三氯化铁溶液数滴，观察所呈现的颜色。

注　释

[1] 粗提取物的精制方法有很多，如用 D101 树脂和聚酰胺树脂 1∶1 混合装柱，吸附，然后用 70% 乙醇洗脱，经浓缩得到精制品。

思 考 题

1. 从黄酮类化合物的结构看，可否用分光光度法分析？
2. 银杏叶提取物有何药用功效？

（蒋银燕）

实验十二　环己烯的制备

实验目的

1. 掌握以浓磷酸催化环己醇脱水制取环己烯的原理和方法。
2. 熟悉分馏的基本操作技能及分液漏斗的使用。
3. 了解环己烯的基本应用。

实验原理

工业上主要通过石油裂解的方法制备烯烃，有时也利用醇在氧化铝等催化剂存在下进行高温催化脱水来制取。实验室中则主要用浓硫酸、浓磷酸催化剂使醇脱水或卤代烃在醇钠作用下脱卤化氢来制备烯烃。环己烯的制备由环己醇脱水或卤代环己烷在氢氧化钾乙醇溶液中脱卤化氢而制得。本实验是以浓硫酸做催化剂使环己醇脱水来制备环己烯。反应式如下：

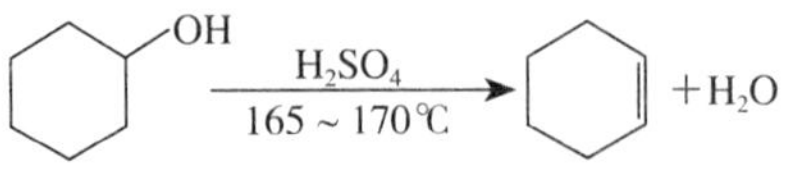

$$\text{C}_6\text{H}_{11}\text{OH} \xrightarrow[165\sim170\,^\circ\text{C}]{\text{H}_2\text{SO}_4} \text{C}_6\text{H}_{10} + \text{H}_2\text{O}$$

一般认为，该反应历程为 E1 历程，整个反应是可逆的：

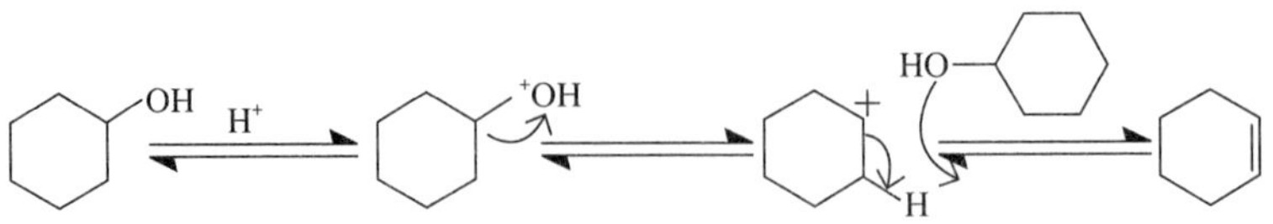

环己烯在自然界存在于煤油馏分中,是有机合成的中间体原料,也可用做溶剂和试剂,实验室中常用于制备丁二烯。

仪器与试剂

圆底烧瓶、烧杯、分馏柱、分液漏斗、锥形瓶、温度计、蒸馏装置。
环己醇、85%浓磷酸、无水氯化钙、精盐、5%碳酸钠溶液。

实验步骤

1. 取 10g 环己醇,4ml 浓磷酸和几粒沸石加入圆底烧瓶中,充分振荡摇匀。按第二篇第二章实验五图 2-14 安装仪器,用锥形瓶作为接收器并放置于冰水浴中冷却。
2. 将烧瓶放在石棉网上,用小火缓慢加热,控制温度使分馏柱顶端的温度不超过 90℃,缓慢蒸出环己烯和水。待没有液体蒸出时,可适当提高加热温度,当烧瓶中只剩下少量的残留液并出现白雾时,立即停止加热。
3. 加 1g 精盐于馏出液中,再加入 3~4ml 5% 碳酸钠溶液使溶液中和,再将液体倒入分液漏斗中,振摇后静置分层,分出有机层。将有机层倒入干燥的锥形瓶中,再加入 1~2g 无水氯化钙干燥,放置半小时(间歇振摇)。
4. 待溶液清亮后滤出,倒入圆底烧瓶中,加入几粒沸石,按图 3-10 组装好仪器,在沸水浴中蒸馏,收集 80~85℃的馏分。

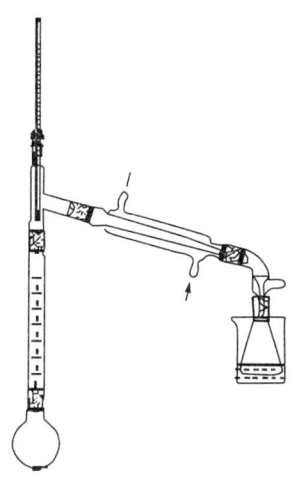

图 3-10 分馏装置图

注意事项

1. 环己醇在常温下为黏稠液体,用量筒量取,应注意转移过程的损失,最好采取称量法称取。
2. 由于反应中环己醇与水和环己烯与水都可形成共沸物,前者沸点为 97℃,后者为 70℃,为避免环己醇蒸出,温度不宜过高,加热速度不宜过快。
3. 在收集和转移环己烯时应保持充分冷却,以免因挥发而损失。
4. 水层应尽量完全分离,以减少无水氯化钙的用量,避免产物被干燥剂吸附而损失。

思考题

1. 采用分馏装置制备环己烯,要控制分馏柱顶端温度不超过 90℃,为什么?
2. 粗制的环己烯中,加入精盐使水层饱和的目的是什么?
3. 如果产率太低,请分析原因。

(蒋银燕)

实验十三　硝基苯的制备

实验目的

1. 掌握芳香族化合物硝化反应的条件和方法。
2. 熟悉芳香族化合物的化学性质。
3. 了解硝基苯的基本应用及其毒副作用。

实验原理

芳烃的硝基衍生物是重要的有机合成中间体，苯及其衍生物容易发生亲电取代反应，所以有机合成中常在浓硫酸做催化剂的条件下，利用苯及其衍生物与浓硝酸发生亲电取代反应来制备芳烃的硝基衍生物。

本实验利用苯和浓硝酸反应制备硝基苯，反应式如下：

$$\text{C}_6\text{H}_6 + \text{HNO}_3 \xrightarrow{\text{浓 H}_2\text{SO}_4} \text{C}_6\text{H}_5\text{NO}_2 + \text{H}_2\text{O}$$

在反应过程中放出大量的热，所以随着反应体系温度的升高，反应产物容易进一步发生亲电取代反应生成间二硝基苯副产物。本实验采用水蒸气蒸馏的方法对粗产品进行纯化（蒸馏原理及方法见第二篇第二章实验六"水蒸气蒸馏"）。

硝基苯用做生产苯胺的原料，也是橡胶硫化促进剂以及其他有机合成的重要中间体。硝基苯是我国环境优先控制物，经呼吸道、消化道或皮肤侵入体内可引起高铁血红蛋白症，甚至导致溶血性贫血，对肝有损害。

仪器与试剂

锥形瓶、分液漏斗、玻璃管、温度计、圆底烧瓶。
苯、硝酸、浓硫酸、10% 碳酸钠溶液、饱和食盐水、无水氯化钙。

实验步骤

1. 取 50ml 圆底烧瓶，加入 8.9ml 苯。套好双孔软木塞，一个插孔插入温度计，另一个插孔插入一根长空心玻璃管作为空气冷凝管。将 7.3ml 硝酸缓慢加入到装有 10ml 浓硫酸的锥形瓶中，冷却待用。

2. 将冷却的混酸溶液少量多次从玻璃管的上口加入圆底烧瓶中，每一次加混酸必须充分振摇烧瓶，使苯与混酸充分混匀，待圆底烧瓶的温度不再上升时再加入少量混酸。控制温度在 40~50℃，可用冷水冷却圆底烧瓶控制温度。

3. 混酸加入完毕，将圆底烧瓶放在水浴中加热，在10 min内使反应混合物的温度升到60～65℃，保持30 min，反应过程中每隔一段时间摇动圆底烧瓶。

4. 反应混合物冷却后，倒入分液漏斗中，分出粗产品硝基苯，用等体积的冷水洗涤，然后用碳酸钠溶液洗涤，再用水洗涤至中性，分液漏斗分液，将分离出来的粗硝基苯放在已经干燥好的锥形瓶中，加入无水氯化钙干燥，放置半小时，并间歇振摇，使干燥完全。

5. 将产品加入30 ml蒸馏烧瓶中，组装成蒸馏装置，加热，收集205～210℃馏分（切不可将产品蒸干，防止意外发生）。

注意事项

1. 整个操作在通风柜内进行，以防苯蒸气中毒！
2. 混酸必须少量多次加入，使混酸与苯充分接触。
3. 产品中有副产物二硝基苯，高温下分解引起爆炸，因此不可将产品蒸干。温度控制不可超过214℃。
4. 硝基苯有毒，如溅到皮肤上，先用酒精擦洗，再用肥皂洗净。
5. 浓硝酸、浓硫酸都是腐蚀性强酸，操作时应小心，若溅到皮肤上，应立即用大量冷水冲洗。
6. 混酸配制　将10 ml浓硫酸加入锥形瓶中，放在冰水浴中，将7.3 ml硝酸边摇边缓慢加入锥形瓶中。

思 考 题

1. 能否一次将混酸加入圆底烧瓶中？为什么？
2. 反应温度控制不好会有什么样的影响？
3. 粗产品硝基苯用水洗涤，然后用碳酸钠溶液洗涤的目的是什么？

（崔小莹）

实验十四　富马酸二甲酯的合成

实验目的

1. 掌握富马酸二甲酯合成的原理和方法。
2. 熟悉回流和重结晶的基本操作。
3. 了解富马酸二甲酯的用途。

实验原理

富马酸二甲酯即反丁烯二酸二甲酯，采用反丁烯二酸（富马酸）与甲醇反应，氯化铁为催化剂进行制备。此种合成方法成本低，产率高，速度快，并且对环境无污染，是一种较好的合成富马酸二甲酯的方法。

反应式如下：

$$\underset{HOOC}{\overset{H}{\diagdown}}C=C\underset{H}{\overset{COOH}{\diagup}} + 2CH_3OH \xrightarrow{\text{氯化铁}} \underset{H_3COOC}{\overset{H}{\diagdown}}C=C\underset{H}{\overset{COOCH_3}{\diagup}} + 2H_2O$$

富马酸二甲酯是一种较新型的防霉保鲜剂，对微生物有广泛高效的抑制、杀菌作用，具有低毒高效、广谱抗菌、安全、化学稳定性好、作用时间长等特点，广泛用于食品、粮食、饲料、烟草、皮革和衣物等防腐、防霉及保鲜。

仪器与试剂

圆底烧瓶、直形冷凝管、球形冷凝管、布氏漏斗、循环水真空泵、滤纸、抽滤瓶、玻璃棒、沸石。

富马酸、$FeCl_3 \cdot xH_2O$、甲醇。

实验步骤

1. 将 5 g 富马酸、0.2 g $FeCl_3 \cdot xH_2O$ 和 50 ml 甲醇加入圆底烧瓶中，摇匀，再添加几颗沸石，装上球形冷凝管，水浴加热回流 1 h 左右。然后迅速撤掉球形冷凝管，改用直形冷凝管变成蒸馏装置蒸馏，当锥形瓶中约有 30 ml 甲醇馏出液时，停止加热。待圆底烧瓶中有大量白色固体析出时，趁热将产物倒入装有 100 ml 冷水（5℃）的烧杯中，冷却后真空抽滤除去水，可得到富马酸二甲酯的粗产品。

2. 将粗产品转入干净圆底烧瓶，再加入 25 ml 甲醇，加入沸石，用球形冷凝管水浴回流加热，使富马酸二甲酯完全溶解，停止加热，塞上塞子使圆底烧瓶自然冷却，待晶体完全析出后，真空抽滤，即得到纯品富马酸二甲酯的白色晶体。将产品干燥，称重，计算产率。

注意事项

甲醇中毒可引发视神经炎而导致失明，因此，整个操作必须在通风橱内进行。

思考题

1. 在合成富马酸二甲酯的过程中，$FeCl_3 \cdot xH_2O$ 有什么作用？
2. 富马酸二甲酯的主要用途有哪些？

（陶　璐）

实验十五　大黄中蒽醌类化合物的提取及鉴定

实验目的

1. 掌握提取及分离大黄中蒽醌类化合物的原理和方法。
2. 熟悉分步结晶的操作方法。
3. 了解大黄的药用功效。

实验原理

大黄为常用中药，含有羟基蒽醌类化合物，具有攻积滞、消湿热、泻火、凉血、祛瘀、解毒等功效。大黄中的羟基蒽醌以糖苷的形式存在，其总量为 2%～5%，也可高达 9%，其中有较少量的游离羟基蒽醌。大黄中的羟基蒽醌主要有 5 种（表 3-5）。

表 3-5　大黄中蒽醌类化合物的结构与物理性质

大黄蒽醌的基本结构	R_1	R_2	名称	颜色与晶形	熔点（℃）
	H	CH_3	大黄酚	金黄色小叶状结晶	196
	CH_3	OH	大黄素	橙色针状结晶	256～257
	CH_3	OCH_3	大黄素甲醚	砖红色针状结晶	207
	H	CH_2OH	芦荟大黄素	橙色细针状结晶	216～220
	H	COOH	大黄酸	黄色细针状结晶	318～320

提取大黄中羟基蒽醌类化合物时一般将生药用有机溶剂（如氯仿、苯等）和 20% 硫酸回流，使糖苷首先水解，所生成的羟基蒽醌转入有机溶剂层中，然后加入碳酸氢钠、碳酸钠及氢氧化钾溶液，振摇，使其分别溶于各种碱溶液中，再分别酸化，即可分别析出结晶。

仪器与试剂

250ml 圆底烧瓶、蒸馏头、直形冷凝管、尾接管、接收瓶、温度计套管、温度计、水浴锅、铁架台、冷凝管夹、玻璃管、酒精灯、双凹夹、分液漏斗、硅胶 G、薄层色谱板、毛细管、层析缸。

大黄粗粉、20% 硫酸溶液、2.5% 碳酸氢钠溶液、2.5% 碳酸钠溶液、0.5% 氢氧化钾溶液、5% 氢氧化钠与 2% 氨水的混合液、盐酸、乙醇、苯、石油醚、正己烷、甲酸乙酯、甲酸、甲醇。

实验步骤

1. 蒽醌的提取

称取 25 g 大黄粗粉,置于 250 ml 圆底烧瓶中,加 30 ml 20% 硫酸和 100 ml 苯,于水浴上加热回流 1.5 h。用药棉过滤,其残渣加 15 ml 20% 硫酸和 75 ml 苯,再回流 30 min(可多次)。用药棉过滤苯提取液,合并苯提取液转移至 250 ml 圆底烧瓶中,在水浴上蒸馏浓缩至 10~15 ml,即得棕红色总游离羟基蒽醌的苯提取液。

2. 羟基蒽醌的分离

(1) 大黄酸的分离 将红棕色总游离蒽醌的苯提取液置于 500 ml 分液漏斗中,加 2.5% 碳酸氢钠水溶液 30 ml、20 ml 提取 2 次,合并 2 次提取液(红色),用盐酸调至 pH 为 2,即有黄色沉淀析出,过滤即得大黄酸。

(2) 大黄素的分离 将上步经 2.5% 碳酸氢钠溶液提取后的苯溶液置于 500 ml 分液漏斗中,加 2.5% 碳酸钠水溶液 30 ml、20 ml 提取 2 次,合并 2 次提取液(紫红色),用盐酸调至 pH 为 2,即有黄色沉淀析出,过滤即得大黄素。

(3) 芦荟大黄素的分离 将上步经 2.5% 碳酸钠水溶液提取后的苯溶液置于 500 ml 分液漏斗中,加 0.5% 氢氧化钾水溶液 30 ml、20 ml 提取 2 次,合并 2 次提取液(紫红色),用盐酸调至 pH 为 2,即有黄色沉淀析出,过滤即得芦荟大黄素。

(4) 大黄酚及大黄素甲醚的分离 上步经 0.5% 氢氧化钾水溶液提取后的苯溶液,蒸去苯溶剂,可得少量黄棕色固体,即为大黄酚及大黄素甲醚,两者可采用柱色谱法进一步分离。

3. 薄层色谱法分离大黄酸、大黄素、芦荟大黄素、大黄酚及大黄素甲醚

(1) 制板 用硅胶 G 湿法铺制 1 mm 的薄层色谱板,在 110℃ 下,活化 30 min,备用。

(2) 点样 用毛细管(或点样器)在已活化好的色谱板上点加大黄提取液,同时点加大黄酸、大黄素、芦荟大黄素、大黄酚及大黄素甲醚标准品做对照。

(3) 展开 薄层板展开 10 cm,记录数据。

蒽醌的名称	展开剂 (R_f)				显色情况	
	① 理论值	① 实测值	② 理论值	② 实测值	日光	氨蒸气
大黄酚	0.67		0.89		黄	红
大黄素甲醚	0.58		0.89		黄	橙红
大黄素	0.24		0.70		红	橙红
芦荟大黄素	0.17		0.60		黄	红
大黄酸	0.17		0.62		黄	红

展开剂:①石油醚 - 正己烷 - 甲酸乙酯 - 甲酸(1:3:1.5:0.1)加蒸馏水 0.5 ml 振摇,取上层为展开剂。②苯 - 甲酸乙酯 - 甲酸 - 甲醇(3:1:0.5:0.2)加蒸馏水 0.5 ml 振摇,分取上层液为展开剂。

> **思考题**
>
> 1. 羟基蒽醌类的提取、分离依据是什么?
> 2. 薄层色谱操作过程中要注意什么事项?影响 R_f 大小的因素有哪些?
> 3. 大黄有何药用功效?

（蒋银燕）

实验十六 药物中常见有机官能团的性质与鉴定

> **实验目的**

1. 掌握常见有机官能团的鉴别方法。
2. 熟悉药物中有机官能团的化学性质。

> **实验原理**

官能团的定性鉴定是利用有机化合物中各种官能团的不同特征，可与某些试剂反应产生特殊的现象（气体生成、颜色变化、沉淀析出等）来证明样品中是否有某种预期的官能团的存在。官能团的定性鉴定具有反应快、操作简便的特点，可为迅速鉴定化合物的结构提供重要信息。有机化合物在化学反应中直接发生变化的部分大部分局限于官能团上，化合物的化学性质往往决定于官能团的特性，所以官能团的定性鉴定试验也常称为有机化合物的性质试验。

同一官能团处于不同分子的不同部位，其性质受分子其他部分的影响而有差异，所以在官能团定性鉴定试验中例外情况是常见的，因此，有时需要同时用几种不同的方法来确定一种官能团的存在，或确认官能团在分子中的位置。

1. 不饱和键

（1）含有不饱和键的化合物可以与 $KMnO_4$ 发生氧化还原反应，使 $KMnO_4$ 溶液的紫色退去。但能使 $KMnO_4$ 溶液的紫色退去的还有酚、醛、醇等。

（2）含有不饱和键的化合物可以与溴水发生加成反应，使溴水的红棕色退去，但能使溴水的红棕色退去的还有酚、醛、芳胺及含有亚甲基的化合物，而这些化合物与溴水反应后生成氢溴酸（能使湿润的蓝色石蕊试纸变红）。

通过上述两个平行实验确定不饱和键的存在。

2. 醇羟基

（1）含有 10 个以下碳原子的醇与硝酸铈铵试剂反应生成琥珀色或红色配合物，溶液的颜色由亮黄色变为红色。

$$ROH + (NH_4)_2Ce(NO_3)_6 \longrightarrow (NH_4)_2Ce(OR)(NO_3)_5 + HNO_3$$

（2）伯醇、仲醇、叔醇与 Lucas 试剂反应生成难溶的卤代烃的速度不一样，叔醇最快，仲醇次之，伯醇最慢。

3. 酚

（1）酚类化合物与溴水发生取代反应生成三溴苯酚沉淀，同时溴水的棕红色退去。

（2）大多数酚类及具有烯醇式结构的化合物能够与三氯化铁溶液反应生成有颜色的配合物。

$$6ArOH + FeCl_3 \longrightarrow H_3[Fe(OAr)_6] + 3HCl$$

4. 醛和酮

（1）醛和酮　能与 2,4-二硝基苯肼反应生成黄色或橙色的 2,4-二硝基苯腙沉淀。

（2）具有 3 个 α-H 的醛和酮 [$CH_3COR(H)$] 都可以与次碘酸钠作用生成碘仿（碘仿反应）：

$$CH_3COR(H) + 3NaOI \longrightarrow CHI_3\downarrow + RCOONa$$

但因为次碘酸钠可将 $CH_3CH(OH)R$ 氧化成 $CH_3COR(H)$：

$$CH_3CH(OH)R + NaOI \longrightarrow CH_3COR(H) + NaI + H_2O$$

所以，具有 $CH_3CH(OH)R$ 结构的化合物也能发生上述反应。

（3）脂肪醛　能与斐林试剂反应生成氧化亚铜的砖红色沉淀，而芳香醛及酮没有这个性质。

5. 羧酸

将羧酸转变成酰氯后再转变成酯，酯与羟胺作用生成异羟肟酸，在弱酸性溶液中异羟肟酸与三氯化铁溶液生成有颜色的异羟肟酸铁。

6. 胺类

伯胺和仲胺可与苯磺酰氯或对甲苯磺酰氯反应生成 N-取代的苯磺酰胺，而叔胺则没有此性质。伯胺形成的苯磺酰胺能溶于氢氧化钠溶液中，酸化后才能析出沉淀；而仲胺则在碱性溶液中直接析出沉淀。

7. 糖类

单糖在浓硫酸存在下加热，分子内脱水生成糠醛或糠醛衍生物，再与两分子 α-萘酚缩合成醌类化合物而显紫色。低聚糖和多糖在此条件下可以被水解为单糖，所以也可以发生此显色反应。

仪器与试剂

水浴锅、酒精灯、试管、滴管、玻璃棒、橡皮塞。

无水乙醇、金属钠、酚酞指示剂、松节油、溴的四氯化碳溶液、0.5% 高锰酸钾、异丙醇、叔丁醇、铜丝、希夫试剂、正丁醇、仲丁醇、叔丁醇、Lucas 试剂、5%NaOH 溶液、2% 苯酚溶液、0.2% 邻苯二酚溶液、1% 间苯二酚溶液、0.5%1,2,3-苯三酚溶液、1% $FeCl_3$ 溶液、饱和溴水、2,4-二硝基苯肼溶液、甲醛、乙醛、丙酮、苯乙酮、I_2-KI 溶液、10%$AgNO_3$ 溶液、10%NaOH 溶液、氨水、斐林试剂 A、斐林试剂 B、苯甲醛、亚硝酰铁氰化钠、硝酸铈铵、乙酸、苯甲酸、氯化亚砜、1mol/L 盐酸羟胺、盐酸、10%KOH、苯胺、N-甲基苯胺、N,N-二甲基苯胺、苯磺酰氯、浓硫酸、莫里许试剂、葡萄糖溶液、果糖溶液、蔗糖溶液、淀粉溶液。

实验步骤

1. 不饱和键
（1）与 $KMnO_4$ 的反应 在试管中加入松节油10滴，再加入0.5% $KMnO_4$ 溶液10滴，加热试管，观察并记录现象。
（2）与溴水的反应 在试管中加入松节油1ml，再加入1%溴的四氯化碳溶液1ml，稍加热，观察并记录现象。

2. 醇
（1）在3支试管中分别加入乙醇、正丁醇、异丙醇各1ml，再加入硝酸铈铵试剂1ml，观察并记录现象。
（2）与Lucas试剂的作用 取正丁醇、仲丁醇、叔丁醇各0.5ml分别加入3支干燥试管中，加入Lucas试剂1ml，塞住试管口，振荡后静置，观察变化，记录混浊和分层时间。

3. 酚
与 $FeCl_3$ 作用和溴代反应：实验操作见第二篇第二章实验八"醇、酚、醛、酮的化学性质"。

4. 醛、酮的鉴定
方法有与2,4-二硝基苯肼溶液的亲核加成反应；碘仿反应；托伦试剂反应；斐林试剂反应。实验操作见第二篇第二章实验八"醇、酚、醛、酮的化学性质"。
丙酮的检验：取1支试管，加入1滴5%丙酮水溶液，然后加入5%亚硝酰铁氰化钠和10% NaOH溶液各2滴，振摇，观察现象。

5. 羧酸
异羟肟酸铁盐试验：在2支试管中，分别加入5滴乙酸、苯甲酸，再加入10滴氯化亚砜，于沸水中煮沸1min后，再加入10滴正丁醇，再煮沸1min。冷却后加入1ml蒸馏水（水解过量的氯化亚砜），然后加入1ml 1mol/L盐酸羟胺溶液，边振摇边加入10%氢氧化钾至溶液呈碱性，煮沸冷却后用盐酸酸化后，加入10% $FeCl_3$ 溶液，观察并记录现象。

6. 胺类
Hinsberg试验：在3支试管中，分别加入0.1ml苯胺、N-甲基苯胺、N,N-二甲基苯胺，然后再加入5ml 10%NaOH溶液和3滴苯磺酰氯，塞住试管口，剧烈振荡，于水浴中加热至苯磺酰氯气味消失。冷却后，用试纸检验是否呈碱性，观察有无固体或油状物析出。

7. 糖类
莫里许试验：取4支试管，分别加入1ml葡萄糖、果糖、蔗糖、淀粉溶液和2滴新配制的莫里许试剂（即10% α-萘酚乙醇溶液），摇匀，将试管倾斜，沿管壁慢慢加入1ml浓硫酸，使酸进入管底，勿摇动。观察两液层界面有无紫色环出现。

思考题

用简单的化学方法鉴别苯甲酸、甲醛、乙醛、丙酮和异丙醇。

（王翠琼）

第三章 分析化学实验

实验一 混合碱的测定

实验目的

1. 掌握双指示剂法测定 NaOH 和 Na_2CO_3 混合物中各组分含量的原理和方法。
2. 熟悉移液管和容量瓶的使用。
3. 了解酸碱滴定法在碱度测定中的应用。

实验原理

NaOH 易吸收空气中的 CO_2,常形成 NaOH 和 Na_2CO_3 的混合物。双指示剂法的依据是盐酸标准溶液滴定混合碱时能用两个不同的指示剂(酚酞和甲基橙)分别指示两个化学计量点的原理来测定混合碱中 NaOH 和 Na_2CO_3 的含量。

测定时,先在混合碱溶液中加入酚酞指示剂,用 HCl 标准溶液滴定至溶液恰好退色,这是第一化学计量点。此时 NaOH 完全被中和,而 Na_2CO_3 则被中和了一半。此时反应式为:

$$NaOH + HCl = NaCl + H_2O$$
$$Na_2CO_3 + HCl = NaHCO_3 + NaCl$$

再加入甲基橙指示剂,继续用 HCl 标准溶液滴定至溶液显橙色,这是第二化学计量点。此时反应式为:

$$NaHCO_3 + HCl = NaCl + H_2CO_3$$

设第一化学计量点消耗 HCl 标准溶液 V_1 ml,第二化学计量点又消耗 HCl 标准溶液 V_2 ml,根据以上反应式可得混合碱(总碱量)消耗 HCl 标准溶液体积为 (V_1+V_2) ml;Na_2CO_3 消耗标准溶液体积为 $2V_2$ ml;NaOH 消耗标准溶液体积为 (V_1-V_2) ml。根据标准溶液的浓度和分别消耗的体积即可算出各组分的含量。

仪器与试剂

分析天平、酸式滴定管(50 ml)、锥形瓶(250 ml)、移液管(25 ml)、量筒(50 ml)、烧杯(50 ml)、容量瓶(100 ml)。

0.1 mol/L HCl 标准溶液、混合碱样品（可用药用 NaOH 作样品）、酚酞指示剂（0.5% 的 90% 乙醇溶液）、甲基橙指示剂（0.05% 水溶液）。

实验步骤

1. 迅速、准确地称取样品约 0.4 g 于 50 ml 小烧杯中，加少量蒸馏水溶解，定量转移至 100 ml 容量瓶中，用蒸馏水稀释至刻度，摇匀。

2. 准确移取 25.00 ml 样品溶液于 250 ml 锥形瓶中，加蒸馏水 25 ml，酚酞指示剂 2 滴，用 HCl 标准溶液（0.1 mol/L）滴定至溶液粉红色恰好消失，记录所消耗的 HCl 标准溶液体积 V_1 ml，然后加入甲基橙指示剂 1 滴，继续用 HCl 标准溶液滴定至溶液由黄色变为橙色，记录第二次消耗的 HCl 标准溶液体积 V_2 ml。重复滴定 3 次。

3. 数据记录与计算

（1）数据记录

实验数据	实验次数		
	第1次	第2次	第3次
HCl 初读数（ml）			
HCl 读数（酚酞变色）（ml）			
HCl 读数（甲基橙变色）（ml）			
V_1（ml）			
V_2（ml）			

（2）结果计算

$$总碱量（\%）=\frac{c_{HCl} \cdot (V_1+V_2) \cdot M_{NaOH}}{m \times \frac{25.00}{100} \times 1000} \times 100\% \quad （以 NaOH 计算）$$

$$NaOH（\%）=\frac{c_{HCl} \cdot (V_1-V_2) \cdot M_{NaOH}}{m \times \frac{25.00}{100} \times 1000} \times 100\% \quad M_{NaOH}=40.00$$

$$Na_2CO_3（\%）=\frac{c_{HCl} \cdot V_2 \cdot M_{Na_2CO_3}}{m \times \frac{25.00}{100} \times 1000} \times 100\% \quad M_{Na_2CO_3}=40.00$$

注意事项

1. 称量混合碱样品的速度要快，否则样品容易吸收空气中的 CO_2 和 H_2O 而影响分析结果。

2. 取出的样品溶液应立即滴定，以防止空气中 CO_2 被溶液吸收，使 NaOH 的量减少，而 Na_2CO_3 的量增加。

3. 在以酚酞做指示剂进行滴定时，滴定速度不宜太快并应不断摇动，以防止局部的酸浓度过大，使 Na_2CO_3 直接生成 CO_2 而逸出，致使 Na_2CO_3 结果偏低。

思 考 题

1. 双指示剂法测定混合碱的原理是什么？
2. 滴定混合碱时，若 $V_1 < V_2$，试推测试样的组成。

（彭学东）

实验二　食醋中总酸度的测定

实验目的

1. 掌握食醋中总酸度测定的原理和方法。
2. 熟悉滴定分析测定液体试样的方法。
3. 了解酸碱滴定法在酸度测定中的应用。

实验原理

乙酸的电离常数为 1.8×10^{-5}，可以用 NaOH 标准溶液直接滴定，滴定反应式为：

$$NaOH + CH_3COOH = CH_3COONa + H_2O$$

滴定反应达计量点时，由于强碱弱酸盐的水解 pH 为 8.7，用 0.1 mol/L NaOH 滴定 0.1 mol/L HAc 突跃范围为 pH 7.74 ~ 9.70，因此，可选用酚酞做指示剂。

食醋中含 3% ~ 5% 乙酸和少量其他有机酸如甲酸、丁酸、乳酸等，在测量食醋的总酸度时，全部以乙酸的含量来表示。

仪器与试剂

碱式滴定管（50 ml）、锥形瓶（250 ml）、移液管（10 ml、25 ml）、量筒（50 ml）、容量瓶（100 ml）。
0.1 mol/L NaOH 标准溶液、食醋（白醋）、酚酞指示剂（0.1% 乙醇溶液）。

实验步骤

1. 食醋的稀释
准确移取 10.00 ml 食醋置于 100 ml 容量瓶中，用蒸馏水稀释至刻度线。
2. 食醋中总酸度的测定
准确移取 25.00 ml 稀释后的食醋溶液于 250 ml 锥形瓶中，加蒸馏水 25 ml，再加酚酞指示剂 2 滴，用 NaOH 标准溶液（0.1 mol/L）滴定至微红色且 30 s 内不退色为终点。

3. 数据记录与计算

（1）数据记录

实验数据	实验次数		
	第1次	第2次	第3次
取稀释后 V_{HAc}（ml）	25.00	25.00	25.00
NaOH 初读数（ml）			
NaOH 终读数（ml）			
V_{NaOH}（ml）			

（2）结果计算

$$食醋的总酸度（\%,W/V）=\frac{c_{NaOH} \cdot V_{NaOH} \cdot \dfrac{M_{CH_3COOH}}{1\,000}}{25.00 \times \dfrac{10}{100}} \times 100（以 g/100\,ml 乙酸计）$$

$$M_{CH_3COOH} = 60.05$$

注意事项

移取食醋后应立即将试剂瓶盖盖好，以防止挥发。

思 考 题

1. 本实验属于哪种类型的酸碱滴定？计量点 pH 如何计算？
2. 为什么食醋中总酸度的测定选用酚酞做指示剂？若用甲基橙做指示剂会怎样？

（彭学东）

实验三　水的硬度测定

实验目的

1. 掌握水的硬度测定的方法及其计算。
2. 熟悉用配位滴定法测定水的硬度的原理。
3. 了解我国与其他国家的水的硬度单位。

实验原理

水的硬度的测定就是测定水中钙、镁离子总量，并折算成 $CaCO_3$ 或 CaO 的量进行计算。一般采用配位滴定法，用 EDTA 标准溶液直接滴定水中 Ca^{2+}、Mg^{2+} 总量，然后以 $CaCO_3$ 或 CaO 换算为相应的硬度单位。但各国采用的水的硬度单位有所不同。

（1）德国硬度　1 德国硬度相当于 CaO 含量为 10 mg/L 所引起的硬度。
（2）英国硬度　1 英国硬度相当于 $CaCO_3$ 含量为 14.3 mg/L 所引起的硬度。
（3）法国硬度　1 法国硬度相当于 $CaCO_3$ 含量为 10 mg/L 引起的硬度。
（4）美国硬度　1 美国硬度相当于 $CaCO_3$ 含量为 1 mg/L 引起的硬度。
日本硬度与美国相同。
我国通常以 10 mg/L CaO 或 1mg/L $CaCO_3$ 表示水的硬度。

以 EDTA 滴定 Ca^{2+}、Mg^{2+} 总量时，一般是在 $pH \approx 10$ 的 $NH_3 \cdot H_2O$-NH_4Cl 缓冲溶液中进行，用铬黑 T 做指示剂。化学计量点前 Ca^{2+} 和 Mg^{2+} 与铬黑 T 形成酒红色配合物。当用 EDTA 溶液滴定至化学计量点时，游离出指示剂，溶液呈现纯蓝色。

反应式为（以 Mg^{2+} 为例）：

$$Mg^{2+} + H_2Y^{2-} = MgY^{2-} + 2H^+$$

化学计量点时：

$$MgIn^- + H_2Y^{2-} = MgY^{2-} + HIn^{2-} + H^+$$
（酒红色）　　　　　　　　　　（纯蓝色）

仪器与试剂

移液管（50ml）、容量瓶（250ml）、锥形瓶（250ml）、量筒（10ml）、酸式滴定管（50ml）。
0.050 mol/L EDTA 标准溶液、$NH_3 \cdot H_2O$-NH_4Cl 缓冲溶液（pH=10）、1%铬黑 T 指示剂、水样。

实验步骤

1. 0.010 mol/L EDTA 标准溶液的配制

用移液管吸取 0.050 mol/L EDTA 标准溶液 50.00 ml 置于 250 ml 容量瓶中，加蒸馏水稀释至刻度线，摇匀备用。

2. 水的硬度测定

用移液管吸取水样 25.00 ml 置于 250 ml 锥形瓶中，加 $NH_3 \cdot H_2O$-NH_4Cl 缓冲溶液 2 ml 和铬黑 T 指示剂 5 滴，用 0.010 mol/L EDTA 标准溶液滴定至溶液由酒红色变为纯蓝色即为终点。

3. 数据记录与计算

（1）数据记录

实验数据	实验次数		
	第1次	第2次	第3次
$V_{水样}$（ml）			
EDTA 标准溶液初读数（ml）			
EDTA 标准溶液终读数（ml）			
V_{EDTA}（ml）			

（2）结果计算

$$硬度（mg/L）= \frac{c_{EDTA} \cdot V_{EDTA} \cdot M_{CaCO_3}}{V_{H_2O}} \times 1000 \quad （以\ mg/L\ CaCO_3\ 计）$$

$M_{CaCO_3} = 100.09$

注意事项

本实验在操作中消耗的 EDTA 标准溶液比较少，要密切注意观察指示剂的颜色变化。否则，易造成过量。

思 考 题

该水样的总硬度若以 10 mg/L CaO 为单位，结果为多少？

（曾　明）

实验四　H_2O_2 含量的测定

实验目的

掌握 $KMnO_4$ 法测定 H_2O_2 含量的原理和方法。

实验原理

H_2O_2（俗称双氧水）既有氧化性也有还原性，医药上常用做消毒和杀菌剂。在酸性溶液中，H_2O_2 能被氧化性更强的 $KMnO_4$ 氧化：

$$2MnO_4^- + 5H_2O_2 + 6H^+ = 2Mn^{2+} + 5O_2\uparrow + 8H_2O$$

上述反应在开始时较慢，由于产物 Mn^{2+} 的自催化作用，故随着 Mn^{2+} 的生成，反应速度逐渐加快。反应达化学计量点后，稍过量的 $KMnO_4$ 显粉红色指示滴定终点。

市售的 H_2O_2 有 30% 和 3% 两种规格。工业品双氧水中常含有稳定剂乙酰苯胺或尿素等少量有机物，它们也有还原性，能消耗 $KMnO_4$ 溶液，使结果偏高，遇此情况，以采用碘量法测定为宜。

仪器与试剂

酸式滴定管（50 ml）、锥形瓶（250 ml）、刻度吸量管（1 ml）、移液管（10 ml、25 ml）、容量瓶（250 ml）。

0.02 mol/L $KMnO_4$ 标准溶液、30% 或 3% H_2O_2、1 mol/L H_2SO_4。

实验步骤

1. 样品溶液配制及滴定

精密移取 1.00 ml 30% H_2O_2（或 10.00 ml 3% H_2O_2）样品溶液于 250 ml 容量瓶中，用蒸馏水稀释至刻度线，摇匀。准确移取稀释液 25.00 ml 置于 250 ml 锥形瓶中，加 1 mol/L H_2SO_4 25 ml，用 0.02 mol/L $KMnO_4$ 标准溶液滴定至溶液显淡粉红色并保持 30 s 不退即为终点。

2. 数据记录与计算

（1）数据记录

实验数据	实验次数		
	第1次	第2次	第3次
$KMnO_4$ 标准溶液初读数（ml）			
$KMnO_4$ 标准溶液终读数（ml）			
V_{KMnO_4}（ml）			

（2）结果计算

$$H_2O_2 (\%, mg/L) = \frac{5c_{KMnO_4} \cdot V_{KMnO_4} \cdot M_{H_2O_2}}{2 \times 25.00 \times \frac{1}{250} \times 1000} \times 100\%$$

$$M_{H_2O_2} = 34.02$$

注意事项

1. 滴定刚开始时速度宜慢，待 Mn^{2+} 生成后，反应能加快。每次待 MnO_4^- 的红紫色消失方可继续滴定。

2. 浓双氧水有很强的腐蚀性，应防止溅到皮肤和衣物上。

思考题

1. 用 $KMnO_4$ 法测定 H_2O_2，滴定刚开始时速度较慢，能否通过加热来提高反应速度？
2. 工业品 H_2O_2 用 $KMnO_4$ 法合适吗？如改用碘量法有什么优点？

（彭学东）

实验五　漂白粉中有效氯含量的测定

实验目的

1. 掌握间接碘量法测定漂白粉中有效氯含量的原理和方法。
2. 熟悉碘量法的操作。

实验原理

漂白粉的主要成分是次氯酸钙 [通常用 Ca(OCl)Cl 来表示] 及氯化钙等，其中具有氧化能力的是次氯酸盐，它能遇酸产生 Cl_2，Cl_2 具有漂白作用。释放出来的 Cl_2 称为有效氯，有效氯的含量是漂白粉的主要质量指标，市场上销售的漂白粉中有效氯的含量一般在 30%~40%。

测定有效氯常用的方法是间接碘量法。首先将漂白粉溶液酸化，再加入过量的 KI，然后用 $Na_2S_2O_3$ 标准溶液滴定。反应过程式为：

$$Ca(OCl)Cl + 2H^+ = Ca^{2+} + H_2O + Cl_2\uparrow$$

$$Cl_2 + 2I^- = I_2 + 2Cl^-$$

$$2S_2O_3^{2-} + I_2 = 2I^- + S_4O_6^{2-}$$

从以上反应式可知，1mol Ca(OCl)Cl 相当于 1mol I_2，因此，1mol Ca(OCl)Cl 相当于 2 mol $Na_2S_2O_3$，1 mol Cl^- 相当于 1 mol $Na_2S_2O_3$。

仪器与试剂

碱式滴定管（50 ml）、碘量瓶（250 ml）、容量瓶（250 ml）、移液管（25 ml）。
冰醋酸（AR）、KI（AR）、淀粉指示剂、$Na_2S_2O_3$ 标准溶液（0.10 mol/L）、漂白粉。

实验步骤

1. 溶解试样

精密称取漂白粉 2 g 左右[1]，置于小烧杯中，加入少许蒸馏水，用玻璃棒调成糊状，将上层液体转移到 250 ml 容量瓶中。如此处理数次，并定量地转入容量瓶中，用蒸馏水稀释至刻度，塞紧瓶塞，摇匀[2]。

2. 测定有效氯

用移液管准确吸取 25.00 ml 漂白粉混悬液，置于锥形瓶中，加入 1 g 固体 KI 及 2 ml 冰醋酸，摇匀，水封。用 0.10 mol/L $Na_2S_2O_3$ 标准溶液滴定至浅黄色后，再加淀粉指示剂 2 ml，继续用 0.10 mol/L $Na_2S_2O_3$ 标准溶液滴定至蓝色刚好消失为止。记录读数。平行测定 3 次，计算样品有效氯的含量。

3. 数据记录与计算

（1）数据记录（表格自拟）

（2）结果计算

$$\text{有效氯含量}(\%) = \frac{c_{Na_2S_2O_3} \cdot M_{Cl_2} \cdot 250.0}{2 \times 1000 \times m_s \times 25.00} \times 100\% \quad M_{Cl_2} = 70.90$$

注意事项

1. KI 应在加冰醋酸前加入，这样可以避免酸化过程引起的 Cl_2 的损失。
2. 实验所用的试样在暗处放置的时间要相同。

注　释

[1] 漂白粉应研细成粉状。漂白粉易腐蚀天平，称量速度要快，并随时将称量瓶盖子盖紧。

[2] 漂白粉能与空气中的 CO_2 作用，生成 HClO 使氯损失。

思 考 题

1. 本实验中，影响分析结果准确度的因素有哪些？如果所用的 KI 不纯（如含有微量氯酸盐）和用量不足时各有什么影响？
2. 本实验有哪些比较关键的操作？酸度的高低对测定结果是否有影响？

（胡小建）

实验六　维生素 C 的含量测定

实验目的

1. 掌握直接碘量法测定维生素 C 含量的原理与方法。
2. 了解维生素 C 在医药方面的应用。

实验原理

维生素 C 又叫抗坏血酸,分子式为 $C_6H_8O_6$。其分子中的烯二醇基具有还原性,能被 I_2 定量氧化成含二酮基的脱氢维生素 C,故可用直接碘量法测定维生素 C 含量。

$$\text{HOCH}_2-\text{CHOH}-\underset{\underset{\text{OH}}{|}}{\overset{\underset{\text{OH}}{|}}{\text{C}}}=\underset{\underset{\text{OH}}{|}}{\overset{\underset{\text{OH}}{|}}{\text{C}}}-\overset{\text{O}}{\underset{\|}{\text{C}}}-\text{O} + I_2 \xrightleftharpoons{\text{HAc}} \text{HOCH}_2-\text{CHOH}-\underset{\underset{\text{H}}{|}}{\overset{\underset{\text{OH}}{|}}{\text{C}}}-\overset{\text{O}}{\underset{\|}{\text{C}}}-\overset{\text{O}}{\underset{\|}{\text{C}}}-\overset{\text{O}}{\underset{\|}{\text{C}}}-\text{O} + 2HI$$

从上式可以看出,在碱性条件下有利于反应向右进行,但维生素 C 的还原性很强,在碱性环境中易被空气中的 O_2 氧化,故滴定时加一些 HAc 使滴定在弱酸性溶液中进行,以减少维生素 C 被空气氧化所造成的误差。

在临床上,维生素 C 用于治疗缺乏维生素 C 所引起的病症(如坏血病)及各种贫血、过敏性皮肤病、口疮、感冒、恶性肿瘤、高脂血症等,能促进伤口愈合。也可做食物、药物的抗氧剂。

仪器与试剂

容量瓶(250 ml)、移液管(25 ml)、烧杯(100 ml)、锥形瓶(250 ml)、碱式滴定管(50 ml)、研钵。

0.05 mol/L I_2 溶液:称取 3.3 g I_2 和 5 g KI,置于研钵中,在通风橱中操作。加入少量水研磨,待 I_2 全部溶解后,将溶液转入棕色试剂瓶中。加水稀释至 250 ml,充分摇匀。

基准物质 As_2O_3:于 105℃干燥 2 h。

0.01 mol/L $Na_2S_2O_3$ 标准溶液:称取 $Na_2S_2O_3 \cdot 5H_2O$ 25 g,溶于刚煮沸并冷却后的 1 L 水中,再加入 Na_2CO_3 约 0.2 g,将溶液保存在棕色瓶中,于暗处放置几天后进行标定。

0.5% 淀粉溶液:称取 0.5 g 可溶性淀粉,用少量水摇匀后,加入 100 ml 沸水中,搅拌均匀。若需久置,则加入少量 HgI_2、硼酸或糠酸(防腐剂)。

2 mol/L 醋酸(AR)、固体 $NaHCO_3$(GR)、维生素 C 药片、6 mol/L NaOH 溶液。

实验步骤

1. I_2 溶液的标定

（1）用 As_2O_3 标定 I_2 溶液　准确称取 As_2O_3 1.1~1.4 g，置于 100 ml 烧杯中，加 6 mol/L NaOH 溶液 10 ml，温热溶解，加酚酞指示剂 2 滴，用 6 mol/L HCl 中和至溶液刚好无色为止，然后加入 2~3 g $NaHCO_3$，搅拌使之溶解。溶液定量地转入 250 ml 容量瓶中，加水稀释至刻度，摇匀。移取 25.00 ml 溶液 3 份，分别置于 250 ml 锥形瓶中，加水 50 ml，5 g $NaHCO_3$，淀粉指示剂 2 ml，用 I_2 溶液滴定至呈蓝色，在 30 s 内稳定，即为终点。计算 I_2 溶液的浓度。

（2）用 $Na_2S_2O_3$ 标准溶液标定 I_2 溶液　移取 $Na_2S_2O_3$ 标准溶液 25.00 ml 3 份，分别置于 250 ml 锥形瓶中，加水 50 ml，淀粉指示剂 2 ml，用 I_2 溶液滴定至呈蓝色，在 30 s 内稳定，即为终点。计算 I_2 溶液的浓度。

2. 维生素 C（药片）含量的测定

取维生素 C 药片约 0.2 g，精密称定，加新煮沸冷却的蒸馏水 100 ml 与稀醋酸 10 ml 的混合液使之溶解。加淀粉指示剂 2 ml，立即用 I_2 溶液滴定至溶液显稳定的蓝色。平行测定 3 份后，根据下式计算维生素 C 的含量：

$$\text{维生素 C 含量（\%）} = \frac{c_{I_2} \cdot V_{I_2} \cdot \dfrac{M_{C_6H_{12}O_6}}{1000}}{S} \times 100\% \quad M_{C_6H_{12}O_6} = 176.12$$

式中，m 为样品的质量，g；c_{I_2} 为 I_2 溶液的准确浓度，mol/L；V_{I_2} 为消耗 I_2 溶液的体积，ml。

注意事项

1. 维生素 C 在有水或潮湿的情况下易分解为糠醛。
2. 在酸性介质中维生素 C 受空气中氧的氧化速度较慢，较为稳定，因此维生素 C 的滴定反应多在酸性溶液中进行。但样品溶于稀酸后，需立即进行滴定。

思考题

1. 为什么维生素 C 的含量可以直接用碘量法测定？并需要在 HAc 介质中进行？
2. 维生素 C 本身就是一个酸，为什么测定时还要加酸？
3. As_2O_3 标定 I_2 溶液时，为什么加入固体 $NaHCO_3$？能否改用 Na_2CO_3 呢？为什么？

（陈　文）

实验七 水体化学耗氧量的测定

实验目的

1. 掌握 $KMnO_4$ 法测定水样中 COD 的原理和方法。
2. 熟悉水样的采集及保存方法。
3. 了解水中化学耗氧量与水质污染的关系。

实验原理

水中化学耗氧量（chemical oxygen demand，COD）的大小是衡量水体受还原性物质污染程度的综合性指标。COD 是指在一定条件下，用一种氧化剂定量地氧化水中可还原性物质（无机物和有机物）时所消耗氧化剂的数量，以每升多少毫克氧表示（O_2 mg/L），不同条件下得出的 COD 值不同。

清洁的地面水中有机物的含量较低，COD 为 3~4 mg/L；轻度污染的水源 COD 可达 4~10 mg/L；若水中 COD>10 mg/L，则认为水质污染较严重；清洁海水的 COD<0.5 mg/L。目前 COD 的测定多采用 $KMnO_4$ 和 $K_2Cr_2O_7$ 两种方法。$KMnO_4$ 法适合测定地面水、河水等污染不十分严重的水。

在酸性（稀硫酸）介质中，加入一定量过量的 $KMnO_4$ 溶液，加热使水中的有机物充分与之作用。剩余的 $KMnO_4$，再加入一定量过量的 $Na_2C_2O_4$ 溶液还原，剩余的 $C_2O_4^{2-}$ 再用 $KMnO_4$ 溶液回滴。反应式如下：

$$4KMnO_4 + 6H_2SO_4 + 5C \longrightarrow 2K_2SO_4 + 4MnSO_4 + 5CO_2\uparrow + 6H_2O$$

$$2MnO_4^- + 5C_2O_4^{2-} + 16H^+ =\!=\!= 2Mn^{2+} + 8H_2O + 10CO_2\uparrow$$

$$O_2 + 4H^+ + 4e^- =\!=\!= 2H_2O \qquad 4MnO_4^- \approx 5O_2$$

水样中 Cl^- 的浓度>300 mg/L 时将使结果偏高，通常加入 Ag_2SO_4 除去 Cl^-。1g Ag_2SO_4 可消除 200 mg Cl^- 的干扰。或将水样稀释消除干扰。取水样后立即加入 H_2SO_4 使其 pH<2，抑制微生物繁殖并立即进行分析，如需放置可加入少量 $CuSO_4$ 以抑制微生物对有机物的分解。

取水样的体积视水样的外观情况而定。洁净透明的水样一般取 100 ml；混浊的水样一般取 10~30 ml，补加蒸馏水至 100 ml。同时，用蒸馏水代替水样，测得空白值。计算耗氧量时将空白值扣除。

仪器与试剂

酸式滴定管（50 ml）、锥形瓶（250 ml）、量筒（10 ml）、移液管（100 ml、25 ml、10 ml）。$Na_2C_2O_4$（AR）、0.02 mol/L $KMnO_4$ 溶液、3 mol/L H_2SO_4 溶液、水样。

实验步骤

1. $Na_2C_2O_4$ 标准溶液的配制

准确称量 $Na_2C_2O_4$ 固体 0.17 g 左右,加入少量水溶解并于 250 ml 容量瓶定容。

2. 0.002 mol/L $KMnO_4$ 溶液的配制

准确移取 0.02 mol/L $KMnO_4$ 溶液 25.00 ml,于 250 ml 容量瓶定容。

3. 水样的测定

移取 100.00 ml 水样于 250 ml 锥形瓶中,再加入 8 ml 3 mol/L H_2SO_4 溶液和 10.00 ml 0.002 mol/L(体积 V_1)$KMnO_4$ 溶液,立即加热至沸 5 min,应为浅红色(若此时红色退去,说明水样中有机物含量较多,应补加适量 $KMnO_4$ 溶液,至试液呈稳定的红色)。取下锥形瓶,加入 10.00 ml $Na_2C_2O_4$ 标准溶液,放置 10 min,溶液应由红色转为无色,用 $KMnO_4$ 溶液滴定至呈微红色 30 s 不退色,记录回滴的体积 V_2。

4. 测定 $KMnO_4$ 溶液相当于 $Na_2C_2O_4$ 溶液的体积比

取 100.00 ml 蒸馏水于 250 ml 锥形瓶中,加入 10 ml 3 mol/L H_2SO_4 溶液,准确加入 10.00 ml $Na_2C_2O_4$ 标准溶液,加热至 70~80℃,趁热用 $KMnO_4$ 溶液滴定至呈微红色 30 s 不退色,记录 $KMnO_4$ 体积 V_3。

5. 空白值的测定

取 100.00 ml 蒸馏水于 250 ml 锥形瓶中,加入 10 ml 3 mol/L H_2SO_4 溶液,加热至 70~80℃,用 $KMnO_4$ 溶液滴定至呈微红色 30 s 不退色,记录 $KMnO_4$ 体积 V_4。

6. 数据记录与计算

(1) 数据记录

实验数据	实验次数		
	第1次	第2次	第3次
$Na_2C_2O_4$ 质量(g)			
水样体积(ml)			
$KMnO_4$ 体积 V_1(ml)			
$KMnO_4$ 体积 V_2(ml)			
$KMnO_4$ 体积 V_3(ml)			
$KMnO_4$ 体积 V_4(ml)			

(2) 结果计算

$$COD(O_2\,mg/L) = \frac{\frac{5}{4} \times \frac{2}{5} \times \frac{10.00(V_1+V_2-V_3)}{V_3-V_4} \times c_{Na_2C_2O_4} \times M_{O_2} \times 1000}{V_{水样}(ml)}$$

$$M_{O_2} = 32.00$$

注意事项

1. 实验时应使溶液保持足够的酸度，酸度过低 MnO_4^- 会部分还原为 MnO_2 沉淀。
2. 为了防止暴沸，可在锥形瓶中加几粒沸石。

思考题

1. 水样中 Cl^- 含量高时对测定有何干扰？应采用什么方法消除？
2. 清洁的地面水、轻度污染的水源、较严重污染的水源，COD 值有什么差别？

（郭保收）

实验八　分光光度法测定微量铁

实验目的

1. 掌握用邻二氮菲测定微量铁的原理以及吸收曲线、标准曲线的绘制方法。
2. 熟悉分光光度计的使用及分析条件的选择。
3. 了解分光光度计的构造和性能。

实验原理

1. 朗伯－比尔定律

$$A=\varepsilon lc$$

该定律表明，物质在一定条件下的吸光度（A）与浓度（c）呈线性关系。这是分光光度法进行定量分析的基本依据。

2. 显色剂的选择与显色反应

邻二氮菲（又称邻菲罗啉）是测定铁的一种良好显色剂。在 pH＝1.5～9.5 的条件下，Fe^{2+} 与邻二氮菲生成稳定的橙红色配合物：

测定时，溶液酸度宜控制在 pH=2~9，酸度过高，反应速度慢；酸度过低，Fe^{2+} 水解，影响显色。

本法的选择性很高，相当于含铁量 40 倍的 Sn^{2+}、Al^{3+}、Ca^{2+}、Mg^{2+}、Zn^{2+}，20 倍的 Cr^{3+}、Mn^{2+}，5 倍的 Co^{2+}、Cu^{2+} 均不干扰测定。

3. Fe^{3+} 的还原

Fe^{3+} 与邻二氮菲作用生成蓝色配合物，稳定性较差，故先将 Fe^{3+} 还原成 Fe^{2+}，常用盐酸羟胺做还原剂：

$$4Fe^{3+} + 2NH_2OH = 4Fe^{2+} + N_2O + H_2O + 4H^+$$

仪器与试剂

722-S 型分光光度计、1 cm 吸收池、容量瓶（50 ml）、量杯（10 ml）、刻度吸量管（1 ml、2 ml、5 ml）、坐标纸、滤纸。

铁标准溶液（0.1 mg/ml）：准确称取 0.70 g 分析纯硫酸亚铁铵 $[(NH_4)_2SO_4 \cdot FeSO_4 \cdot 6H_2O]$ 于烧杯中，加入 20 ml 6 mol/L HCl 和少量水，完全溶解后，移入 1000 ml 容量瓶，用蒸馏水稀释至刻度，摇匀。

邻二氮菲溶液：称取 0.15 g 邻二氮菲，先用少量无水乙醇溶解，再用蒸馏水稀释至 100.00 ml，摇匀。

盐酸羟胺：10% 水溶液（新鲜配制）。

HAc-NaAc 缓冲溶液（pH 4.6）：称取 135 g 乙酸钠，加入 120 ml 冰乙酸，加水溶解后，稀释至 500 ml。

实验步骤

1. 系列标准溶液的配制

于编号为 0~5 的 6 个 50 ml 容量瓶中，用移液管分别加入 0.00、0.20、0.40、0.60、0.80、1.00 ml 铁标准溶液和 10% 盐酸羟胺 1.00 ml，摇匀后，分别加入 2.00 ml 邻二氮菲溶液和 5 ml HAc-NaAc 缓冲溶液，用蒸馏水稀释至刻度线，摇匀。

2. 吸收曲线的绘制和测量波长的选择

用 1 cm 吸收池，以上述标准溶液中 0 号（试剂空白）做参比，4 号做被测溶液，在 450~550 nm 范围内，按仪器使用要求，每间隔 10 nm 测量一次吸光度（在峰值附近应每间隔 5 nm 测量一次）。以波长为横坐标、吸光度为纵坐标绘制吸收曲线，确定最大吸收波长 λ_{max}（即测量波长）。

3. 标准曲线的绘制

用 1 cm 吸收池，以上述标准溶液中 0 号（试剂空白）做参比，在确定的最大吸收波长下，分别测量各标准溶液的吸光度值，以浓度为横坐标，吸光度为纵坐标绘制标准曲线，并求出线性回归方程和相关系数。

4. 未知试样中铁含量的测定

取 2 个 50 ml 容量瓶，编号为 6、7 号，分别加入 2.00 ml 未知试样和 10% 盐酸羟胺 1.00 ml，摇匀后，分别加入 2.00 ml 邻二氮菲溶液和 5 ml HAc-NaAc 缓冲溶液，用蒸馏水稀释至刻度，摇匀，在最大吸收波长下，分别测定吸光度值。从标准曲线上求得被测溶液的浓度，换算成未知试样的原始浓度的平均值，并求出相对平均偏差。

注意事项

1. 注意加入试剂的顺序。
2. 加入盐酸羟胺溶液后应充分摇匀，使 Fe^{3+} 完全还原为 Fe^{2+}。

思考题

1. 在配制系列标准溶液时，为什么先加入盐酸羟胺再加邻二氮菲？
2. 吸收曲线和标准曲线有何区别？在实际应用中各有何意义？

（曾　明）

实验九　直接电位法测定溶液的 pH

实验目的

1. 掌握直接电位法测定溶液 pH 的原理和基本方法。
2. 熟悉酸度计的使用和配制标准缓冲溶液的方法。
3. 了解酸度计的基本构造。

实验原理

在测定溶液的 pH 时，用玻璃电极做指示电极，饱和甘汞电极做参比电极，浸入被测溶液中组成工作电池（原电池）：

(−) Ag，AgCl｜HCl（0.1mol/L）｜玻璃膜｜H^+（$x$mol/L）⫶KCl（饱和）｜Hg_2Cl_2，Hg（＋）
｜←　　　　玻璃电极　　　　→｜←　被测溶液　→｜←　　　　SCE　　　　→｜

上述电池的电动势为：

$$E = \varphi_{甘} - \varphi_{玻} = \varphi_{甘} - K_{玻} + \frac{2.303RT}{F}\text{pH}$$

式中，$\varphi_{甘}$ 和 $K_{玻}$ 在一定条件下为常数（令其为 K'），上式表示为：

$$E = K' + \frac{2.303RT}{F}\text{pH}$$

25℃时，$E = K' + 0.059\,\text{pH}$。

只要测得电池的电动势 E，就能求出被测溶液的 pH。但由于 K' 中包括难于计算的不对称电位[1]和液接电位[2]，实际工作中采用两次测量法，首先测量被测溶液相接近的已知 pH 的标准缓冲液的电动势：

$$E_s = K' + S\mathrm{pH}_s \qquad (1)$$

然后测量被测溶液的电动势：
$$E_x = K' + S\mathrm{pH}_x \qquad (2)$$

（2）式 –（1）式得：

$$\mathrm{pH}_x = \mathrm{pH}_s + \frac{E_x - E_s}{S}$$

其中，S 为斜率，等于 $\dfrac{2.303RT}{F}$；pH_s，pH_x 分别为标准缓冲溶液和待测溶液的 pH；E_s，E_x 分别为标准缓冲溶液和待测溶液的电动势。

仪器与试剂

pHS–25 型或其他型号的酸度计、pH 复合电极（pH 玻璃电极和甘汞电极合二为一）、50 ml 塑料烧杯、温度计。

pH4.00 标准缓冲溶液（25℃）：称取在 115±5 ℃干燥 2～3 h 的邻苯二甲酸氢钾（$KHC_8H_4O_4$）10.12g，溶于不含 CO_2 的蒸馏水中，稀释至 1000 ml，贮存于塑料瓶或硬质玻璃瓶中。

pH6.86 标准缓冲溶液（25℃）：分别称取在 115±5 ℃干燥 2～3h 的无水磷酸氢二钠（Na_2HPO_4）3.533 g 和磷酸二氢钾（KH_2PO_4）3.387g，溶于不含 CO_2 的蒸馏水中，稀释至 1000ml，贮存于塑料瓶或硬质玻璃瓶中。

pH9.18 标准缓冲溶液（25℃）：称取一级纯硼砂（$Na_2B_4O_7 \cdot 10H_2O$）3.80g，溶于不含 CO_2 的蒸馏水中，稀释至 1000 ml，贮存于塑料瓶中。

实验步骤

1. 安装电极

先将 pH 复合电极夹在电极杆上，将电极插头插入电极孔内，旋紧螺丝。

2. 连接电源

将酸度计接通电源，预热 10 min，调节温度补偿器，使之指向待测缓冲液的温度（先用温度计测量缓冲溶液温度）。

3. 校正仪器

将 pH 复合电极插入到一种已知 pH 值的标准缓冲溶液，摇动烧杯，调节定位调节器，使 pH 值显示为该已知标准缓冲溶液的 pH 值。再用蒸馏水洗净电极，将电极插入到另一个已知标准缓冲溶液，使 pH 值的测定结果误差在 ±0.1pH 之内。

4. 未知溶液 pH 的测定

先用 pH 试纸粗测未知溶液的 pH 值，选择合适的标准缓冲溶液定位，再用 pH 计精确测量。

注意事项

1. 复合电极在使用前应置于蒸馏水或 0.1 mol/L 盐酸中浸泡 24 h 以上才能使用。
2. 电极膜很脆弱，极易碰坏，使用时要特别小心。

注　释

[1] 液接电位　即液体接界电位，两种组成或浓度不同的电解质溶液相接触时，在界面两侧产生的电势差，一般不超过 0.03 V。在一般测量精度要求不高时可忽略。"盐桥"是减小液接电位的有效方法。

[2] 不对称电位　玻璃电极玻璃膜两侧存在的电位差，一般为 $-1.8 \sim 4.2$ mV。pH 玻璃电极在使用前经长时间浸泡活化，可减小和稳定不对称电位。

思 考 题

1. 仔细观察测定结果，指出定位用的标准缓冲液的 pH 与待测液 pH 的准确度存在何种关系？
2. 为什么玻璃电极在使用前要在蒸馏水中浸泡 24 h 以上？

（曾　明）

实验十　氟离子选择性电极测定水中微量氟

实验目的

1. 掌握用氟离子选择性电极测定氟离子浓度的原理。
2. 熟悉用标准曲线法做定量分析的基本方法。
3. 了解氟离子选择性电极的结构、性能和使用条件。

实验原理

将氟离子选择性电极、饱和甘汞电极和被测溶液组成工作电池（原电池）：

Ag，AgCl ｜ NaF–NaCl ｜ LaF$_3$ 膜 ｜ F$^-$（$x$mol/L）┊KCl（饱和）｜ Hg$_2$Cl$_2$，Hg
｜←　　　氟离子选择性电极　　　→｜←被测溶液→｜←　　　SCE　　　→｜

该电池的电动势为：

$$E = K - \frac{2.303RT}{F} \lg a_{F^-} \quad a = fc$$

当溶液的总离子强度不变时，离子活度系数 f 为一定值，所以

$$\begin{aligned} E &= K' - \frac{2.303RT}{F} \lg c_{F^-} \\ &= K' + \frac{2.303RT}{F} \text{pF} \end{aligned}$$

F^- 浓度在 $10^{-1} \sim 10^{-6}$ mol/L 时，E 与 pF 呈线性关系，可用标准曲线法进行定量分析。在酸性溶液中，H^+ 与部分 F^- 形成 HF 或 HF_2^-，会降低 F^- 的浓度；在碱性溶液中，LaF_3 膜与 OH^- 发生作用而使溶液中 F^- 浓度增加。故测定酸度值宜控制在 pH 5~7 为宜。

凡能与 F^- 生成稳定配合物或沉淀的元素，如 Al^{3+}、Fe^{3+}、Zr^{4+}、Th^{4+}、Ca^{2+}、Mg^{2+} 及稀土元素均干扰测定，通常用柠檬酸、EDTA、磺基水杨酸、磷酸盐等掩蔽剂掩蔽。10^3 倍于以上的 Cl^-、Br^-、I^-、SO_4^{2-}、HCO_3^-、NO_3^-、Ac^-、$C_2O_4^{2-}$ 等阴离子不干扰测定。

仪器与试剂

离子计或酸度计、氟离子选择性电极、饱和甘汞电极（SCE）、电磁搅拌器、50 ml 容量瓶、刻度吸量管（1 ml、2 ml、5 ml）、25 ml 移液管。

氟标准贮备液（0.1 mg/ml）：准确称取于 120℃烘干 2 h 并冷却的分析纯 NaF 0.221 g，溶于蒸馏水中，移入 1000 ml 容量瓶，用蒸馏水稀释至刻度，摇匀后贮于聚乙烯瓶中备用。

氟标准溶液（0.01 mg/ml）：将上述贮备液用蒸馏水稀释 10 倍，即得。

总离子强度调节缓冲剂（TISAB）：于 1000 ml 烧杯中，加入 500 ml 蒸馏水和 57 ml 冰乙酸、58 g NaCl、12 g 柠檬酸钠（$Na_3C_6H_5O_7 \cdot 2H_2O$），搅拌至溶解。将烧杯放在冷水中，缓缓加入 6 mol/L NaOH，直至 pH 5.0~5.5（约 25 ml NaOH 溶液，用精密 pH 试纸检验），冷却至室温，移入 1000 ml 容量瓶，用蒸馏水稀释至刻度，摇匀。

实验步骤

1. 系列 F^- 标准溶液的配制

于编号为 0~7 的 8 个 50 ml 容量瓶中，分别加入氟标准溶液 0.00、0.25、0.50、0.75、1.00、2.00、3.00、4.00 ml，再各加入 10 ml 总离子强度调节缓冲剂，用蒸馏水稀释至刻度，摇匀，即得 F^- 浓度分别为 0.00、0.05、0.10、0.15、0.20、0.40、0.60、0.80 mg/L 的系统 F^- 标准溶液，并换算为 pF。

2. 标准曲线的绘制

将上述系列 F^- 标准溶液由低浓度到高浓度依次转入塑料小烧杯中，插入氟电极和参比电极，用电磁搅拌器搅拌 4 min，停止搅拌后，读取平衡电动势。以电动势 E 为纵坐标，pF 为横坐标，绘制出标准曲线，并求出线性回归方程和相关系数。

3. 水样中 F^- 浓度的测定

于 2 个 50 ml 容量瓶中，加入含氟量<1.6 mg/L 的水样 25 ml 和总离子强度调节缓冲剂 10 ml，用蒸馏水稀释至刻度，摇匀。在与上述系列 F^- 标准溶液相同的条件下测定电动势，并

从标准曲线上分别查得 $p_{F_{x_1}}$ 和 $p_{F_{x_2}}$，换算成原水样中含氟量（或从回归方程中计算得到 p_{F_x}），再取平均值。

注意事项

1. 氟电极在使用前需在蒸馏水中浸泡数小时，或在 $1×10^{-3}$ mol/L NaF 溶液中活化 1~2 h，用蒸馏水清洗至空白电位恒定为止。
2. 电位平衡时间随 F⁻ 浓度降低而延长，在测定中，待平衡电位 2 min 内无明显变化即可读数。测定顺序浓度应由稀到浓进行，避免发生滞效应而影响测定精度。
3. 测定时，搅拌速度应保持恒定。搅拌速度不宜太快，避免形成涡漩。每次测定时应先搅拌，停止搅拌待电位稳定后方可读数。

思 考 题

1. 总离子强度调节缓冲剂包括哪些部分？其作用是什么？
2. 氟离子选择性电极适宜 pH 范围为多少？为什么测定时需要控制 pH？

（曾　明）

实验十一　原子吸收分光光度法测定食物中锌含量

实验目的

1. 掌握原子吸收分光光度法测定锌的基本原理和操作技术。
2. 熟悉原子吸收分光光度计的基本结构和使用方法。
3. 了解食物中锌含量的测定意义及样品的预处理方法。

实验原理

原子吸收分光光度法是根据某元素的基态原子对该元素的特征谱线产生选择性吸收来进行测定的分析方法。在一定条件下，吸光度与基态原子浓度成正比，而基态原子浓度又与样品溶液浓度成正比，故吸光度 A 与溶液浓度 c 成正比，符合朗伯-比尔定律：

$$A = k'c$$

此式为原子吸收分光光度法的定量依据。

样品经灰化或酸消解处理后，用火焰原子吸收法测定。

锌是人体必需的一种微量元素。人体锌缺乏将累及全身各个系统，如引起味觉减退、厌食、食欲缺乏。

仪器与试剂

原子吸收分光光度计（操作条件：波长 213.8 nm；乙炔流量：1.2 L/min；空气流量：10L/min）、锌空心阴极灯、空气压缩机、乙炔钢瓶、电热烘箱、10 ml 移液管、25 ml 容量瓶、50 ml 烧杯、分析天平。

1.000 mg/ml 锌标准储备溶液：称取 0.1000 g 金属锌于烧杯中，用 1.5% HNO_3 溶解，完全溶解后，定量转移到 100 ml 容量瓶中，定容至刻度。

10.00 μg/ml 锌标准应用溶液：取 1.00 ml 锌标准储备溶液于 100 ml 容量瓶中，用 2% 盐酸定容，摇匀。

1.5% 硝酸溶液（V/V）、高氯酸。

实验步骤

1. 样品处理

称取 0.5000 g 奶粉，置于 150 ml 烧杯中，加数颗玻璃珠，再加 30 ml 硝酸，混匀，放置片刻，作用缓和后，沿瓶壁缓慢加入 4 ml 高氯酸，小火加热，溶液由棕色变成淡黄色，至有机物完全分解，产生白烟，溶液呈无色或微黄色澄清透明，放置冷却，转移至 50 ml 容量瓶，加去离子水定容至刻度，摇匀。同时做试剂空白和平行样。样品处理过程中，若消化不完全，可继续加酸。

2. 标准曲线的绘制

分别吸取 0.00、2.00、4.00、8.00、10.00 ml 锌标准应用液于 25 ml 容量瓶中，用 1.5% HNO_3 稀释至刻度。用火焰原子吸收法分别测定其吸光度值，对浓度做出标准曲线，计算回归方程。

3. 样品的测定

在标准曲线测定条件下，测定处理后的样液和试剂空白液。以样品的吸光度值减去试剂空白吸光值后，与标准曲线比较，求出其中锌的含量。

4. 计算

$$X = \frac{(c_1 - c_2) \times V \times 1000}{m \times 1000}$$

式中，X 为样品中锌的含量（mg/kg）；c_1 为测定用样品液中锌的含量（μg/ml）；c_2 为试剂空白液中锌的含量（μg/ml）；V 为样品处理液的总体积（ml）；m 为样品的质量（g）。

注意事项

1. 每次进样前都需用蒸馏水调零。
2. 测定样品时必须等测得的数据稳定后才可以按"开始"进行数据的测定。
3. 样品在测定之前要摇匀。

思考题

1. 为什么石墨炉原子吸收分光光度法比火焰原子吸收分光光度法的灵敏度高？
2. 锌的测定对人体的健康有何指导意义？

（陈　文）

实验十二　薄层色谱法分离染料混合物

实验目的

1. 掌握薄层色谱法（TLC）的基本原理、薄板制作和 R_f 的计算方法。
2. 熟悉薄层色谱法的应用。

实验原理

薄层色谱法是将固定相均匀地涂布于玻璃板、铝箔或塑料板上，形成薄层而进行色谱分析的方法。

根据层析原理，薄层色谱法（层析法）分为两大类：

1. 吸附层析

利用被分离物质在吸附剂上被吸附能力不同，用洗脱液使组分分离，如硅胶 G、氧化铝薄层层析。

2. 分配层析

利用被分离物质在两相中的分配系数不同使组分分离，如微晶纤维素层析、纸层析等。

本实验主要讨论吸附薄层色谱法。

吸附薄层色谱法，即将吸附剂（固定相，如硅胶）均匀地铺在光滑的薄板（常用玻璃板）上，然后将混合组分试样溶液点在薄层板的一端，在密闭的容器中用适当的展开剂（流动相，如苯）展开。此时混合组分不断地被吸附剂吸附，又被展开剂所溶解而解吸，且随之向前移动。由于吸附剂对各组分具有不同的吸附能力，展开剂对各组分的溶解、解吸能力也不相同，即各组分在同一色谱系中的分配系数不同。当展开剂在不断展开的过程中，各组分在两相间不断地吸附—解吸—再吸附—再解吸，从而达到分离的目的。

各组分展开后效果见图 3-11 所示。

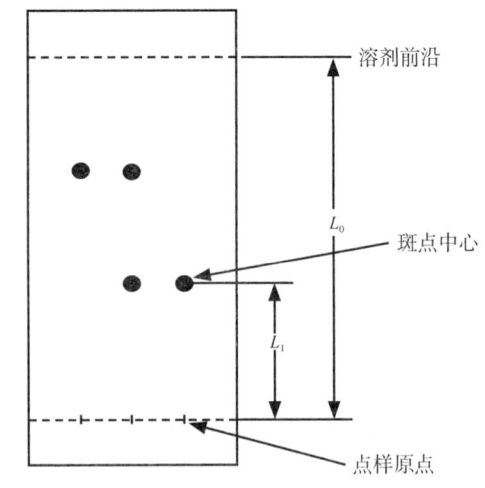

图 3-11　吸附薄层色谱示意图

样品展开后各组分在薄板上的位置用比移值（R_f）表示，即展开后各组分的 R_f 值不同，其计算公式为：

$$R_f = \frac{原点到斑点中心的距离（L_1）}{原点到溶剂前沿的距离（L_0）}$$

在相同条件下，相同物质的 R_f 是一定的，因而比移值 R_f 可用于物质的定性分析。还可用于定量分析：刮下有色斑点，将被测物浸出后用比色法测定含量，或用薄层扫描仪直接测出被测物含量。

本实验将二甲基黄、苏丹Ⅲ混合液滴加于薄层板上，用展开剂展开，则分成不同颜色的 2 个斑点。

仪器与试剂

色谱缸 1 个、玻璃板（10 cm×20 cm）2 块、乳钵 1 个、平口毛细管数根、直尺和铅笔（自备）、干燥器、硅胶 G、石油醚、乙酸乙酯。

混合染料：称取二甲基黄、苏丹Ⅲ各 40 mg，加入纯的无水乙醇溶解后，于 100 ml 容量瓶中稀释至刻度，摇匀，即得。

0.3% 羧甲基纤维素钠（CMC-Na）：称取 CMC-Na 0.30 g，加蒸馏水 100 ml，加热使其溶解，放置，澄清备用。

实验步骤

1. 制备薄层板

在乳钵中加入 0.3% CMC-Na 水溶液 14~16 ml，将 5 g 250 目以下的硅胶 G 慢慢洒入溶液中，调成均匀的糊状，将此糊状物倒在洁净的玻璃板上（玻璃板表面不能有指纹、油迹、水迹），利用糊状物的流动性，振动玻璃板，使其均匀分布于整块玻璃板上，平放晾干。要求薄层板各部位的厚度均匀一致，表面平整，无划痕，少气泡，牢固性好。

2. 活化

将晾干后的薄层板放入烘箱中，缓慢升温至 105℃，恒温活化 30~60 min，取出，稍冷后置于干燥器中备用。

3. 点样

在距玻璃板一端 2 cm 处用铅笔轻轻划一直线作为起始线，在起始线上用铅笔做一标记"×"，用毛细管蘸取混合溶液，手握毛细管与玻璃板垂直，在做标记的地方进行点样，待溶剂挥发干后，再点样 1~2 次，其样点直径不能超过 2 mm。注意毛细管不能将薄层板表面弄破，斑点间距为 1cm。

4. 展开

层析缸需预先用展开剂饱和：在层析缸中加入展开剂（可为纯苯、石油醚∶乙酸乙酯＝15∶1、石油醚∶乙酸乙酯＝10∶1）15 ml 左右，盖上毛玻璃盖，密封缸顶，使系统平衡，约需 15 min。然后将点好样品的薄层板放入层析缸的展开剂中，点样端朝下，浸入展开剂中（切勿将样点浸入展开剂中），密封层析缸盖，待展开至规定距离（一般为 10~15 cm），大概需要 50~60 min。取出薄层板，立即用铅笔划出前沿线，待展开剂挥发后用铅笔划出各斑点中心。

5. 计算 R_f 值

用直尺量出原点至展开剂前沿的距离和原点至每个斑点中心的距离，分别计算出每个斑点的 R_f 值。

注意事项

1. 玻璃板要干净、干燥，取用时只能接触玻璃板边缘。
2. 在薄层板上划起始线时，手指不得接触吸附剂表面。
3. 点样时用力要均匀，不能在薄层板上点出洞穴。点样量不宜过多，否则会产生拖尾。
4. 将展开剂倒入层析缸后要用毛玻璃片盖住缸口，使展开剂蒸气饱和。
5. 将薄层板取出时，要及时标出前沿线，否则无法计算 R_f 值。

思考题

1. 薄层板为什么要活化？怎样活化？活化后的薄层板应如何保存？
2. 有 A、B 两瓶无标签的试剂，如何用薄层色谱法分析它们是否是同一化合物？
3. 影响 R_f 值的主要因素有哪些？

（王翠琼）

实验十三　气相色谱法测定混合样中乙酸乙酯的含量

实验目的

1. 掌握用内标法进行定量分析的方法和计算。
2. 熟悉有关气相色谱分析的操作技术。
3. 了解气相色谱法的分析原理。

实验原理

气相色谱法是以气体为流动相的色谱方法。由于试样中各组分性质的差异，它们在色谱柱的流动相和固定相之间的分配系数不同，随着流动相的推移，各组分在两相中经过反复多次的分配发生差速迁移，最后达到分离。分离后的组分依顺序先后进入检测器，产生的电讯号经放大后，由记录仪描绘出各组分的色谱峰。

在气相色谱分析中，当试样中所有组分不能全部出峰，或只要求测定出试样中某个或某几个组分时，可用内标法定量分析。

内标法是在样品溶液中加入内标物质，再经过气相色谱分析，以样品中待测组分和内标物的响应信号（峰面积或峰高）之比确定待测组分的含量。

$$\omega_i = \frac{m_s \cdot f_i' \cdot A_i}{m \cdot A_s} \times 100\%$$

$$f_i' = \frac{m_i \cdot A_s}{m_s \cdot A_i}$$

式中，A_s 为内标物质的峰面积；m_s 为内标物质的质量；f_i' 为相对质量校正因子；A_i 为待测物质的峰面积；m_i 为待测物质的质量；ω_i 为待测组分的质量分数；m 为试样质量。

由上式可知，本法是通过测量内标物及待测组分的峰面积的相对值来进行计算的，因而由于操作条件变化而引起的误差，都将同时反映在内标物及待测组分上而得以抵消，所以可得到较准确的结果。

仪器与试剂

SP-2308 型气相色谱仪、氢焰离子化检测器、高分子微球柱、分析天平、50μl 微量注射器。苯（AR）、丙酮（AR）、乙酸甲酯（AR）、乙酸乙酯（AR）、氢气、空气、氮气源（高纯氮做载气）。

实验步骤

1. 选择分析条件

按仪器使用说明书进行操作，选择适宜的分析条件。

检测器：氢焰离子化检测器　　气化室温度：110 ℃
柱温：80 ℃　　　　　　　　　检测室温度：120 ℃
H_2：60 ml/min　　　　　　　　N_2：55 ml/min
空气：500 ml/min　　　　　　　进样量：1μl

2. 定性分析

（1）分别用 50 μl 微量注射器吸取乙酸甲酯、乙酸乙酯和苯标准物样品 1.0 μl 进样，并记录各自的保留时间。

（2）用 50 μl 微量注射器吸取乙酸甲酯、乙酸乙酯和苯三种标准物的混合样品 2.0 μl 进样，并记录各峰的保留时间。

（3）用在同一条件下所得的各标准物的保留时间和未知样品的保留时间加以比较，确定样品中所含的组分。

3. 相对质量校正因子的测定

（1）内标物溶液的配制　取一干净带橡皮塞的小称量瓶，准确称出其质量，然后注入 1 ml 待测组分（乙酸乙酯）的标准物，称出其准确质量，两次质量之差，即为被测组分的质量 m_i。用同样的方法，再注入内标物（苯）1 ml，称出其准确质量，两次质量之差，即为被测组分的质量 m_s。

（2）校正因子的测定　将上述配好的内标物溶液混合均匀，然后取 2.0 μl 进样，并测定各峰峰面积（A_s 及 A_i），计算出 f_i'。

4. 样品的测定

（1）样品溶液的配制　用上述方法准确称取由乙酸乙酯、乙酸甲酯各 1 ml 配成的样品 m，然后注入 1 ml 苯作内标物，称出其准确质量 m'_s。

（2）样品的测定　将上述配好的样品溶液混合均匀后，取 2.0 μl 进样，并测定乙酸乙酯及内标物苯的峰面积（A'_s 及 A'_i）。

5. 数据处理

根据上述实验所得的数据，按下式计算样品中乙酸乙酯的质量分数。

$$\omega_i = \frac{m'_s \cdot f'_i \cdot A'_i}{m \cdot A'_s} \times 100\%$$

$$f'_i = \frac{m_i \cdot A_s}{m_s \cdot A_i}$$

注意事项

启动仪器时，要先通载气，后通电源；而实验完毕后，要先关电源，稍后才关载气。

思考题

1. 用内标法计算为什么要用校正因子？
2. 在同一操作条件下为什么可用保留时间来鉴定未知物？

（陈　文）

实验十四　用内标对比法测定对乙酰氨基酚的含量

实验目的

1. 掌握用内标对比法测定药物含量的实验步骤和结果计算。
2. 熟悉高效液相色谱仪的使用方法。
3. 了解对乙酰氨基酚的药用功效。

实验原理

内标对比法是内标法的一种，是高效液相色谱中最常用的定量分析方法。内标法是以待测组分和内标物的峰高或峰面积比求算试样含量的方法。使用内标法可以抵消仪器稳定性差、进样量不够准确等原因带来的定量分析误差。如果在试样预处理前加入内标物，则可抵消方法全过程引起的误差。内标法可以分为校正曲线法、内标对比法（内标一点法）、校正因子法等。

内标对比法的实验方法是：分别配制含有相同量内标物的对照品溶液和样品溶液，分别注入色谱仪，测得对照品溶液中的组分 i 和内标物 s 的峰面积 $A_{i(对照)}$ 和 $A_{s(对照)}$ 及样品溶液的组分 i 和内标物 s 的峰面积 $A_{i(样品)}$ 和 $A_{s(样品)}$，按下式计算样品溶液中待测组分的质量。

$$m_{i(样品)} = m_{i(对照)} \times \frac{A_{i(样品)}/A_{s(样品)}}{A_{i(对照)}/A_{s(对照)}}$$

对乙酰氨基酚又称扑热息痛，是常用的非抗炎解热镇痛药，其解热作用与阿司匹林相似，镇痛作用较弱，无抗炎抗风湿作用。

仪器与试剂

HPLC 仪、移液管、50 μl 微量注射器。

非那西汀标准品、对乙酰氨基酚标准品、甲醇（色谱纯）。

实验步骤

1. 设置实验工作条件

色谱柱：ODS 柱（15 cm×4.6 mm，5 μm）

流动相：甲醇 – 水（60∶40）

流速：0.8 ml/min

检测器：UV257 nm

内标物：非那西汀

2. 对照品溶液和样品溶液的配制

（1）对照品溶液的配制 精密称取对照品对乙酰氨基酚约 50 mg、内标物非那西汀约 50 mg，置于 100 ml 洁净、干燥的容量瓶中，加甲醇适量，振摇，使溶解，并稀释至刻度，摇匀；用移液管移取 1.00 ml，置 50 ml 容量瓶中，用流动相稀释至刻度，摇匀即得。

（2）样品溶液的配制 精密称取样品对乙酰氨基酚约 50 mg、内标物非那西汀约 50 mg，置于 100 ml 洁净、干燥的容量瓶中，加甲醇适量，振摇，使溶解，并稀释至刻度，摇匀；用移液管移取 1.00 ml，置 50 ml 容量瓶中，用流动相稀释至刻度，摇匀即得。

3. 进样分析

用微量注射器吸取对照品溶液，进样 20 μl，记录色谱图，重复 3 次。以同样的方法分析样品溶液。

4. 数据记录

	对照品溶液			样品溶液		
	A_i	A_s	A_i/A_s	A_i	A_s	A_i/A_s
1						
2						
3						
平均值						

5. 结果计算

$$\text{对乙酰氨基酚 (\%)} = \frac{(A_i/A_s)_{\text{样品}}}{(A_i/A_s)_{\text{对照}}} \times \frac{m_{i(\text{对照})}}{m_{s(\text{对照})}} \times \frac{m_{s(\text{样品})}}{m_{i(\text{样品})}} \times 100\%$$

注意事项

1. 实验中可通过选择适当长度的色谱柱，调整流动相中甲醇和水的比例或流速，使对乙酰氨基酸与内标物的分离度达到要求。
2. 为保证进样准确，进样时必须多吸取一些溶液，使溶液完全充满 20 μl 的定量环。
3. 样品溶液和对照品溶液中的内标物浓度必须相同。

思考题

1. 内标对比法有何优点？如何选择内标物质？
2. 配制样品溶液时，为什么要使其浓度与对照品溶液的浓度接近？
3. 对乙酰氨基酚有何药用功效？

（陈　文）

实验十五　荧光光度法测定维生素 B_2 的含量

实验目的

1. 掌握荧光光度法的定量分析方法（标准曲线法）。
2. 熟悉荧光分光光度计的使用方法。
3. 了解维生素 B_2 在医药方面的应用。

实验原理

荧光是物质分子接受光子能量被激发后，从激发态的最低振动能级返回基态时发射出的光。

当固定激发光波长和强度不变时，记录荧光强度随荧光波长变化的曲线，称为荧光光谱。再固定该荧光光谱的荧光最强处的荧光波长不变而改变激发光波长，记录荧光强度随激发光波长变化的曲线，称为激发光谱。

当光源的强度不变，溶液的厚度一定、被测物质在一定稀浓度的范围内，所发射的荧光强度 F 与该物质溶液的浓度 c 成正比，即 $F=Kc$。

维生素 B_2 又称核黄素，是橘黄色无臭的针状结晶，易溶于水而不溶于乙醚等有机溶剂，在中性或酸性溶液中稳定，光照易分解，对热稳定。维生素 B_2 水溶液在 430~440 nm 的光照射下，能发出黄绿色荧光，荧光峰在 535 nm 处。在 pH 值为 6~7 的溶液中荧光强度最大，pH>11 时荧光消失。在维生素 B_2 浓度不高时，荧光强度与维生素 B_2 的浓度成正比。测定荧光强度即可确定维生素 B_2 的含量。本实验用标准曲线法对样品中维生素 B_2 进行定量分析。

维生素 B_2 的结构式如下：

由于维生素 B_2 在碱性溶液中经光线照射，会发生光分解而转化为光黄素，后者的荧光比核黄素的荧光强得多。因此，测量维生素 B_2 的荧光时，溶液要控制在酸性范围内，且必须在避光条件下进行。

维生素 B_2 存在于小米、大豆、酵母、绿叶菜、肉、肝、蛋、乳等食物中，在体内参与氧化还原过程。缺乏维生素 B_2 会引起口角炎、舌炎、唇炎、结膜炎和角膜炎等。

仪器与试剂

荧光分光光度计、容量瓶（50 ml、100 ml、1 000 ml）、5 ml 吸量管、1% 醋酸。

维生素 B_2 标准溶液（10.0 μg/ml）：称取 10.0 mg 维生素 B_2 先溶于少量的 1% 醋酸溶液，然后转移到 1 000 ml 容量瓶中，用 1% 醋酸溶液定容至刻度，摇匀，至阴暗处保存。

实验步骤

1. 维生素 B_2 系列标准溶液的配制　取 5 个 50 ml 容量瓶，分别移入 1.00，2.00，3.00，4.00，5.00 ml 浓度为 10.0 μg/ml 的维生素 B_2 标准溶液，用 1% 醋酸溶液稀释至刻度，摇匀。

2. 待测样品溶液的配制　精密称取一定量 S（g）的维生素 B_2 药片于小烧杯中，用 1% 醋酸溶液稀释定容至 100 ml 容量瓶内，摇匀。

3. 打开氙灯，再打开主机，然后打开计算机启动工作站并初始化仪器，预热 30 min。

4. 在仪器状态菜单（Status）中设置好仪器的工作条件。

5. 在扫描菜单中（Scan）进行扫描，找出合适的激发波长和荧光波长。对于维生素 B_2 可用某一浓度的维生素 B_2 标准溶液先预选择 270 nm 的激发光，进行荧光光谱扫描，找出合适的荧光波长，再固定该荧光波长进行激发光谱扫描，找出合适的激发光波长。

6. 标准曲线的绘制　设置好仪器的工作条件，设定好激发光波长、荧光波长及激发与荧光狭缝等条件后进行系列标准溶液的荧光强度测定。以相对荧光强度为纵坐标，维生素 B_2 系列标准溶液浓度为横坐标绘制标准曲线。

7. 样品溶液的测定　在绘制标准曲线相同的条件下，测定样品溶液的荧光强度，在标准曲线上查出其浓度。

8. 退出主程序，关闭计算机，先关主机，最后关氙灯。

9. 根据样品溶液的荧光强度,从标准曲线上查出样品溶液中维生素 B_2 的浓度,按下列公式计算维生素 B_2 的含量:

$$维生素 B_2 的含量 = \frac{c \times 100}{S} (\mu g/g)$$

式中,c 为样品维生素 B_2 的浓度(从标准曲线上查出),μg/ml;S 为未知试样的质量,g;100 为试样被稀释的体积,ml。

注意事项

维生素 B_2 见光易分解,本实验要求操作速度要快。

思 考 题

1. 在荧光测量时,为什么激发光的入射线与接受荧光的检测器不在一直线上,而应成一定角度?
2. 激发波长与荧光波长有何关系?为什么?
3. 维生素 B_2 荧光强度在 pH=6~7 时最大,本实验为何在酸性溶液中测定?

(陈 文)

第四章 物理化学实验

实验一 三组分系统液－液平衡相图

实验目的

1. 掌握三角坐标图组成表示法。
2. 熟悉三组分系统液－平衡相图的绘制方法。
3. 了解三角坐标图的性质及其应用。

实验原理

1. 三角坐标图组成表示法

常用等边三角形的方法来表示三组分系统的组成。等边三角形的三个顶点各代表一纯组分，如图 3-12 中 A 点表示 A 的质量分数 ω_A 为 A%＝100%，B 点表示 ω_B 为 B%＝100%，C 点表示 ω_C 为 C%＝100%。三角形的三条边各代表 A 和 B、B 和 C、C 和 A 所组成的二组分系统。例如从 A→B，A 由 100% 减少至 0，B 由 0 增加至 100%。假如将各边分成一百等份，由 A 点出发向 B 点移动 40 格到达 c 点，则组成点 c 所代表的两个组分的百分组成为 B%＝Ac＝40%，A%＝60%，余此类推。三角形中任何一点表示三组分系统的组成。设由 p 点引平行各边的直线如图 3-12 所示，则组成点 p 代表三个组分的百分组成为 A%＝Cb，B%＝Ac，C%＝Ba。

基于等边三角的几何性质，Cb＝pa＝aa′，Ac＝pb＝a′C，Ba＝pc，故 pa+pb+pc＝aa′+a′C+Ba＝BC＝AB＝AC＝100%。如果已知三组分的任何两个百分组成 A% 和 B%，只需做一条 A 对边的平行线截 AC 于 A% 处，再做一条 B 对边的平行线截 AB 于 B% 处，交于三角形内一点，此即三组分组成点。

三角坐标图组成表示法有以下特点：

（1）在与等边三角形某边平行的任意一条直线上，所有组成点代表的与此线相对的顶点的组分含量一定相同。如图 3-13 中 ee′ 线上任一点代表的 A%（A 的质量分数）都相同。

（2）在通过三角形某一顶点的任一条直线上，各点所代表的三组分系统中，另外两个顶点组分的含量之比一定相同。如图 3-13 中 Ad 线上各点代表的 B 和 C 的质量分数之比一定相同。

2. 三组分系统液－液平衡相图

在苯－水－乙醇三种液体中，苯与水几乎不溶而水与乙醇及苯与乙醇是完全互溶的。图 3-14 中三角形底边 AB 代表由苯与水构成的二组分系统。当苯中含水很少或水中含苯很少时，系统溶成均匀一相。但当苯中的水饱和之后若再加水，或水中的苯饱和后若再加苯，系统就

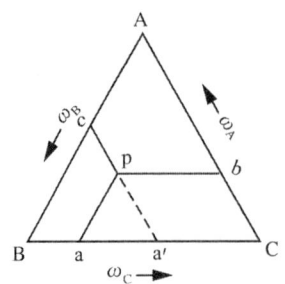 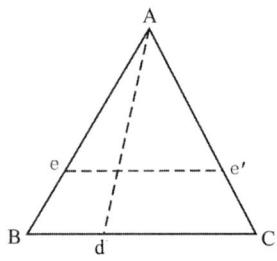

图 3-12　三组分系统的组成表示法　　　　图 3-13　三角坐标图组成表示法的特点

会分成 a、b 两个液层平衡共存：a 代表水在苯中的饱和溶液的组成；b 代表苯在水中的饱和溶液的组成。只要苯、水二组分系统的组成点处在 a、b 两点之间，系统就会分成相点为 a 和 b 的两个液层平衡共存，称为共轭溶液。

假如配制了一个苯、水二组分系统，其组成点为 d，此时系统必为共轭溶液。若向该系统中加入乙醇，则组成点将由 d 出发沿 dC 直线向 C 趋近。随着乙醇的加入，水在苯中的溶解度及苯在水中的溶解度都会有所增加（由于两者增加的程度不同，所以 ab 线与 a′b′ 线、a″b″ 线……不相平行），故平衡共存的两个共轭溶液的相点 a、b；a′、b′；a″、b″；……在逐渐靠近，将所有这些相点连起来便可得一帽形平滑曲线。帽形线以内为两液相共存区，帽形线以外为单一液相区。这种三组分系统液-液平衡相图对于萃取过程有着重要用途。

本实验旨在找出帽形线上的一些相点，连接这些相点即可画出相图。方法是由 AB 线上某二组分系统出发，设此时组成点为 c（图 3-15），逐步加入少量乙醇，组成点应沿 cC 线向 C 推进，因为仅增加乙醇的含量，未改变苯与水的含量比。当加至组成点上推到系统由两相变为单相时则为 d 点，继续加乙醇，组成点上推至 e 点，仍为单相。改加水，此时苯与乙醇含量比值不变，组成点沿 eB 线向 B 推进，加至 f 点时系统变成两相，继续加水，组成点推到 g，仍为两相。改加乙醇，组成点沿 gC 线推进至 h 又变为单相，多加少量乙醇推进至 i 点，改加水，沿 iB 线推进到 j 又变为两相。如此反复，可得 d、f、h、j… 等相点，将它们连接即得三角坐标系中的帽形线，此即该系统的相图。

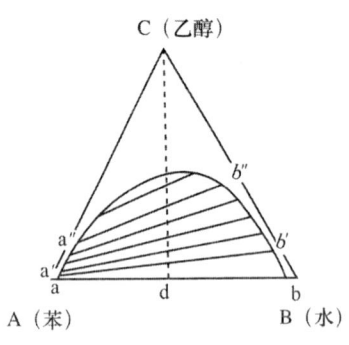 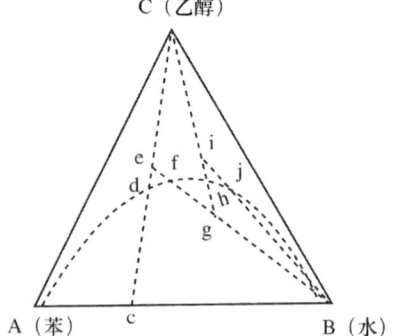

图 3-14　三组分系统液 – 液相图　　　　图 3-15　绘制相图过程示意图

仪器与试剂

酸式滴定管（50 ml）、0.5 ml 和 2 ml 刻度吸量管、125 ml 锥形瓶、滴定管夹、铁架台。

纯苯（AR）、无水乙醇（AR）、蒸馏水（二级）。

实验步骤

1. 测定

用刻度吸量管吸取苯 2.00 ml 放入干燥的 125 ml 锥形瓶中，用 0.5 ml 刻度吸量管加水 0.20 ml，用滴定管滴加乙醇，边滴边摇，加至系统恰好由混浊变澄清时，记录所加乙醇的毫升数，于此液中再滴加乙醇 0.50 ml 后，改用水滴至溶液刚好由澄清又变混浊，记录所用水的毫升数。按下表规定体积继续加水，然后再用乙醇滴定，如此反复直至做完表中的编号 10，并记录数据如下表：

编号	体积（ml）					质量（g）				质量（%）			终点记录
	苯	水		乙醇		苯	水	乙醇	合计	苯	水	乙醇	
	合计	合计	每次加	每次加	合计								
1	2		0.2	?									澄清
2	2		?	0.5									混浊
3	2		0.2	?									澄清
4	2		?	0.9									混浊
5	2		0.6	?									澄清
6	2		?	1.5									混浊
7	2		1.6	?									澄清
8	2		?	3.5									混浊
9	2		4.5	?									澄清
10	2		?	7.5									混浊

注：箭头指示加水和乙醇的顺序；每一编号水（或乙醇）体积的合计指至该编号止累计所加入水（或乙醇）的总体积；常温下，上述各物质的密度（g/ml）分别为：水—1.000，苯—0.879，乙醇—0.789

2. 数据处理

将每一编号终点时系统中各成分的合计体积乘以其密度换算成质量，再求出每个终点时各组分的质量百分组成，填入表中。

所得结果绘于三角坐标上,将各相点连成平滑曲线,并用虚线将曲线外延至 A、B 两点（因水与苯在室温下可看成是完全不互溶的）,即得苯 – 水 – 乙醇三组分液 – 液平衡相图。

思 考 题

1. 为什么要用合计的体积去换算成质量而不用每次加入的体积去换算?
2. 为什么说部分互溶三组分系统液 – 液相图对于萃取过程有重要用途?

（徐　超）

实验二　反应速率常数及活化能的测定

实验目的

1. 掌握用图解法求二级反应的反应速率常数。
2. 熟悉电导率的测定方法。
3. 了解二级反应的反应速率常数与反应过程中电导率之间的关系。

实验原理

1. 乙酸乙酯皂化反应过程中电导率的变化

在稀溶液中，任何强电解质的电导率 L 与浓度呈线性关系。若乙酸乙酯的皂化反应在稀溶液中进行，可以认为反应物 NaOH 与产物 CH_3COONa 都完全电离。由反应式可知 Na^+ 浓度在反应前后不变，OH^- 浓度越来越小，CH_3COO^- 浓度越来越大；而 OH^- 的电导率比 CH_3COO^- 的电导率大得多。因此随着反应的进行，溶液总电导率逐渐降低。

由以上分析，设 NaOH 初始浓度为 a，可列出以下关系：

$$CH_3COOCH_2CH_3 + NaOH \rightleftharpoons CH_3COONa + CH_3CH_2OH$$

时间				总电导率
t_0	a		0	L_0 ⎫ 逐
t_t	$a-x$		x	L_t ⎬ 渐减
t_∞	0		a	L_∞ ⎭ 小

2. 乙酸乙酯皂化反应速率常数与电导率的关系

该反应是一个典型的二级反应，当乙酸乙酯与 NaOH 的初始浓度相同时，其反应速率方程为：

$$k = \frac{1}{t} \cdot \frac{x}{a(a-x)} \tag{1}$$

该反应中电导率与浓度之间的线性关系可表示为：

$$L_0 = Ka \tag{2}$$

$$L_\infty = K'a \tag{3}$$

$$L_t = K(a-x) + K'x = Ka - (K-K')x \tag{4}$$

式中，K、K' 分别为电解质 NaOH、CH_3COONa 的电导率和浓度之间的比例常数。

由式（2）减式（3）得：

$$K-K' = \frac{L_0-L_\infty}{a} \tag{5}$$

由（2）、（4）和（5）式得：

$$x = \frac{L_0-L_t}{L_t-L_\infty}a \tag{6}$$

（6）式代入（1）式得：

$$k = \frac{1}{ta} \cdot \frac{L_0-L_t}{L_t-L_\infty} \tag{7}$$

（7）式写成直线方程，即

$$L_t = \frac{L_0-L_t}{tak} + L_\infty$$

以 L_t 对 $(L_0-L_t)/t$ 做图得一直线，其斜率为 $1/ak$，由此可求得反应速率常数 k。

3. 反应活化能测定原理

由 Arrhenius 公式推得：

$$\ln\frac{k_2}{k_1} = \frac{E_a(T_2-T_1)}{RT_1T_2}$$

测定两个不同温度下进行反应时溶液电导率的变化，分别做图求得 k_1、k_2，便可由上式计算出反应活化能 E_a。

仪器与试剂

超级恒温槽、电导率仪、分析天平、移液管（10 ml×3）、刻度吸量管（0.5 ml）、容量瓶（100 ml×2）、滴管、橡皮塞、秒表。

18.00 mol/L NaOH、乙酸乙酯（AR）、电导水（或双蒸水）。

实验步骤

1. 调节温度

调节恒温槽温度为 25℃。

2. 准确配制 0.0200 mol/L NaOH 溶液

所用 NaOH 溶液应保证无碳酸盐等杂质，故教师先用电导水将分析纯氢氧化钠配成 18.00 mol/L 的浓溶液，密封放置，使杂质沉淀。

使用时用 0.5 ml 刻度吸量管从上述浓溶液的上层清液中准确吸取 0.11 ml 注入 100 ml 容量

瓶，用电导水稀释至刻度。

3. 配制 0.0200 mol/L 乙酸乙酯溶液

在 100 ml 容量瓶中加入少量电导水，用分析天平准确称量至 0.1 mg，用毛细滴管小心滴入 5 滴分析纯的乙酸乙酯后再称量至 0.1 mg。估算 1 滴乙酸乙酯的质量及需要加入的滴数。继续滴加乙酸乙酯直至接近需加入的量，再称量，最后视情况补充 1 至半滴，实际称量的乙酸乙酯与理论计算量之差不得超过 1 mg。再用电导水稀释至刻度，摇匀，盖紧，备用。

4. 测定 L_0

用移液管吸取 10.00 ml 0.0200 mol/L NaOH 溶液放入一洁净、干燥的大试管 A，用另一移液管吸取 10.00 ml 电导水也放入大试管 A，充分摇匀。将铂黑电极用电导水淋洗后，小心用滤纸吸干，插入 A 管的 NaOH 溶液中。A 管放入恒温槽（已调到 25℃）恒温 10 min，用电导率仪测定 NaOH 溶液的电导率，此即 L_0。

5. 测定 L_t

用移液管吸取 10.00 ml 0.0200 mol/L NaOH 溶液放入一洁净、干燥的大试管 B，用另一移液管吸取 10.00 ml 0.0200 mol/L 乙酸乙酯溶液放入另一洁净、干燥的大试管 C。将经电导水淋洗、滤纸吸干和校准的铂黑电极插入 B 管的 NaOH 溶液，C 管用橡皮塞塞紧，同时放入 25℃ 恒温槽恒温 10 min 后，将 C 管中乙酸乙酯迅速倾入试管 B 并充分摇匀。当 C 管中乙酸乙酯倒出约一半时按动秒表开始计时，4 min 后测定反应液电导率，记为 L_{t_1}，以后每隔 4 min 测一次，记为 L_{t_2}，L_{t_3}…如此持续 60 min 直至 L_t 下降明显为止。

6. 调节温度后测定

将恒温槽调节到 35℃，重复步骤 4、5 测定 35℃时的 L_0 和 L_t。只是反应刚开始时每隔 2 min 测一次电导率，7 次后改为每 4 min 测一次，持续 40 min 即可。

7. 数据记录及处理

按下表格式记录两种温度下所测得的数据，并分别在不同温度做出 L_t-$(L_0-L_t)/t$ 的直线，由直线斜率分别算出 k_1、k_2。

由 k_1、k_2、T_1、T_2 计算出反应活化能 E_a。

25℃	L_0 (mS/cm)										
	时间 t (min)	4	8	12	16	20	24	28	32	36	40	……
	L_t (mS/cm)										
	$(L_0-L_t)/t$										
35℃	L_0 (mS/cm)										
	时间 t (min)	2	4	6	8	10	12	14	18	22	26	30	……
	L_t (mS/cm)										
	$(L_0-L_t)/t$										

注意事项

1. 整个过程中应注意切勿碰动电极板上镀的铂黑。测定中电极应始终浸泡在置于恒温水浴里的被测溶液中,以免温度变化影响测定准确性。
2. 测电导率时,量程应先放在最低档,若仪表上显示"1",则应调一档,如此逐档调节至显示 0.××× 为止。
3. 相邻 L_t 之间的时间间隔一定要计时准确。如反应开始后 4 min 测电导率,若实际操作中读数的时刻比 4 min 迟了 6 s,则第一个 t 应记录为 4.1 min。为做到计时准确无误(此为实验成败的关键),应一人看秒表计时,另一人读电导率。
4. 反应液始终不能离开恒温槽,才能保持反应温度始终不变。

思考题

1. 为什么要将 0.0200 mol/L NaOH 溶液稀释 1 倍后再去测 L_0?
2. 为什么说计时准确与否是实验成败的关键?

(徐 超)

实验三 电导法测定弱电解质的电离常数

实验目的

1. 掌握用电导法测定弱电解质电离常数的原理和方法。
2. 熟悉进一步电导率仪的使用。
3. 了解电导测定法的其他应用。

实验原理

醋酸在溶液中电离达到平衡时,其电离平衡常数 K_a 与浓度 c 和电离度 α 有以下关系:

$$K_a = \frac{c\alpha^2}{1-\alpha} \tag{1}$$

在一定温度下 K_a 是一个常数,因此可以通过测定醋酸在不同浓度下的电离度,代入(1)式计算得到 K_a 值。

醋酸溶液的电离度可用电导法来测定。根据电离理论,弱电解质的电离度 α 随溶液的稀释而增大。当溶液无限稀释时,$\alpha \to 1$,即弱电解质全部电离。在一定温度下,溶液的摩尔电导率与离子的真实浓度成正比,因而也与电离度 α 成正比,所以弱电解质的电离度 α 应等于当浓度为 c 时的摩尔电导率 $\varLambda_m$ 和溶液在无限稀释时的摩尔电导率 $\varLambda_m^\infty$ 之比,即

$$\alpha = \frac{\varLambda_m}{\varLambda_m^\infty} \quad (2)$$

将 (2) 代入 (1) 式,得:

$$K_a = \frac{c\varLambda_m^2}{\varLambda_m^\infty(\varLambda_m^\infty - \varLambda_m)} \quad (3)$$

式中,$\varLambda_m^\infty$ 可通过柯尔劳乌施离子独立运动定律,由离子的无限稀释摩尔电导率加和得到:$\varLambda_m^\infty = \varLambda_+ + \varLambda_-$。在 25℃ 时,醋酸的 $\varLambda_m^\infty = (349.8 + 40.9) \times 10^{-4} = 390.7 \times 10^{-4}$ (S·m²·mol⁻¹),而 $\varLambda_m$ 可由实验测得。

$\varLambda_m$ 与溶液浓度 c 和电导率 L_t 之间的关系为:

$$\varLambda_m = \frac{L_t \times 10^{-3}}{c} \quad (4)$$

用 DDS-12A 型电导率仪测定电导率 L_t,由式 (4) 即可求得 $\varLambda_m$,代入 (3) 式可算出 K_a。电导测定还有其他方面的应用,如检测水的纯度、测定难溶电解质的溶解度和溶度积以及电导滴定等。

仪器与试剂

DDS-12A 型电导率仪、超级恒温槽、烧杯、移液管、容量瓶。
0.01000 mol/L 醋酸溶液。

实验步骤

1. 准确配制浓度为 0.0500 mol/L、0.0250 mol/L 的醋酸溶液

用移液管移取 25.00 ml 浓度为 0.1000 mol/L 的醋酸溶液 2 份,分别置于 50 ml、100 ml 容量瓶中,加蒸馏水稀释至刻度。

2. 调节恒温槽温度在 25℃。
3. 连接电导仪

按第三篇第一章实验二"附:电导率仪的使用",连接好线路并调节好电导率仪。

4. 测定不同浓度醋酸溶液的电导率 L_t

将待测溶液倒入小烧杯中,使其液面高出铂黑电极 1 cm,分别测定 0.0250 mol/L、0.0500 mol/L、0.1000 mol/L 醋酸溶液的电导率值,每份重复测定两次。

5. 数据记录及计算

c	L_t	$\varLambda_m$	α	K_a	$K_{平均}$
0.0250 mol/L HAc					
0.0500 mol/L HAc					
0.1000 mol/L HAc					

注意事项

1. 电导电极使用前、后应浸泡在蒸馏水中，以防铂黑惰化。
2. 测量时铂黑电极需用待测溶液洗 2~3 次。
3. 必须由低浓度至高浓度依次测定。

思考题

1. 测定过程中，为什么要由低浓度至高浓度依次测定？
2. 水的纯度对测定有何影响？

（曾　明）

实验四　旋光法测定蔗糖转化的速率常数

实验目的

1. 掌握旋光法测定蔗糖转化速率常数的原理和方法。
2. 熟悉蔗糖转化反应体系中各物质浓度与旋光度之间的关系。
3. 了解蔗糖转化反应速率常数和半衰期。

实验原理

蔗糖转化反应方程式为：

$$C_{12}H_{22}O_{11}（蔗糖）+ H_2O \longrightarrow C_6H_{12}O_6（葡萄糖）+ C_6H_{12}O_6（果糖）$$
　　　右旋　　　　　　　　　　　　　　　右旋　　　　　　　　　左旋

用酸做为催化剂，可以使水解反应加速，蔗糖、水以及催化剂 H^+ 的浓度对此反应的反应速率都有影响。此反应可视为假一级反应，因为在 H^+ 浓度固定的条件下，这个反应本是二级反应，但由于反应中水是大量的，虽有部分水分子参加反应，但浓度变化极小，可以认为整个反应中水的浓度基本是恒定的。而 H^+ 是催化剂，其浓度也是固定的。所以，其动力学方程为：

$$\frac{-dc}{dt} = kc \tag{1}$$

式中，t 为时间，k 为反应速率常数，c 为反应物浓度。

将（1）式积分得：

或

$$\ln c = -k \cdot t + \ln c_0$$
$$c = c_0 \cdot e^{-k \cdot t} \quad (2)$$

式中，c_0 为反应物的初始浓度。当 $c = \frac{1}{2}c_0$ 时，t 可用 $t_{1/2}$ 表示，即为反应的半衰期。

由（2）式可得：

$$t_{1/2} = \frac{\ln 2}{k} = \frac{0.693}{k} \quad (3)$$

蔗糖及水解产物均为旋光性物质，但它们的旋光能力不同，故可以利用体系在反应过程中旋光度的变化来衡量反应的进程。溶液的旋光度与溶液中所含旋光物质的种类、浓度、溶剂的性质、液层厚度、光源波长及温度等因素有关。为了比较各种物质的旋光能力，引入比旋光度的概念。比旋光度可用下式表示：

$$[\alpha]_D^t = \frac{\alpha}{l \cdot c} \quad (4)$$

式中，D 表示光源波长；t 表示实验温度（℃）；α 表示旋光度；l 为液层厚度（dm）；c 为浓度（g/ml）。

在其他条件不变的情况下，由（4）式可知，旋光度 α 与浓度 c 呈线性关系，即

$$\alpha = k \cdot c \quad (5)$$

式中，k 即反应速率常数，是与物质旋光能力、液层厚度、溶剂性质、光源波长、温度等因素有关的常数。

反应物蔗糖是右旋性物质，其比旋光度 $[\alpha]_D^{20} = +66.6°$，生成物果糖是左旋性物质，其比旋光度 $[\alpha]_D^{20} = -91.9°$。由于生成物中果糖的左旋性比葡萄糖的右旋性大，因此随着从蔗糖到果糖的不断转化，右旋角不断减小，最后经过零点变成左旋。旋光度与浓度成正比，并且溶液的旋光度为各组成的旋光度之和。设反应时间为 0、t、∞ 时溶液的旋光度为 α_0、α_t、α_∞，则

$$\alpha_0 = k_反 \cdot c_0 \quad (蔗糖尚未转化，t=0) \quad (6)$$
$$\alpha_\infty = k_生 \cdot c_0 \quad (蔗糖已全部转化，t=\infty) \quad (7)$$

式（6）、（7）中的 $k_反$ 和 $k_生$ 分别为对应反应物与生成物的比例常数；c_0 既为反应物的初始浓度，又可为生成物的最后浓度。当时间为 t 时，蔗糖浓度为 c，溶液体系旋光度为 α_t，则

$$\alpha_t = k_反 \cdot k_生 (c_0 - c) \quad (8)$$

由（6）、（7）、（8）三式联立可以解得：

$$c_0 = \frac{\alpha_0 - \alpha_\infty}{k_反 - k_生} = K(\alpha_0 - \alpha_\infty) \quad (9)$$

$$c = \frac{\alpha_t - \alpha_\infty}{k_反 - k_生} = K(\alpha_t - \alpha_\infty) \quad (10)$$

将（9）、（10）两式代入（2）式，即得：

$$\ln(\alpha_t-\alpha_\infty)=-k \cdot t+\ln(\alpha_0-\alpha_\infty) \text{ 或 } t=\frac{1}{k}\ln\frac{\alpha_0-\alpha_\infty}{\alpha_t-\alpha_\infty} \qquad (11)$$

若以 $\ln(\alpha_t-\alpha_\infty)$ 对 t 作图，从其斜率即可求得反应速率常数 k，进而可求得半衰期 $t_{1/2}$。

仪器与试剂

旋光仪、旋光管、超级恒温槽、台秤、秒表、100 ml 烧杯、移液管（25 ml×2）、磨口锥形瓶（100 ml×2）、镜头纸。

4 mol/L HCl 溶液、蔗糖（AR）。

实验步骤

1. 调节恒温槽温度

将恒温槽调节到（30.0±0.1）℃或（35.0±0.1）℃恒温，然后在恒温旋光管中接上恒温水。

2. 旋光仪零点的校正

取洗干净的旋光管 1 支，将其一端的盖子旋紧，向管内注入蒸馏水，把玻璃片盖好，使管内无气泡存在（添加到液面凸起，再将玻璃片平推盖好）。再旋紧套盖，使不漏水（用力不能过猛，防止压碎玻璃片）。用吸水纸擦净旋光管，再用擦镜纸将管两端的玻璃片擦干净，放入旋光仪中，突起端朝上，盖上槽盖，打开光源 5 min，调节目镜使视场清晰，然后旋转检偏镜至观察到的三分视场暗度相等为止（调整方法见第二篇第二章实验三"旋光度的测定"），检偏镜旋转角 α，读取旋光仪的读数。重复操作 3 次，取其平均值，即为旋光仪的零点。

3. 配制溶液

用台秤称取 15 g 蔗糖放入 100 ml 烧杯中，加入 75 ml 蒸馏水配成溶液（若溶液混沌，则需过滤）。

4. 蔗糖水解过程中 α_t 的测定

用移液管移取 25 ml 蔗糖溶液置于 100 ml 带塞锥形瓶中。

移取 25 ml 4 mol/L HCl 溶液于另一个 100 ml 磨口锥形瓶中。将 2 个锥形瓶盖上瓶盖都放入放入恒温槽内，恒温 10 min 后取出，将 HCl 迅速倒入蔗糖中（倒至一半时按下秒表开始计时），摇动锥形瓶使混合均匀。取此混合液少许，洗旋光管 2 次后，装满旋光管（操作同装蒸馏水相同）。用滤纸擦净管外的溶液后，尽快放入旋光仪中，盖上槽盖。测量不同时间 t 时溶液的旋光度 α_t。测定时要迅速准确，当将三分视场暗度调节相同后，先记录时间，再读取旋光度。一般记录到第一个数据时间不应超过 2 min。随后每隔一定时间，读取一次旋光度，开始时，可每 3 min 读一次，30 min 后，每 5 min 读一次，测定 1 h。本实验也可使用自动指示旋光仪进行测定。

5. 完全水解时的旋光度 α_∞ 的测定

将步骤 4 剩余的混合液置于近 60 ℃水浴中加速水解（水浴温度不能过高，同时应避免溶液蒸发），恒温 25～30 min 使水解完成，然后冷却至实验温度，测定其旋光度 α，此旋光度即可认为是 α_∞。以 $\ln(\alpha_t-\alpha_\infty)$ 对 t 作图，从其斜率即可求得反应速率常数 k。

6. 数据处理

将实验数据和计算结果记录于下表。

t (min)	α_t	$\alpha_t-\alpha_\infty$	$\ln(\alpha_t-\alpha_\infty)$	t (min)	α_t	$\alpha_t-\alpha_\infty$	$\ln(\alpha_t-\alpha_\infty)$
3				30			
6				35			
9				40			
12				45			
⋮				⋮			

注意事项

1. 装样品时，旋光管管盖旋至不漏液体即可，不要用力过猛，以免压碎玻璃片。
2. 由于酸对仪器有腐蚀，操作时应特别注意，避免酸液滴漏到仪器上。实验结束后必须立即将旋光管清洗干净。
3. 旋光仪中的钠光灯不宜长时间开启，测量间隔较长时应将其熄灭，以免损坏。

思 考 题

1. 实验中，为什么用蒸馏水来校正旋光仪的零点？在蔗糖转化反应过程中，所测定的旋光度 α_t 是否需要零点校正？为什么？
2. 蔗糖溶液为什么可粗略配制？
3. 蔗糖的转化速率和哪些因素有关？

（胡小建）

实验五　二组分溶液沸点 – 组成图的绘制

实验目的

1. 掌握沸点仪测定在一大气压下苯 – 乙醇双液系的气 – 液平衡相图的原理和方法。
2. 熟悉沸点的测定方法。
3. 了解液体折光率的测量原理和方法。

实验原理

两种在常温时为液态的物质混合而成的二组分体系称为双液系。两液体若能按任意比例互相溶解，称完全互溶双液系；若只能在一定比例范围内互相溶解，则称部分互溶双液系。

例如苯-乙醇双液系、乙醇-水双液系都是完全互溶双液系，苯-水双液系则是部分互溶双液系。

液体的沸点是指液体的蒸气压和外压相等时的温度。在一定的外压下，纯液体的沸点有确定的值。但对于双液系，沸点不仅与外压有关，而且还和双液系的组成有关，即和双液系中两种液体的相对含量有关。

双液系在蒸馏时的另一个特点是：在一般情况下，双液系蒸馏时的气相组成和液相组成并不相同。因此，原则上有可能用反复蒸馏的方法，使双液系中的两种液体互相分离[1]。

在恒压下完全互溶的二组分溶液体系的沸点组成图可分三类：

（1）理想的二组分溶液　其沸点介于两组分沸点之间时，如苯-甲醇体系。

（2）对拉乌尔定律发生正偏差的溶液　其溶液有最低恒沸点，如苯-乙醇、乙醇-水系。

（3）对拉乌尔定律发生负偏差的溶液　其溶液有最高恒沸点，如丙酮-氯仿、盐酸-水系。

本实验采用回流冷凝法测定不同浓度的苯-乙醇溶液的沸点和气、液两相的组成，从而绘制 T-x 图。

图 3-16 为苯-乙醇沸点组成图的大致形状，图中纵轴为温度 T，横轴为液体乙醇的摩尔分数组成 x，$A'gB'$ 为气相线，$A'cB'$ 为液相线，它们表明了沸点和气、液两相组成的关系，当体系总组成 x 的溶液开始沸腾时，气相组成为 y。继续蒸馏，则气相量增加，液相量相应减少（体系总量不变），溶液温度上升，由于回流的作用，控制了两相的量一定，其沸点也一定，此时气相组成为 y'，与其平衡的液相组成为 x'，系统的平衡沸点为 $t_{沸}$，此时气液两相的量服从杠杆原理。

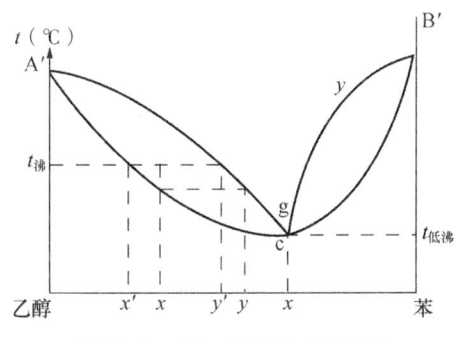

图 3-16　苯-乙醇沸点组成图

压力一定时，对两相共存区进行相律分析：组分 $k=2$，相数 $\phi=2$，所以自由度 $f=k-\phi+1=2-2+1=1$，也就是说，若系统温度一定，气、液两相成分就已确定，当总量一定时由杠杆原理可知，两相的量也一定；反过来，在一定实验装置中，利用回流的方法，控制气液两相的相对量一定，使系统的温度一定，则气、液组成一定。

用精密温度计可以测出平衡温度（即沸点），取出该温度下的气液两样品，测其折光率便可以求出其组成。因为折光率与组成有一一对应关系。这可以通过测定一系列已知组成的样品的折光率，绘出工作曲线即折光率-组成图表示出来，所以只要测出未知样品的折光率就可以从图上找到未知样品的组成。

折光率可用阿贝折光仪测得，仪器的原理、构造及使用方法见第二篇第四章实验二"折光率的测定"。

本实验的任务就是测出溶液的沸点和气液两相的折光率[2]。

仪器与试剂

阿贝折光仪、超级恒温槽、蒸馏瓶、调压变压器、1/10℃分度温度计、50ml 量筒、刻度移液管（5ml×2 和 10ml×2）、试管、滴管。

苯、无水乙醇、丙酮、重蒸馏水。

实验步骤

1. 工作曲线的测定

将超级恒温槽调至 25℃，用橡皮管连接恒温槽与阿贝折光仪，使恒温水流经折光仪。按下列配比测出折光率：

| 苯（ml） | 1 | 2 | 3 | 4 |
| 乙醇（ml） | 4 | 3 | 2 | 1 |

2. 测定乙醇的沸点

按图 3-17 装好仪器，先把调压变压器调至电压最小（遇阻为止），再接通电源，将 30ml 无水乙醇加入蒸馏瓶，开放冷凝水，缓慢增加电压加热液体，控制沸腾条件，记录温度的稳定值和大气压。

3. 测定不同组成样品的折光率

停止加热，按下列次序加入纯苯，每次加完后，测其沸点及气液两相的折光率。

纯苯（ml）　　2　4　5　7　7

加苯可从支管处加入，要沸腾较长一段时间才能达到平衡，当温度稳定不变后，记录温度值。停止加热，立即取出小槽中的气相样品测其折光率，接着测定液相样品的折光率。

做完上述实验后，回收溶液，用电吹风吹干蒸馏瓶，加入 30ml 纯苯，测其沸点后，按下列顺序加入乙醇，分别测其沸点及气液两相的折光率：

乙醇（ml）　　1　1.5　2　5　5　7

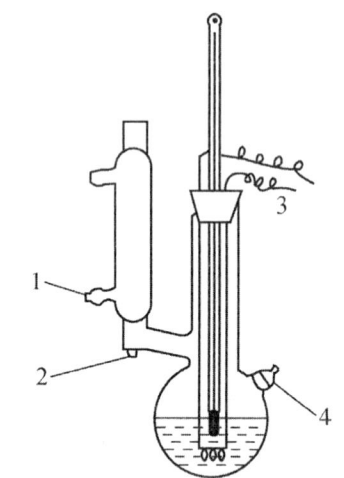

图 3-17 沸点装置图
1-冷水；2-小槽；3-电热线出线；
4-支管

4. 数据处理

计算出标准溶液的质量百分组成，做出折光率－组成图即为工作曲线。

（1）用内插法，在工作曲线上找出各折光率相应的组成。

（2）将沸点、气液两相的折光率及组成数据列表。

（3）做沸点－组成图，做图时，气、液的实验点应当用不同的标记标出。

（4）由沸点－组成图上求出最低恒沸点和恒沸混合物的组成。

注　释

[1] 由于蒸馏瓶处于室温下，气相有蒸馏作用，即高度不同，气相成分不同，近液面的气相成分比较准确，因此取样时应取近液面处气体。

[2] 溶液沸腾，必有过热现象，蒸馏瓶很小，瓶内的温度，特别是气相温度，各处必不相同。为了测准溶液的沸点，应当控制溶液的沸腾程度和温度计的位置。条件选择可用纯液体来做，让温度计水银球全部浸在液相中，观察沸腾程度不同时温度指示的细微变化，以其沸点温度等于该气压下的沸点为最佳。在本实验条件下，温度计水银球的2/3插入液相，蒸气在冷凝管中的凝聚高度为2cm较为适宜。

为了测准溶液的折光率，首先要防止样品挥发而改变成分。为此，加样要从棱镜侧孔加入，做工作曲线的溶液要"随配随测，混合均匀"，气、液两相的取样分析要遵循"先气后液"的原则。其次，要注意恒温。挥发性溶液从棱镜上挥发时，棱镜的温度必定降低，为此棱镜干燥后要合上一段时间或者样品加好一段时间后再测定。

思 考 题

1. 在本实验中，气液两相是怎样达到平衡的？
2. 绘制工作曲线的目的是什么？
3. 每次加入乙醇及苯的量是否要求准确？
4. 实验测得的沸点与大气压对应的沸点是否一致？

（周建波）

实验六 分配系数的测定和应用

实验目的

1. 掌握分配系数 K 测定的基本原理和方法。
2. 熟悉用做图法求得溶质在溶剂中的缔合度 n。
3. 了解分配系数 K 的基本应用。

实验原理

在一定的温度和压力下，将一种物质溶于两种互不相溶的液态溶剂 a 和 b 中，当达到溶解平衡时，该物质在两溶剂中的浓度之比（严格说应是活度比）为一常数，而与所加物质的量无关，这就是分配定律。

如果此物质在 a 和 b 两种溶剂中均不发生缔合和解离现象，即在两种溶剂中的分子形态相同，分配定律的数学表达式为：

$$K = \frac{c_a}{c_b}$$

式中，c_a 和 c_b 分别表示平衡时被溶物质（溶质）在 a 溶剂和 b 溶剂中的浓度；K 为分配系数，其值与温度有关。上式只适用于稀溶液，否则，应以活度代替浓度。

如果溶质在两种溶剂中的分子形态不同，如在 a 溶剂中以单分子形式存在，在 b 溶剂中以 n 个分子缔合的形式存在，则

$$K = \frac{c_a^n}{c_b}$$

式中，n 为缔合度。将上式取对数，得：

$$\lg c_b = n \lg c_a - \lg K$$

以 $\lg c_b$ 对 $\lg c_a$ 做图，得一条直线，直线的斜率即为缔合度 n，从截距即可求得 K。

利用分配定律可以计算萃取效率。色谱分析的基本原理便是根据混合物中各物质在固定相和流动相中的分配系数不同而达到分离的目的。

仪器与试剂

分液漏斗、磨口锥形瓶、锥形瓶、移液管（2 ml、5 ml、25 ml、50 ml）、碱式滴定管。
苯甲酸（AR）、苯（AR）、0.05 mol/L NaOH 溶液、邻苯二甲酸氢钾、酚酞。

实验步骤

1. 0.05 mol/L NaOH 溶液准确浓度的标定

准确称取 2 份邻苯二甲酸氢钾，每份约 0.25 g，分别置于 250 ml 锥形瓶中，加入 50 ml 蒸馏水使其溶解，加入酚酞指示剂 2 滴，用 NaOH 溶液滴定至粉红色 30 s 不退即为终点，记录读数。NaOH 溶液的准确浓度按下式计算：

$$c_{NaOH}(mol/L) = \frac{m}{V_{NaOH} \times M} \times 1000$$

式中，V_{NaOH} 为滴定消耗的 NaOH 溶液体积（ml）；m、M 分别为邻苯二甲酸氢钾的质量（g）和摩尔质量（g/mol）。将标定好的 NaOH 溶液保存于带橡皮塞的试剂瓶中。

2. 苯甲酸溶于水和苯中

在编号为 1~4 的分液漏斗中，分别移入 50.00 ml 蒸馏水，再分别加入 0.5，1.0，1.5，2.0 g 苯甲酸，再各移入 25.00 ml 苯。塞好塞子，轮流不断摇动，使其充分混合。摇动时，注意切勿用手捂握分液漏斗的膨大部分，以免体系温度变化。半小时后，静置数分钟，待清晰分层后，将下层水层放入干燥的磨口锥形瓶中，苯层仍留在分液漏斗中，盖好盖子，以防苯挥发。

3. 苯层中苯甲酸浓度的测定

用移液管从苯层中移取 2.00 ml 溶液于锥形瓶，加入 25 ml 蒸馏水，加热至沸，冷却后以酚酞为指示剂，用标定好的 NaOH 溶液滴定至微红 30 s 不退为终点，记录读数。4 份重复操作，每份平行做 2 份，求出苯层中苯甲酸浓度 $c_{苯}$。

4. 水层中苯甲酸浓度的测定

用移液管从水层中移取 5.00 ml 溶液于锥形瓶中，加入 25 ml 蒸馏水，按上述方法用 NaOH 溶液滴定。4 份重复操作，每份平行做 2 份，求出水层中苯甲酸浓度 $c_{水}$。

5. 数据记录与计算

编号	苯层			水层		
	V_{NaOH} (ml)	$c_{苯}$ (mol/L)	$c_{苯(平均)}$ (mol/L)	V_{NaOH} (ml)	$c_{水}$ (mol/L)	$c_{水(平均)}$ (mol/L)
1	（1）					
	（2）					
2	（1）					
	（2）					
3	（1）					
	（2）					
4	（1）					
	（2）					

（2）苯甲酸浓度计算

$$c(\text{mol/L}) = \frac{m_{苯甲酸}}{VM_{苯甲酸}} \times 1000$$

（3）分别计算 $c_{水}/c_{苯}$，$c_{水}^2/c_{苯}$，$c_{水}^2/c_{苯}^2$，看哪一个是常数，由此得出什么结论？
（4）以 $\lg c_{苯}$ 对 $\lg c_{水}$ 做图，从直线斜率求出缔合度 n，并与计算结果比较。
（5）写出苯甲酸在苯–水体系的分配定律形式。

注意事项

整个操作应保持实验室内通风良好，有条件的在通风柜内完成整个操作，以防苯蒸气中毒。

思考题

1. 摇动分液漏斗时，为什么不能用手捂握其膨大部分？
2. 测定苯层中苯甲酸浓度时，为什么需要加热至沸？

（曾 明）

实验七　电解质溶液活度系数的测定

实验目的

1. 掌握测定离子平均活度系数的一般原理和方法。
2. 熟悉 UJ-25 型电位差计的使用方法。

实验原理

以下列电池为例，可求出不同浓度时 HCl 溶液的活度系数 $\gamma_\pm$。

$$\text{Pt，} H_2(p^\ominus) | HCl(m) | AgCl(s) + Ag(s)$$

该电池的电池反应为：$\frac{1}{2}H_2(p^\ominus) + AgCl(s) \rightarrow Ag(s) + H^+(m) + Cl^-(m)$

电池的电动势为：

$$E = E^\ominus - \frac{2RT}{F}\ln(a_{H^+}a_{Cl^-}) \quad (E^\ominus = \varphi^\ominus_{Ag/AgCl, Cl^-} - \varphi^\ominus_{H^+/\frac{1}{2}H_2})$$

$$a_{HCl} = a_{H^+} \times a_{Cl^-} = a_\pm^2 = (\gamma_\pm \cdot m)^2$$

$$E = E^\ominus - \frac{2RT}{F}\ln m - \frac{2RT}{F}\ln\gamma_\pm$$

所以
$$E + \frac{2RT}{F}\ln m = E^\ominus - \frac{2RT}{F}\ln\gamma_\pm$$

只要查得 $\varphi^\ominus_{Ag/AgCl, Cl^-}$ 和测得不同浓度 HCl 溶液的电动势 E 就可以求出不同浓度时的 $\gamma_\pm$。对于 1-1 价型强电解质，$\ln\gamma_\pm = -B\sqrt{m}$。

在一定温度下 B 为常数，得：

$$E + \frac{2RT}{F}\ln m = E^\ominus + \frac{2RT}{F}B\sqrt{m}$$

上式表明，温度一定时，$E + \frac{2RT}{F}\ln m$ 与 $\sqrt{m}$ 呈直线关系（在极稀溶液中成立）。因此，用不同浓度的盐酸溶液构成上述电池，分别测定它们的电动势后，用 $E + \frac{2RT}{F}\ln m$ 对 $\sqrt{m}$ 做图得一直线。将其直线外推至 $\sqrt{m} \rightarrow 0$ 时的 $E + \frac{2RT}{F}\ln m$ 值就是 $E^\ominus$。

有了 $E^\ominus$ 和 E 数据，代入 $E + \frac{2RT}{F}\ln m = E^\ominus - \frac{2RT}{F}\ln\gamma_\pm$，可求得各个浓度下的离子平均活度系数 $\gamma_\pm$，盐酸的活度 $a_{HCl} = (\gamma_\pm \cdot m)^2$。

仪器与试剂

电池装置、UJ-25 型电位差计、烧杯（250 ml）、移液管（100 ml）、容量瓶（100 ml）、氢气。

0.1 mol/L AgNO$_3$ 溶液，0.1、0.01、0.001 mol/L 盐酸标准溶液（浓度允许稍偏离上述数值，但需准确到 4 位有效数字）。

实验步骤

1. 配制溶液

用 100 ml 移液管分别移取 0.1、0.01、0.001 mol/L 盐酸标准溶液 100 ml 于 3 个烧杯中；另用 50 ml 移液管分别移取 0.1、0.01、0.001 mol/L 盐酸标准溶液 50 ml 于 3 个 100 ml 容量瓶中，用水稀释至刻度，然后倒入另外 3 个烧杯中，再向 6 个烧杯的溶液中各加 1 滴 0.1 mol/L $AgNO_3$ 溶液。

2. 测量样品溶液的电动势

依次将 6 种不同浓度的溶液分别装入电池，在测量其电动势前预先将气路中的空气赶出，然后控制通入氢气的速度为每秒 3 个气泡，并保持 15 min 不变，测量电动势，记录盐酸浓度所对应的电动势值。

3. 结果处理

（1）以 $E+\dfrac{2RT}{F}\ln m$ 为纵坐标，$\sqrt{m}$ 为横坐标做图，用外推法求出 $E^{\ominus}$，并与文献值比较（表 3-6）。

表 3-6　不同温度下氯化银电极的标准电极电势

T（℃）	5	10	15	20	25	30	35	40
$E^{\ominus}$（V）	0.23413	0.23142	0.22857	0.22557	0.22234	0.21904	0.21565	0.21208

（2）用外推法求得的 $E^{\ominus}$ 计算 6 种不同浓度盐酸溶液的离子平均活度系数 $\gamma_{\pm}$ 和盐酸的活度 a_{HCl}。

注意事项

1. 测量电池的电动势存在一个平衡问题，电动势由小到大，需要一定的时间才能稳定不变，所以开始时用较大的氢气流速将管路中的空气驱尽，随后再以稳定不变的氢气流进行工作。
2. 铂黑电极有较强的吸附性能，在测定很稀的溶液时，需多次用待测液淋洗。

思 考 题

1. 铂黑电极上铂黑的作用是什么？
2. 被测盐酸溶液中加 1 滴 0.1 mol/L $AgNO_3$ 的作用是什么？

（陈　文）

第四篇

设计创新性实验

实验一 碱式碳酸铜的制备

实验目的

1. 通过对制备反应物料比和温度条件的探索，摸索出实验室制备碱式碳酸铜的条件。
2. 熟悉无机物制备的基本操作和实验方法。
3. 了解实验设计的基本步骤以及碱式碳酸铜的基本用途。

实验原理

碱式碳酸铜 $[Cu_2(OH)_2CO_3]$ 为天然孔雀石的主要成分，呈暗绿色或淡蓝色粉末，俗称孔雀绿，难溶于冷水和醇，溶于稀酸和氨水，加热至 200℃ 即分解为氧化铜。常见的铜生锈后的"铜绿"就是这类化合物。

工业上生产碱式碳酸铜有硝酸铜法（将硝酸铜与碳酸钙作用而得）、氨法（将含铜物料与碳酸铵的氨水溶液反应）和硫酸铜法。本实验采用硫酸铜法，即用第三篇第一章实验四制得的硫酸铜与碳酸钠溶液作用，可得碱式碳酸铜沉淀：

$$2CuSO_4 + 2Na_2CO_3 + H_2O = Cu_2(OH)_2CO_3\downarrow + 2Na_2SO_4 + CO_2\uparrow$$

因反应物配比不同，温度和其他沉淀条件不同，或生成孔雀蓝色的 $2CuCO_3 \cdot Cu(OH)_2$，或生成孔雀绿色的 $CuCO_3 \cdot Cu(OH)_2$，或两者的混合物。本实验要求探索出合适的反应物料比及反应温度，以制得孔雀绿色的碱式碳酸铜。

碱式碳酸铜可用于颜料、杀虫灭菌剂以及电镀、防腐、信号弹、分析试剂等。

仪器与试剂

温度计（100℃）、恒温箱、恒温水浴锅、烧杯、试管、玻璃棒、台秤、刻度吸量管。
$CuSO_4 \cdot 5H_2O$（固体）、Na_2CO_3（固体）。

实验内容

1. 反应物溶液的配制

按配制要求计算出所需 $CuSO_4 \cdot 5H_2O$ 和 Na_2CO_3 的质量，配制 0.5 mol/L $CuSO_4$ 溶液和 0.5 mol/L Na_2CO_3 溶液各 100 ml。

2. 找出 $CuSO_4$ 和 Na_2CO_3 溶液的合适配比

于 4 支试管内均加入 2.0 ml 0.5 mol/L $CuSO_4$ 溶液，再分别取 0.5 mol/L Na_2CO_3 溶液 1.6 ml、2.0 ml、2.4 ml 及 2.8 ml 依次加入另外 4 支编号的试管。将 8 支试管放在 75℃ 恒温水浴中。几分钟后，依次将 $CuSO_4$ 溶液分别倒入 Na_2CO_3 溶液中，振荡试管，比较各试管中沉淀生成的速度、沉淀的数量及颜色，从中得出两种反应物溶液以何种比例相混合为最佳。将实验现象和数据填入下表：

项目	编号			
	1	2	3	4
0.5 mol/L $CuSO_4$（ml）	2.0	2.0	2.0	2.0
0.5 mol/L Na_2CO_3（ml）	1.6	2.0	2.4	2.8
$Na_2CO_3/CuSO_4$（摩尔比）	0.8	1	1.2	1.4
沉淀生成的速度				
沉淀的数量				
沉淀的颜色				
最佳比例				

3. 找出合适的反应温度

在 3 支试管中，各加入 2.0 ml 0.5 mol/L $CuSO_4$ 溶液，另取 3 支试管，各加入由上述实验得到的合适用量的 0.5 mol/L Na_2CO_3 溶液。从这两列试管中各取一支，将它们分别置于室温、50℃、100℃的恒温水浴中，数分钟后将 $CuSO_4$ 溶液倒入 Na_2CO_3 溶液中，振荡并观察现象，由实验结果确定制备反应的合适温度。将实验现象和数据填入下表：

项目	编号		
	1	2	3
0.5 mol/L $CuSO_4$（ml）	2.0	2.0	2.0
0.5 mol/L Na_2CO_3（ml）			
水浴温度（℃）	室温	50	100
沉淀生成的速度			
沉淀的数量			
沉淀的颜色			
最佳温度			

4. 碱式碳酸铜的制备

取 60 ml 0.5 mol/L $CuSO_4$ 溶液，根据上面实验确定的反应物合适比例及适宜温度制备碱式碳酸铜。待沉淀完全后，用蒸馏水洗涤沉淀数次，直到沉淀中不含 SO_4^{2-} 为止，用滤纸吸干水分。将所得产品在烘箱中于 100℃下烘干，待冷至室温后称量，计算产率，并与理论产率比较。

实验要求

1. 实验前仔细阅读无机化学相关内容，并查阅资料，判断 $CuSO_4$ 和 Na_2CO_3 溶液的合适配比和合适的反应温度，并与实验结果进行比较。

2. 对实验中出现的各种现象进行讨论和解释（如"制备"中可能有黑色的 CuO 生成）。

3. 两人一组，独立完成，及时记录，实验后写出详尽实验报告。产品统一回收。

思考题

1. 合成反应温度过高或过低对实验有何影响？
2. 实验中所得出的实验条件是否与你实验前的判断一致？通过这一设计性实验对你有何启示？

（曾　明）

实验二　未知有机物的鉴别

实验目的

1. 掌握醇、酚、醛、酮、羧酸和取代羧酸、羧酸衍生物、含氮化合物、糖类化合物的主要化学性质，提高综合分析问题的能力。
2. 熟悉未知有机物鉴别的一般方法及方案的编写。

实验原理

利用醇、酚、醛、酮、羧酸、取代羧酸、羧酸衍生物、含氮化合物、糖类化合物的特征反应进行分类和鉴定。这些反应包括：

1. 醇的氧化反应　　醇被 $KMnO_4$ 氧化或被 CuO 氧化，可观察到不同的现象。
2. 酚与 $FeCl_3$ 发生显色反应，而且不同的酚显不同的颜色。
3. 醛和酮都与羰基试剂反应，但醛能被碱性弱氧化剂氧化，也能与品红亚硫酸试剂发生显色，而且甲醛与其他醛用浓硫酸酸化后有不同的现象。
4. 羧酸、取代羧酸均能与 Na_2CO_3 或 $NaHCO_3$ 反应放出 CO_2，但取代羧酸（本实验指羟基酸和酮酸）又有其特性。
5. 羧酸衍生物能发生水解反应，但水解反应的难易程度不一样，还可以对水解后的产物做进一步的分析鉴定。
6. 含氮化合物（本实验指胺）与亚硝酸反应，不同的胺产生不同的现象。
7. 糖类化合物的特性反应有还原性糖与碱性弱氧化剂反应、醛糖与溴水反应，多糖中淀粉与 I_2 的反应等。

仪器与试剂

试管、吸管、毛细管、烧杯、点滴板、试管夹、酒精灯、滤纸。
固体样品：葡萄糖、蔗糖、淀粉、尿素、阿司匹林、水杨酸、草酸、苯甲酸。
液体样品：无水乙醇、10% 甲醛、10% 乙醛、50% 丙酮、5% 苯酚、5% 乙酰乙酸乙酯、苯胺、乳酸、10% 丙酮酸。

所需试剂由学生根据实验方案提出和配制。

实验提示

1. 复习《有机化学》教材中有关醇、酚、醛、酮、羧酸、取代羧酸、羧酸衍生物、胺、糖类化合物的主要性质章节，根据提供的实验条件和样品，拟定分析方案和所需试剂。
2. 观察所给样品的物理状态、颜色和气味等，对样品做初步了解。
3. 做溶解性试验和元素定性分析，初步判断样品属哪一类化合物。

实验要求

1. 每组随机抽取两种固体样品和两种液体样品。
2. 每组独立完成，组与组之间不能互相讨论和对比。
3. 注意节约试剂用量，及时记录，有疑问可问指导老师，将实验结果交指导老师审查后方可离开实验室。
4. 实验后写出详尽的分析报告。
5. 实验记录格式

样品编号	物态、颜色、气味	溶解性、酸碱性	实验现象	鉴别结果	反应方程式

（曾　明）

实验三　复方阿司匹林中有效成分的高效液相色谱分析

实验目的

1. 掌握内标法和已知浓度样品对照法测定药物含量的实验步骤和计算方法。
2. 了解高效液相色谱法在药物制剂含量测定中的应用。

实验原理

复方阿司匹林片剂（APC）具有解热镇痛、消炎和抗风湿作用，其三个有效成分分别是 A—阿司匹林（乙酰水杨酸）、P—非那西丁（乙酰对氨苯乙醚）和 C—咖啡因（1,3,7-三甲基黄嘌呤）。

高效液相色谱分析用于药物制剂中各组分的含量测定具有独特的优点。一般可采用外标法、归一法、内标法和已知浓度样对照法进行定量分析。本实验采用内标法和已知浓度样对照法测定复方阿司匹林片剂中各组分的含量。

1. 内标法

准确称取样品，加入一定量的内标物，测得色谱峰面积与各组分质量之间有如下关系：

$$\frac{m_i}{m_s} = \frac{f_i A_i}{f_s A_s}$$

式中，m_i 为被测组分的质量；m_s 为内标物的质量；A_i 为被测组分的峰面积；A_s 为内标物峰面积；f_i 为被测物组分的重量校正因子；f_s 为内标物的重量校正因子。

若需求片剂中每片的含量，则

$$m_i = \frac{f_i A_i}{f_s A_s} \cdot m_s \cdot \frac{\overline{W}}{m}$$

式中，$\overline{W}$ 为平均片重；m 为称取样品重。

2. 已知浓度样对照法

药物制剂分析中，校正因子常常是未知的。在这种情况下，可采用已知浓度样对照法来定量。也就是先注射加入内标物的样品液，然后再注射加入内标物的标准液。按下式计算每片组分的含量：

$$m_i = m_i' \cdot \frac{m_s}{m_s'} \cdot \frac{A_i/A_s}{A_i'/A_s'} \cdot \frac{\overline{W}}{m}$$

式中，m_i，m_i' 分别为样品液与标准液中 i 组分的含量；m_s，m_s' 分别为样品液与标准液中 s 组分的含量；A_i/A_s，A_i'/A_s' 分别为样品液与标准液中 i 组分与内标物的峰面积之比。

实验要求

1. 在老师指导下查阅文献，并结合学校现有条件，将用高效液相色谱法对复方阿司匹林片剂（APC）有效成分含量测定所用的实验仪器及试剂列出清单。如所需仪器 Agilent HP 1100 高效液相色谱仪、ODS 色谱柱、紫外检测器、容量瓶等；所需试剂甲醇和乙醇均为色谱纯，乙酸、磷酸、氯仿、三乙醇胺均为分析纯，APC 片、阿司匹林、非那西丁、咖啡因及对乙酰氨基酚标准品等。

2. 设计复方阿司匹林片剂（APC）有效成分含量测定的方案。

（1）样品溶剂的选择。

（2）对照品标准溶液和样品溶液的制备　包括对照品标准溶液的制备、混合对照品标准溶液的制备和样品储备溶液的制备。

（3）色谱条件的选择　包括流动相的选择、柱温的设定、检测波长的确定、流速的大小等。

（4）测定方法　包括精密度实验、准确度实验、样品含量的测定。

3. 计算结果并分析、讨论实验结果　按原理部分所述公式计算其含量。

4. 实验报告按论文格式书写。

5. 交流注意事项和实验收获。

（陈　文）

实验四　由鸡蛋壳制备丙酸钙及其组成测定

实验目的

1. 通过了解鸡蛋壳的主要成分和丙酸钙的组成，设计一套由鸡蛋壳制备丙酸钙的现实可行的实验方案。
2. 通过测定丙酸钙中的钙含量，了解丙酸钙在面包防霉实验中的效果。

实验背景

丙酸钙〔$CH_3CH_2COO)_2Ca$〕是近几年来发展起来的一种新型食品添加剂，在食品工业上主要用做防腐剂，可延长食品保鲜期。它对真菌、好气性芽胞产生菌、革兰阴性菌等有很好的防灭效果，而对酵母菌无害，对人体无毒、无副作用，还可以抑制黄曲霉素的产生，广泛用于面包、糕点等食品的防腐。据联合国粮农组织和世界卫生组织（FAO/WHO）报道，丙酸钙与其他脂肪酸一样可通过代谢作用被人体吸收，供给人体必需的钙，这一优点是其他防腐剂所无法相比的。在国外，也有将它用做饲料防腐剂，还可药用，制成液、散、膏等；对真菌引起的皮肤病也有较好的治疗作用。

随着人们生活水平的提高和食品工业的发展，鸡蛋的消耗量大幅度增加。由于目前国内对鸡蛋壳资源的利用率还很低，人们仅利用了可食用部分即蛋清和蛋黄，大量鸡蛋壳被抛弃，对环境造成了很大的污染，如能将其充分利用，不仅可变废为宝，为社会增加财富，还可减少对环境的污染。对鸡蛋壳组成成分的分析证明：蛋壳中主要成分为$CaCO_3$，另外含有少量有机物、P、Mg、Fe 及微量 Si、Al、Ba 等元素；其组成的百分含量为 $CaCO_3$ 93%，$MgCO_3$ 1.0%，$Mg_3(PO_4)_2$ 2.8%；有机物 3.2%。

实验提示

1. $CaCO_3$ 难溶于水，在 1000～1200℃下分解成 CaO。
2. 酸性：$CH_3CH_2COOH > H_2CO_3$。
3. pH>12 时，Mg^{2+} 生成 $Mg(OH)_2$ 沉淀。

实验要求

1. 根据以上提示请同学们完成以下实验：
（1）设计一套由碳酸钙制备丙酸钙的实验方案（方案必须现实、可行）。
（2）设计一套实验证明丙酸钙确实具有防腐剂的作用。
（3）设计一套实验测定丙酸钙中钙含量。
2. 在设计方案中请同学们写出实验过程中所要使用的仪器、试剂、具体步骤。

实验结果

按照自己设计的方案开展实验,在实验过程中必须完成以下记录:
1. 记录实验条件、过程及试剂用量。
2. 记录丙酸钙的产量(鸡蛋壳中 $CaCO_3$ 以 93% 计算)。
3. 记录丙酸钙的防霉试验效果。
4. 计算丙酸钙中的钙含量,与理论值比较并分析误差原因。

(周建波)

实验五　茶多酚的提取及抗氧化作用研究

实验目的

1. 掌握用分光光度法测定茶多酚总量以及茶多酚对羟自由基和 2,2- 二苯苦味酰基(DDPH·)自由基的清除作用的方法。
2. 了解茶多酚的主要成分,设计一套从茶叶和茶叶下脚料中提取茶多酚的方法。

实验原理

茶多酚(teapol,简称 TP)是从天然植物茶叶中分离、提纯的多酚类化合物的总称,其抗氧化的活性高于一般非酚类或单酚羟基类抗氧化剂。茶多酚的主要成分是儿茶素,占茶多酚含量的 80% 左右。茶多酚中几种主要儿茶素所占的比例为:L- 表没食子儿茶素没食子酸酯(L-EGCG)50%~60%,L- 表儿茶素没食子酸酯(L-ECG)15%~20%,L- 表没食子儿茶素(L-EGC)10%~15%,L- 表儿茶素(L-EC)4%~6%。其结构式如下:

L-EC: R_1=H　R_2=H　　　　L-EGC: R_1=OH　R_2=H

L-ECG: R_1=H　R_2=—C(=O)—（3,4,5-三羟基苯基）　　L-EGCG: R_1=OH　R_2=—C(=O)—（3,4,5-三羟基苯基）

茶多酚不仅是构成茶叶色、香、味的主体化合物，而且是一种理想的天然食品抗氧化剂，已被列为食品添加剂（GB12493-1990）。此外，它还具有清除自由基、抗衰老、抗辐射、减肥、降血脂、降血糖、防癌、防治心血管病、抑菌抑霉、沉淀金属等多方面的功能。茶多酚在食品加工、医药保健、日用化工等领域具有广阔的应用前景。

实验提示

1. 茶多酚可溶于水，酸性较弱，且溶解度随温度升高而增大。
2. 茶多酚与 Zn 在碱性条件下生成沉淀。
3. 茶多酚与 Fe^{3+} 生成配合物有颜色。
4. 铁离子催化过氧化氢能产生羟自由基（Fonton 反应）。

实验要求

1. 根据以上提示完成以下实验：
   （1）茶多酚的提取。
   （2）茶多酚总量的测定。
   （3）茶多酚对羟自由基（·OH）的清除作用研究。
   （4）茶多酚对 DPPH·自由基的清除作用研究。
2. 在设计方案中写出实验过程中所需要的仪器、试剂和实验步骤。
3. 实验后写出详尽的分析报告。

思考题

1. 怎样才能进一步提高茶多酚的提取率？
2. 茶多酚为什么具有清除自由基的作用？
3. 如果萃取过程中出现乳化现象，应如何破乳？常见的破乳方法有哪些？

（崔小莹）

实验六　己二酸的绿色催化合成和表征

实验目的

1. 加深对绿色化学概念和意义的理解，掌握绿色化学的基本方法、原理。
2. 初步学习如何进行绿色化学反应的实验路线方案的设计和筛选。
3. 掌握己二酸绿色合成的实验方法和技巧。

实验原理

（一）绿色化学的概念

绿色化学是对环境无害的化学合成，是防止污染的合成路线，是无毒害的设计。绿色化学是通过一系列原理来降低或消除化工产品的设计、生产及应用中有毒有害物质的使用和生产。

绿色化学的方法和原则如下：

在反应底物、试剂、溶剂、产物、催化剂等方面采取非传统的来源和方法，达到无溶剂或绿色溶剂、零排放、原子经济性的水平。

绿色原料——采用无毒、无害的原料，例如，以多糖聚合物、葡萄糖和生物物质等为原料进行化工生产。

绿色反应——原子经济性反应和绿色合成工艺路线属于绿色反应，如采用铜催化剂合成 DSIDA（除草剂）生产线中用二乙醇胺代替有毒的氨、甲醛、HCN，在源头消除污染。

绿色试剂——指除了反应原料外的其他试剂（包括催化剂和有关添加剂）。该类试剂应该是无毒、无害和安全的。例如，固体酸（分子筛、酸性阳离子交换树脂等）代替液体酸，分离方便、使用安全，并不容易产生腐蚀和环境污染；又如液态氧化反应器中利用纯氧为绿色氧化剂，使有机化合物的氧化生产更加安全，并且不产生对环境有危害的副产物。

绿色溶剂——在化学反应过程中采用无毒害、生产安全的溶剂。例如，利用超临界 CO_2 进行的不对称催化；以水为溶剂进行反应代替有机溶剂进行实验。

设计绿色化学产品——将现有的对环境有害或者降解的产物，改为无毒害或减少其对人体危害的产品。例如 Rohm 和 Hass 公司开发成功的 sea-Nine(tm) 可以替代三丁基氧化锡，用来控制船体表面上海藻和贝壳的生长，这种新的添加剂在海水中很快就可以降解，避免了三丁基氧化锡在海水中会长时间存在而带来的一些累积性毒害。

（二）己二酸的用途

常见的二元羧酸，例如草酸、丙二酸、丁二酸、戊二酸、己二酸等是精细化学品或精细化工原料，主要用于润滑剂、聚酯、聚酰胺等。

己二酸用途广泛，合成纤维工业中通过己二酸与己二胺缩聚生产尼龙 66，这是汽车轮胎纤维材料。除用于尼龙 66 盐的制备外，还用于不饱和聚酯、增塑剂、聚氨酯、合成润滑剂等。近年来，己二酸作为制备聚氨酯的原料需求量增长很快，有超过尼龙 66 的趋势。

（三）反应原理

许多二元羧酸主要是通过烃类氧化生成获得。在固体催化剂的作用下，环己烯水合生成环己醇，然后再在 Cu-V 催化剂作用下用硝酸将环己醇氧化成己二酸。该过程伴随着大量 N_2O 的生成，还有大量废酸液，对环境产生危害。根据我国参加的京都环境保护协议，要求限制 N_2O 的排放，未来己二酸的生产企业都将会受到影响。

$$\text{C}_6\text{H}_{11}\text{OH} + 2\text{HNO}_3 \underset{}{\overset{\text{Cu-V}}{\rightleftharpoons}} \text{C}_4\text{H}_8(\text{COOH})_2 + \text{N}_2\text{O} + 2\text{H}_2\text{O}$$

1998 年 K.Sato 等在 Science 上发表一篇研究报道，在均相钨催化剂作用下环己烯可由过氧化氢这种绿色氧化剂一步氧化为己二酸，这是一条绿色合成路线。该绿色合成路线公布后，一直受到学术界和商业界的关注。有文献提到去除有机溶剂和相转移催化剂后，可以实现完全绿色化的催化合成路线，且获得比较高的收率。环己烯绿色氧化制备己二酸的反应如下：

$$\text{C}_6\text{H}_{10} + 4\text{H}_2\text{O}_2 \rightleftharpoons \text{C}_4\text{H}_8(\text{COOH})_2 + 4\text{H}_2\text{O}$$

该反应采用无毒、无害的过氧化氢为氧化剂，水为溶剂。反应过程中没有任何有害气体排放。

实验要求

1. 文献调研和方案确定　在老师的指导、文献资料研究的基础上，提出实验方案并选择合成路线。

2. 催化剂的制备和绿色催化合成

（1）催化剂的制备　以钨酸为原料制备活性过氧络合钨化物。

（2）催化合成路线的设计　在反应过程中，取样 3 次，以气相色谱测定环己烯的含量并计算转化率。

3. 反应转化率的测定、产品鉴定和产率的测定。

4. 产物结构的鉴定　测定结晶产物的红外光谱图，并且和标准红外光图谱进行对比，结合热分析和元素分析结果，确定产物的结构。

5. 产物纯度的测定。

（蒋银燕）

主要参考文献

1. 曾明.化学实验.2版.北京:北京大学医学出版社,2008.
2. 蔡炳新.基础化学实验.北京:科学出版社,2001
3. 曹凤歧.无机化学实验与指导.北京:中国医药科技出版社,2003.
4. 陆涛.有机化学实验与指导.北京:中国医药科技出版社,2003.
5. 伍焜贤.有机化学实验.北京:中国医药科技出版社,2004.
6. 李美发.分析化学实验指导.北京:人民卫生出版社,2004.
7. 孙毓庆.分析化学实验.2版.北京:人民卫生出版社,2002.
8. 李发胜.医用化学实验.北京:人民卫生出版社,2005.
9. 范志鹏.大学基础化学实验指导.北京:化学工业出版社,2006.
10. 复旦大学.物理化学实验.2版.北京:高等教育出版社,1993.
11. 复旦大学.物理化学实验.北京:高等教育出版社,1979.
12. 黄汉平.物理化学实验.北京:高等教育出版社,1995.
13. 吾玮琳.基础化学实验技能.郑州:河南科学技术出版社,2007.
14. 赵清治.医用化学·生物化学实验指导.北京:人民军医出版社,2005.
15. 师兆忠.基础化学实验.北京:化学工业出版社,2006.
16. 武汉大学.仪器分析实验.武汉:武汉大学出版社,2005.
17. 谢能永.分析化学实验.北京:高等教育出版社,1995.
18. 李吉学.仪器分析.北京:中国医药科技出版社,2004.
19. 覃特营.无机化学.北京:中国医药科技出版社,2002.
20. 曹素忱 无机化学.2版.北京:高等教育出版社,2000.
21. 王载兴.无机化学实验.北京:高等教育出版社,1995
22. 罗一鸣.有机化学实验与指导.长沙:中南大学出版社,2005.
23. 刘绍乾.基础化学实验指导.长沙：中南大学出版社,2006.
24. 余瑜.医用化学实验.北京：科学出版社,2008.